城镇燃气职业教育系列教材

中国城市燃气协会指定培训教材

城镇燃气调度监控系统

Chengzhen Ranqi Diaodu Jiankong Xitong

主 编 刘 燕

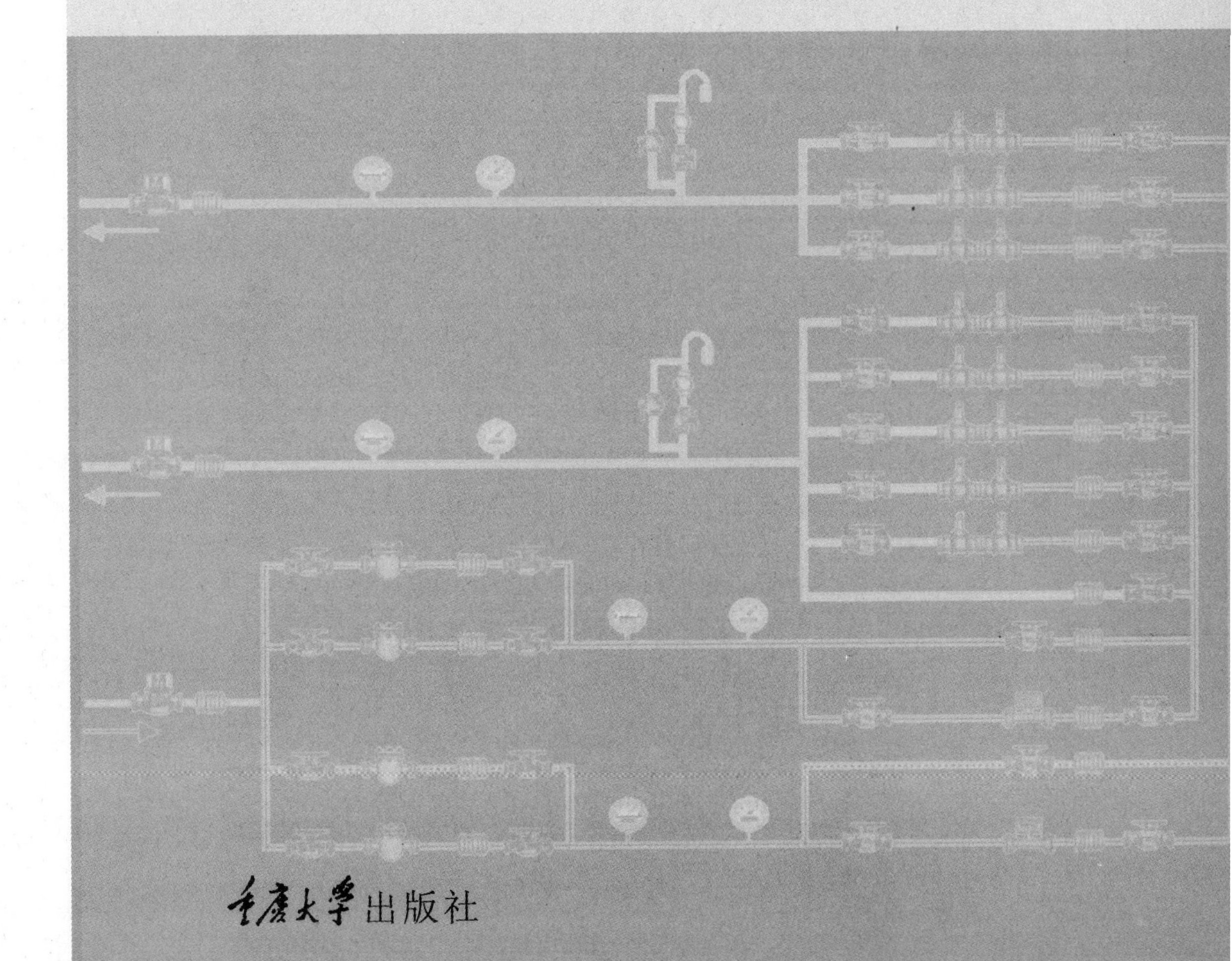

重庆大学出版社

内容提要

本书是适用于城市燃气职业技能培训、高等职业教育燃气专业教学的应用型教材，与现代城市燃气调度管理的发展对燃气管理人员和技术人员的要求相适应，并能填补我国燃气专业职业教育和岗位技能培训在教材方面的欠缺。

图书在版编目(CIP)数据

城镇燃气调度监控系统/刘燕主编．—重庆：重庆大学出版社，2013.5

城镇燃气职业教育系列教材

ISBN 978-7-5624-7107-3

Ⅰ.①城… Ⅱ.①刘… Ⅲ.①城市燃气—调度—监控系统—职业教育—教材 Ⅳ.①TU996

中国版本图书馆 CIP 数据核字(2012)第 295178 号

城镇燃气职业教育系列教材

城镇燃气调度监控系统

主 编 刘 燕

策划编辑：张 婷

责任编辑：张 婷　　版式设计：张 婷

责任校对：谢 芳　　责任印制：赵 晟

*

重庆大学出版社出版发行

出版人：邓晓益

社址：重庆市沙坪坝区大学城西路 21 号

邮编：401331

电话：(023) 88617183　88617185(中小学)

传真：(023) 88617186　88617166

网址：http://www.cqup.com.cn

邮箱：fxk@cqup.com.cn (营销中心)

全国新华书店经销

重庆升光电力印务有限公司印刷

*

开本：787×1092　1/16　印张：16.5　字数：412 千

2013 年 5 月第 1 版　2013 年 5 月第 1 次印刷

印数：1—3 000

ISBN 978-7-5624-7107-3　定价：33.00

城镇燃调度监控系统编审委员会

序　言

随着我国城镇燃气行业的蓬勃发展，现代企业的经营组织形式、生产方式和职工的技能水平都面临着新的挑战。

目前我国的燃气工程相关专业高等教育、职业教育招生规模较小；在燃气行业从业人员（包括管理人员、技术人员及技术工人等）中，很多人都没有系统学习过燃气专业知识。燃气企业对在职人员的专业知识和岗位技能培训成为提高职工素质和能力、提升企业竞争能力的一种有效途径，全国许多省市行业协会及燃气企业的技术培训机构都在积极开展这项工作。

在目前情况下，组织编写一套具有权威性、实用性和开放性的燃气专业技术及岗位技能培训系列教材，具有十分重要的现实意义。立足于社会发展对职工技能的需求，定位于培养城镇燃气职业技术型人才，贯彻校企结合的理念，我们组建了由中国城市燃气协会、北京燃气集团、重庆大学、哈尔滨工业大学、北京建筑工程学院、天津城市建设学院、郑州燃气股份有限公司、港华集团等单位共同参与的编写队伍。编委会邀请到哈尔滨工业大学的段常贵教授、中国城市燃气协会迟国敬副秘书长担任顾问，北京建筑工程学院詹淑慧教授担任执行总主编，重庆大学彭世尼教授担任总主编。

本套培训教材以提高燃气行业员工技能和素养为目标，突出技能培训和安全教育，本着“理论够用、技术实用”的原则，在内容上体现了燃气行业的法规、标准及规范的要求；既包含基本理论知识，更注重实用技术的讲解，以及燃气施工与运用中新技术、新工艺、新材料、新设备的介绍；同时以丰富的案例为支持。

本套教材分为专业基础课、岗位能力课两大模块。每个模块都是开放的,内容不断补充、更新,力求在实践与发展中循序渐进、不断提高。在教材编写工作中,北京燃气集团提出了构建体系、搭建平台的指导思想,作为北京市总工会职工大学"学分银行"计划试点企业,将本套培训教材的开发与"学分银行"计划相结合,为该职业培训教材提供了更高的实践平台。

教材编写得到了中国城市燃气协会、北京燃气集团的全力支持,使一些成熟的讲义得到进一步的完善和推广。本套培训教材可作为我国燃气集团、燃气公司及相关企业的职工技能培训教材,可作为"学分银行"等学历教育中燃气企业管理专业、燃气工程专业的教学用书。通过本套教材的讲授、学习,可以了解城市燃气企业的生产运营与服务,明确城镇燃气行业不同岗位的技术要求,熟悉燃气行业现行法规、标准及规范,培养实践能力和技术应用能力。

编委会衷心希望这套教材的出版能够为我国燃气行业的企业发展及员工职业素质提高做出贡献。教材中不妥及错误之处敬请同行批评指正!

编委会

2011 年 3 月

前　言

随着计算机、网络技术和自动控制技术的不断发展，远程监控系统在各种不同的领域得到了广泛应用。由于近十年城镇燃气用户的迅速发展和供气量不断提高，为了确保燃气管网安全、稳定、经济运行，使用先进的自控设备和技术手段管理城市燃气的管网，提高燃气管网现代化管理水平和管理效率是十分必要的，城镇燃气调度监控系统越来越得到高度的重视和广泛的应用。

城镇燃气调度监控系统，通过实时采集门站、储备站、调压站的压力、设备的运行状态等参数，监视管网的运行状态，不仅是燃气安全生产的有力工具，也为管网输配优化调度、故障分析、辅助决策提供了科学的手段，它的应用使燃气生产、输配管理更加科学化、现代化。

为适应现代城市燃气调度管理的发展，燃气管理人员和技术人员需要加强对城镇燃气调度监控系统的学习，需要一本能适用于城市燃气职业技能培训、也适用于“学分银行”学历教育中燃气专业和燃气工程学院的教学用书——《城镇燃气调度监控系统》，以填补我国燃气专业职业教育和岗位技能培训在教材方面的欠缺。

(1)全书共分为10章，主要内容介绍如下：

第1章是SCADA系统概述，主要介绍SCADA系统的基本概念、SCADA的发展及在燃气调度中的作用。

第2章是SCADA监控系统，主要介绍系统的基础技术、系统的总体结构与组成及系统的总体功能。

第3章是SCADA监控系统中心站，主要介绍了系统中心站的结构、系统功能、设备组成、监控软件系统、Web 发布系统。

第 4 章是 SCADA 监控对象，主要介绍了测量的基本概念、测量仪表的性能、监控对象、现场仪表的种类、现场仪表的安装、调试及运行维护。

第 5 章是数据采集/控制终端站，主要介绍了现场信号、终端站系统的组成及安装、调试。

第 6 章是 SCADA 通信系统，主要介绍本地监控网络技术、远程监控网络平台。

第 7 章是 SCADA 系统与 MIS 系统，主要介绍 MIS 系统的概念、功能及分类。

第 8 章是 SCADA 系统与仿真预测系统，主要介绍了管网仿真系统、耗气负荷预测系统及应用实例。

第 9 章是 SCADA 系统与地理信息系统，主要介绍了地理信息系统的概述、地理信息系统与其他系统的集成、专业市政燃气管网地理工程系统。

第 10 章是 SCADA 系统的功能扩展，主要介绍了燃气调度安全抢险指挥系统、远程计量数据采集系统、视频监控安防系统、气热电联调系统及与异地监控系统的连接。

本书 2.2 节与 6.2 节理论性较强，可根据教学情况或读者自己的需求进行教学或参考。

(2)本书的特点及适用对象：

①通过系统学习，可掌握城镇燃气调度监控系统的原理及其应用，以满足燃气专业管理人员和技术人员的从业需求。

②本书内容贴近专业实际，理论联系实际，有利于提高在校学生或在岗人员的学习主观能动性。

③可作为燃气相关专业的高等、中等职业教育专业课教学的理论教材，也可作为企业培训及"学分银行"学历教育的教材。

本书由刘燕主编，赵晓蕾主审，参编有杨利州、梁志刚(第 1 章)、张国栋、史翔(第 2,3,6 章)、张永昭、崔瑶、李鑫(第 4,5 章)、张应辉、王勇、杜学平(第 7,8,9 章)、宋来弟、姚玉梅(第 10 章)。

由于编者水平有限，书中难免有不足和疏漏之处，敬请各位读者批评指正。

编　者

2012 年 12 月 1 日

目　录

注：* 为选学内容，参见前言。

第1章　概　述

核心知识

- SCADA 系统
- SCADA 的发展
- SCADA 在燃气调度中的作用

学习目标

- 掌握 SCADA 系统的基本概念
- 了解 SCADA 的发展
- 熟悉 SCADA 在燃气调度中的应用

1.1 SCADA 系统的基本概念

SCADA 是英文 Supervisory Control and Data Acquisition 的简称，即数据采集与监控系统。SCADA 系统基本原理，是以电子计算机为中心系统，对远程厂站、调压站运行设备进行测量和控制。以燃气为例，调度中心的 SCADA 系统通过通信网络，对天然气管网进行实时监测，确保管网压力、流量等参数在正常范围内运行，遇有不正常情况或超出所设定量程，系统进行自动报警，SCADA 系统发出控制指令，调控现场设备。除燃气应用外，SCADA 系统已广泛应用于其他领域如电力系统、供水系统、污水处理以及环境监测等各个不同领域，但基本概念和功能相同，都是实现对现场的运行设备进行实时远程监视、数据采集、测量、信号报警等各项功能，中心系统能作数据存储、处理和分析，为管理和决策提供信息。

SCADA 系统一般在结构上可分为四大部分，各负有不同功能，如图 1.1 所示。从下至上包括：

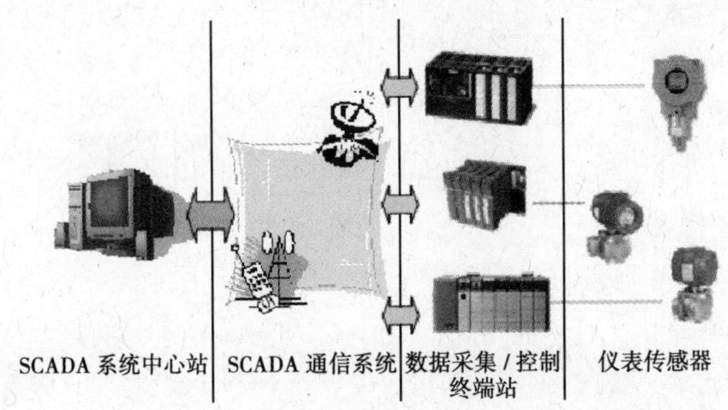

图 1.1　SCADA 系统四大组成部分示意图

①仪表传感器（Sensor and Transmitter）：安装于远程站的测量设备，作用为转化物理变量至模拟或开关量，有些可提供智能通信接口，以信号线连接下一级终端机。

②数据采集/控制终端站（RTU/ PLC）：安装于远程站的设备，收集所有现场仪表传感器的信号，经处理以某种通信协议形式传送至 SCADA 系统中心站。

③SCADA 通信系统：一般由电信运营商提供租借服务，也包括自建通信系统，是连接远程厂站与 SCADA 系统中心站的通信媒介，连接方式可以采用有线如光纤，或无线如电台、GPRS/CDMA。

④SCADA 系统中心站：由硬件服务器及 SCADA 软件组成，主要接收、储存各厂站仪表的数据，经适当处理后，以图形界面、报表形式显示现场仪表状态，再作适当处理和分析，更可以对现场相关设备进行遥调或遥控功能。

1.2 SCADA 系统的发展

SCADA 系统于1960 年面世,早期系统采用大型主机(Mainframe)技术,对现场仪表数据进行遥测和遥信(Telemetry),到20 世纪 70 年代,系统可靠性和功能逐渐成熟。SCADA 系统具有遥调及遥控功能,当时 SCADA 技术还没有标准设计,各开发商自行开发一套封闭式系统,兼容性较差,不同通信协议及数据结构造成系统需要特定专用设备,包括操作软件与服务器硬件。如早期的 Digital RSX-11 或 VMS 操作系统必须运行于 DEC PDP11 或 VAX 微计算机,SCADA 软件必须与指定品牌远程终端机(RTU)采用封闭式通信协议通信,历史数据更不能共享,需由特定软件读取数据自设报表。20 世纪 70 年代早期监测系统,主机多采用大型服务器,实时操作系统以 VMS 和 Unix 为主流,直至20 世纪90 年代中期,SCADA 系统逐渐发展到微软视窗 Window 平台,以及从 Unix 演变的开放式 Linux 操作系统平台,系统逐渐从封闭式过渡至开放式。

随着信息科技突飞猛进及宽频网络技术的出现,为 SCADA 的软硬件功能和通信网络都带来了新的发展天地,几十年的科技变化和市场的需求演变,改变了 SCADA 技术,它已不限于技术层面的监测和控制功能,已延伸至管理层面的计划和决策功能。可从以下三方面看今后 SCADA 的发展趋势。

1)伴随网络与信息科技发展

20 世纪 90 年代至今,信息科技高速发展,IT 技术不断更新,通信网络技术多元化,SCADA 系统也由早期单一服务器发展到网络结构,由 10Base-2 同轴电缆以太网发展到 100 Base-T 百兆网(100 Mbps)至千兆网(1 Gbps);操作软件由专用软件 VMS,Unix 发展至 Window 微软及 Linux 平台;RTU/PLC 通信也明显改变,由有线电话、无线电台到无线 GPRS/CDMA、光纤网络、串行数据专线(DDN)、虚拟专用网络(VPN)等。20 世纪 70 年代至 80 年代 SCADA 软件采用的开发技术编程语言以 Fortran、C、C ++ 为主导,人机界面以当时最普及的 X-Window 视窗技术为主导。随着互联网面世,多任务(Multiple Tasks)及跨平台的 Java 程序语言逐渐普及,这种具有强大开发能力、系统高度开放性的程序语言,对 SCADA 技术有极大地促进,引入网络语言 Java 编程的 SCADA,可通过网络动态加载,支持浏览器/服务器(B/S)的结构,使用任何一种浏览器远程访问 SCADA 系统,这是目前市场上的一个主流趋势,推动 SCADA 由以往客户端/服务器(C/S)的结构到 C/S 和 B/S 相结合的结构。

随着新技术新网络的发展,SCADA 系统从过去单一监控功能改变为多元化功能,集多媒体信息平台,以宽频网络作为桥梁,包括 SCADA 系统、地理信息系统(GIS)、管理信息系统(MIS)和仿真系统、耗气负荷预测系统等,借助光纤或虚拟专用网络(VPN),SCADA 系统已不仅连接厂站终端机，更可兼容和联接各厂站远程视频系统（Remote Surveillance System）、门禁系统（Access Control System）及网络电话（IP Phone），实现远程站统一管理。

2）数据采集形式多元化

早期SCADA系统，由单一仪表直接连接监测系统开始，到以RTU/PLC为中转站，采集各仪表的数据集中处理，再以有线或无线方式远传至SCADA系统。随着宽带网络的普及，传统4-20mA模拟与开关量信号，可以采用数字形式通信协议传输，利用多种通信技术如红外线、蓝牙、无线网络传送至RTU/PLC，再以有线或无线等方式传送至SCADA系统。除此以外，不同通信方式已广泛用于自动化测量仪表技术，网络化的新型仪表（总线式仪器、智能仪表）相继出现，利用网络技术直接传送实时数据（工业用户流量、压力监测），不需要经RTU采集数据及远传。新一代SCADA系统允许各种网络仪表混合使用，兼容不同设备、采用不同通信技术，这种多元化形式的数据采集方法既提高效率，又节约成本。

3）可持续发展

可持续发展要求SCADA系统具有不断更新和扩展能力，能够配合环境改变，并随着公司业务增长和管网扩展而不断发展。要具备持续发展条件，高度开放性及兼容性为第一原则。数十年来，SCADA软件设计已朝这个方向发展，操作系统采用流行的微软视窗Window操作系统或能跨平台开放性高的UNIX/LINUX操作系统，能支持不同品牌硬件服务器，减少对专用硬件的依赖；SCADA通信协议符合国际工业标准，采用在自动化行业普及而又被成熟应用的通信协议如Modbus，DNP3等，有利于系统扩充及维护；SCADA历史数据库具有开放性，采用公开标准如ODBC，第三方应用软件能共享数据；SCADA软件容量空间不受限制，不论是遥测点数目、客户端数目、数据库容量都可应要求而增加，满足扩充及持续发展要求。除此以外，SCADA系统技术发展必须充分考虑与信息技术的结合，与公司内部IT网络发展同步，避免因采用落后的信息技术而造成系统的不兼容或投资的浪费。

1.3 SCADA系统在燃气调度中的作用

随着国家大型天然气工程项目的相继启动，天然气供应已延伸至各重要城镇、乡村。在使用天然气带来的高经济效益的同时，天然气安全管理也受到广泛关注，因此监测管网运行的可靠和安全是十分必要的。无论长输管线还是城市管网，为了确保管网运行的安全可靠，都必须建设一个以SCADA系统为核心的调度中心。因此，SCADA系统肩负着监控管网安全运行的使命，其作用可归纳为以下两个方面：

1）确保燃气管网安全可靠运行

天然气供应能带给燃气供应者和使用者不同利益，前者可赚取利润，后者可为家居生活带来便利，但两者都有一个共同的要求也是最基本的要求：燃气供应不能中断、要可靠、要安全。如何满足这个要求，即燃气供应者如何能监测到几百公里以外长输管线的安全、如何能俯瞰蜘蛛网一般的城市管网是否安全运行、如何能确保向使用者提供安全充足的燃气？SCADA 系统是燃气供应者实现管网安全可靠运行的工具。

SCADA 系统通过科学规划，在管网重要的位置上安装监测设备，对管网压力、流量、温度、阀门状态等工况进行实时监测，确保所有管网工况在预设范围下正常运行，如遇有超出预设范围或紧急情况，SCADA 系统可实时预警、报警，根据不同的报警采取适当的措施，调派工程人员到现场处理事故，更可以利用 SCADA 系统遥控功能，遥调或遥控相关设施，以阻止危险情况恶化、蔓延，确保管网正常运行、可靠供气。

2）燃气供求管理、危机处理、管网规划分析和扩展

SCADA 系统的另一个重要功能，是对所采集的数据进行系统的存储分析，根据监测数据进行管网负荷预测，实现燃气供求平衡管理和调度。如利用管网仿真模型，可发现燃气泄漏事故，在上游供气中断情况下可计算剩余气量及维持供应的时间，以及受影响用户的数量及程度，启动相应的应急预案。除此之外，还可为管网工程建设提供参考依据，包括管网新建、改造等工程。所以，SCADA 系统功能不限于数据采集与监测控制，结合用户和市场需求做出相应的设计和开发，在燃气应用和管理上可以无限延伸与扩展。

学习鉴定

问答题

（1）什么是 SCADA 系统？

（2）SCADA 系统在结构上分为几部分？每部分的功能是什么？

（3）简述 SCADA 系统在燃气调度中的应用。

第 2 章　SCADA 监控系统

核心知识

- SCADA 系统总体结构
- SCADA 系统整体组成
- SCADA 系统主要功能
- SCADA 系统基础技术

学习目标

- 掌握 SCADA 系统主要功能
- 熟悉 SCADA 系统结构与组成
- 了解 SCADA 系统基础技术

2.1 概 述

SCADA 系统,即数据采集与监视控制系统,是以计算机为基础的生产监控与调度管理系统,可以对现场的运行设备进行监视和控制,以实现数据采集、设备控制、监测计量、参数调节以及各类信号报警等各项功能。该系统建立在计算机系统、通信系统、控制器、现场仪表设备基础上,主要结构由调度监控中心、监控通信网络、监控终端站(数据采集/控制终端站(RTU/ PLC)和仪表传感器)三级组成,以实现调度中心远程监控、监控站本地站控、现场设备就地控制等功能。其中调度监控中心是 SCADA 系统的核心;站控系统是保证天然气管道系统安全操作的基础;现场设备就地控制是对工艺单体或单台设备进行手/自动就地独立的操作。

城市燃气管网 SCADA 系统主要由调度控制中心系统、监控通信网络系统、监控终端站构成。管网在调度控制中心的统一调度下协调优化运行,并采用全线调度中心控制级、站场控制级和就地控制级的三级控制方式。由调度监控中心集中监视和控制全段管网的运行状况。站控系统作为 SCADA 系统的远程监控终端,是保证 SCADA 系统正常运行的基础。站控系统主要由现场仪表、RTU/PLC 控制器、操作工作站及控制网络构成,实时监视和控制该站的工艺过程,通过远程监控网络向调度控制中心实时传送该站的运行参数,并接受调度监控中心下发的控制指令。

通过 SCADA 系统实现对燃气输气管网的全线远程监控,可实现对控制工艺的改进,不仅可以提高企业管理水平,而且将使得企业在确保安全生产基础上获得更大的经济效益。

2.2 系统基础技术*

SCADA 系统是一项集成了包括计算机控制技术、软件工程技术、监控网络技术、PLC/RTU 技术、工业仪表技术等多种技术在内的系统工程,通过对多种技术的集成实现其数据采集与监视控制功能。SCADA 系统运行的本质过程可以概括为:将现场运行实况通过传感器进行感受并转换为标准的电信号,再通过数模转换技术将电信号转换为数字信息,最终通过数据通信技术将

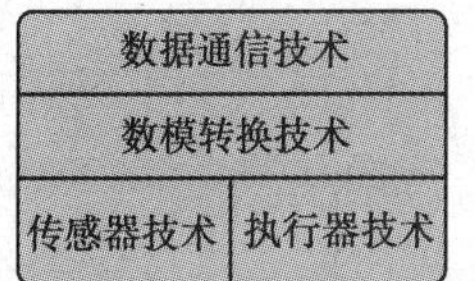

图 2.1 SCADA 系统基础技术组成

信息传输至中心站,完成实时监测;同时中心站可以通过发送数据控制执行器实现实时控制。因此,SCADA 系统的基础技术如图 2.1 所示,包括:传感器技术、执行器技术、数模转换技术和数据通信技术(图 2.1)。

2.2.1 传感器技术

1)概述

现代信息技术的三大基础是信息的采集、传输和处理技术,即:传感器技术、通信技术和计算机技术。它们分别构成了信息技术系统的"感官""神经"和"大脑"。信息采集系统的首要部件是传感器,且置于系统的最前端,传感器技术的重要性可见一斑。

传感器是一种获取信息的装置,可以把物理量或化学量变换成可以利用(电)信号的转换器件。传感器通常定义为:能够感受规定的被测量,并按一定规律和精度转换成可用输出信号的器件或装置。它是一种以一定的精确度把被测量转换为与之有确定对应关系的、便于应用的某种物理量的测量装置。传感器输出的信号有多种形式,如电压、电流、频率和脉冲等,输出信号的形式由传感器的原理确定。传感器转换输出的通常大都是电信号,因而传感器也可以定义为:把外界输入的非电量转换为电信号的一种装置。当传感器的输出为规定的标准信号时,则称为变送器。

传感器技术是以信息的获取与变换为核心,是拓展信息资源的源头,具有将计算机、通信、自动控制技术衔接为一体的关键功能。传感器技术的发展涉及信息产业的全局,并与之互为作用。随着微电子、计算机技术的发展,各行业对传感器的性能与质量的需求会越来越高。在监控系统中,传感器的作用相当于人的五官,自动化程度越高,系统对传感器的依赖性越大,传感器对系统的功能起着决定性作用。

2)传感器的组成与分类

(1)传感器的组成

传感器一般由敏感元件、转换元件及测量电路等部分组成,敏感元件和转换元件是传感器的核心。敏感元件是指传感器中直接感受被测量的部分;转换元件是指能将敏感元件的输出信号转换为适于传输和测量的电信号的部分;测量电路是负责将传感器输出的电参量转换为电能量。很多传感器的敏感元件和转换元件是合为一体的。例如,半导体、气体和湿度传感器等都是将其感受的被测量直接转化为电信号,没有中间转换环节。传感器的输出信号通常微弱,需要有信号调节与转换电路将其放大或转换为容易传输、处理、记录和显示的形式。随着半导体器件与集成技术在传感器中的应用,传感器信号调节与转换部分可以安置在传感器的壳体内或与敏感元件一起集成在同一芯片上。因此,信号调节与转换电路及其所需电源都可以成为传感器的组成部分,如图 2.2 所示。

信号调节与转换电路有放大器、电桥、振荡器和电荷放大器等,它们分别与相应的传感器配合使用。

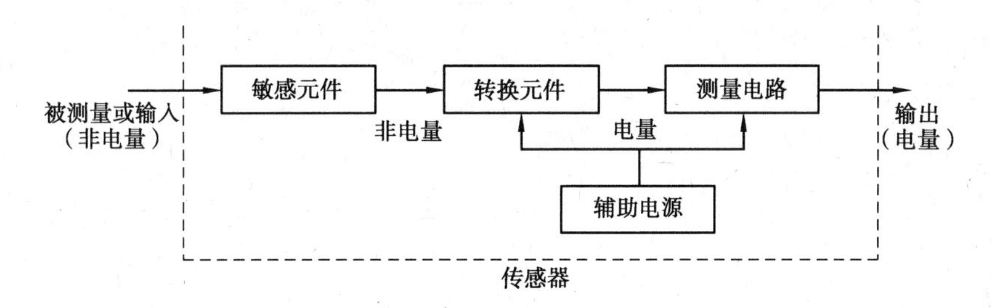

图2.2 传感器组成

(2)传感器的分类

首先传感器可分为有源传感器和无源传感器两类。无源传感器只是被动地接收来自被测物体的信息;有源传感器则可以有意识地向被测物体施加某种能量,并将来自被测物体的信息变换为便于检测的能量后再进行检测。

从输入量的角度,传感器可分为气体传感器、压力传感器、温度传感器、质量传感器、流量传感器、流速传感器、电传感器、磁传感器、位移传感器、振动传感器、速度传感器、加速度传感器、真空度传感器、光传感器、射线传感器、分析传感器、仿生传感器、离子传感器等多类。

从工作原理的角度,传感器可分为机械式、电气式、辐射式、流体式等。

从所使用的材料来看,传感器可分为陶瓷传感器、半导体传感器、复合材料传感器、金属材料传感器、高分子材料传感器5类。

从物理现象的角度,传感器可分为结构型和物理型两类。结构型以结构参数变化为信息变换的原理;物理型以物理特性、原理为传感器的信息变换原理。

从输入信号的角度,传感器可分为模拟式传感器(输出为模拟量)和数字式传感器(输出为数字量)。

根据不同的技术特点,传感器还可分为有触点和无触点、常规式或灵巧式、接触式或非接触式、普通型、隔爆型或本安型(本质安全型)。

3)燃气管网常用传感器

(1)压电传感器

压电传感器是一种典型的自发电式传感器。它以某些电介质的压电效应为基础,在外力作用下,在电介质表面产生电荷,从而实现非电量电测的目的。压电传感元件是力敏感元件,它可以测量最终能变换为力的那些非电物理量,例如动态力、动态压力、振动加速度等,但不能用于静态参数的测量。压电传感器具有体积小、质量轻、影象高、信噪比大等特点。由于它没有运动部件,因此结构坚固、可靠性及稳定性高。

压力效应:某些单晶体或多晶体陶瓷电介质,当沿着一定方向对其施力而使其变形时,内部就产生极化现象,同时在它的两个对应晶面上便产生符号相反的等量电荷,当外力取消后,电荷也消失,又重新恢复不带电状态,这种现象称为压力效应。当作用力的方向改变时,电荷的极性也随之改变。相反,当在电介质的极化方向上施加电场(加电压)作用时,这些电介质晶体会在一定的晶轴方向产生机械变形,外加电场消失,变形也会随之消失,这种现象称为逆变电效应(电致伸缩)。具有这种压电效应的物质称为压电材料或压电元件。常见的压电材料有石英晶体和各种压电陶瓷材料。

压电材料的主要特性有：

①机-电转换性能：具有较大的压电常数。

②力学性能：压电元件作为受力元件，应具有强度高、刚度大的特性，以获得宽的线性范围和高的固有振动频率。

③电性能：应具有高的电阻率和大的介电常数，以减弱外部分布电容的影响和减小电荷泄露并获得良好低频特性。

④温度和湿度稳定性：良好，具有较高的居里点（在此温度，压电材料的压电性能将被破坏），以得到较宽的工作温度范围。

⑤时间稳定性：压电特性不随时间蜕变。

石英晶体（SiO_2）是最常用的压电晶体之一。

（2）温度传感器

温度测量就是将温度变化转换为电磁量变化，它利用传感元件电磁参数随温度变化的特性来达到测量的目的。例如，将温度的变化转化为电阻、磁导或电动势等的变化，通过适当的测量电路，就可以由这些电磁参数的变化来表达所测温度的变化。

（3）气敏传感器

气敏传感器是用于测量气体的类别、浓度和成分的传感器，它能将气体种类及其与浓度有关的信息转换成电气信号。根据这些电气信号的强弱就可以获得与待测气体在环境中存在情况有关的信息，从而可以进行检测、监控、报警，还可通过接口电路与计算机组成自动检测、控制、报警系统，这也是气体传感器技术的发展趋势。

气敏传感器通常由气敏元器件、加热器和封装体三部分组成，按照制造工艺，可分为烧结型、薄膜型和厚膜型。

随着近代工业的进步，特别是燃气、石油、化工、煤炭、汽车等工业部门的迅速发展，被人们所利用的和在生活、工业中排放出的气体种类、数量都日益增多。由于气体种类繁多，性质各不相同，不可能用一种传感器检测所有类别的气体，因此能实现气电转换的传感器种类很多。气敏传感器按其构成材料不同，可分为半导体和非半导体两大类。目前，实际使用最多的是半导体气敏传感器。

（4）超声波传感器

声波是一种机械波，当它的振动频率在 20 Hz～20 kHz 的范围内时，可为人耳所听到，称为可闻声波；低于 20 Hz 的机械振动人耳不可闻，称为次声波；频率高于 20 kHz 的机械振动称为超声波。超声波有许多不同于可闻声波的特点：它的指向性很好，能量集中，因此穿透本领大，如能穿透几米厚的钢板而能量损失不大；在遇到两种介质的分界面时，能产生明显的反射和折射现象，这一现象类似于光波。超声波的频率越高，其声场的指向性就越好，与光波的反射、折射性就越接近。

超声波的传播方式可分为纵波、横波和表面波三种。按超声波的波形分，又可分为连续超声波和脉冲波两种。连续超声波是指持续时间比较长的超声振动，而脉冲波是指持续时间只有几十个重复脉冲的超声波。为了提高分辨率，减少干扰，超声波传感器多采用脉冲超声波。

超声流量计有频率差法和时间差法，时间差法易受温度影响，目前多用频率差法。频率差法测流量原理如图 2.3 所示，F1、F2 是完全相同的超声探头，安装在管壁外面，通过电子开关的控制，交替作为超声波发生器和接收器用。

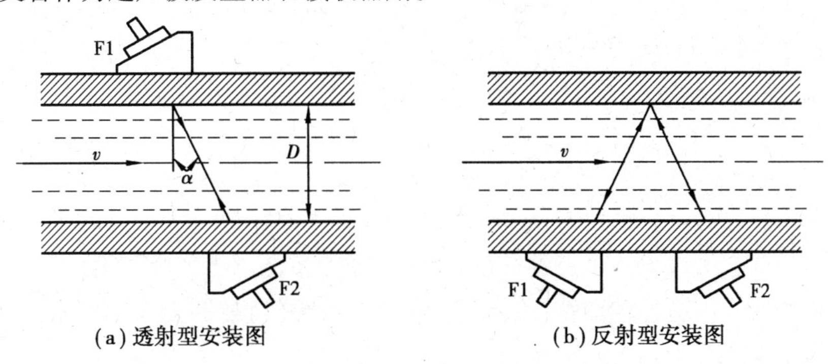

图 2.3 频率差法测量流量原理图

2.2.2 执行器技术

1) 概述

执行器又称终端控制元件(Final Controlling Element)，一般由执行机构和调节机构组成。在工业监控系统中，执行器受控制器的指令信号，经执行机构将其转换成相应的角位移或直线位移，去控制调节机构，改变被控对象进、出的能量或物料，以实现过程的自动控制。

自动控制系统的组成方式虽然不一致(如按给定值操纵的开环控制、按干扰补偿的开环控制以及按偏差调节的闭环控制)，但执行部分总是不可缺少的组成部分。执行器接受控制器的控制信号，改变操纵变量，使生产过程按照预定的要求正常执行。在工业监控系统中，执行器的动作代替了人的操作，不仅降低了人的劳动强度，保证了人身安全，而且提高了工厂的生产效率。如果把传感器比喻成人的感觉器官的话，那么执行器在监控系统中起的作用就相当于人的四肢。

由于执行器直接安装在工业现场，使用条件较差，直接与介质接触，尤其是当被调介质具有高压、高温、深冷、极毒、易燃、易爆、易渗透、易结晶、强腐蚀或高黏度等特点时，它成为整个监控系统的薄弱环节。执行器能否保持正常工作将直接影响系统的安全性和可靠性；执行器的阀门口径和流量特性是否选择适当，也将直接影响整个系统的调节范围与稳定性。可见，执行器是工业监控系统中一个很重要的组成部分，对于执行器的正确选用和安装、维修等各环节必须给予足够的重视。

2) 执行器的构成

各类执行器的调节机构的种类和构造大致相同，主要区别在于其执行机构不同。在电动执行器中，执行机构和调节机构基本是可分的两个部分，在气动执行器中两者是不可分的统一的整体，如图 2.4 所示。

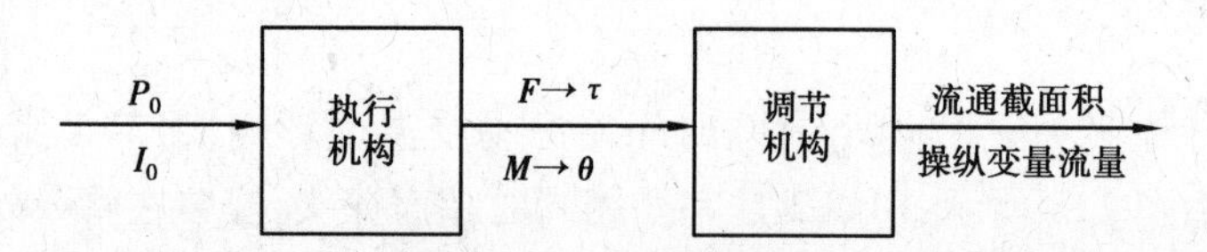

图 2.4　执行器的构成

执行机构是执行器的推动装置,它根据输入信号的大小,产生相应的输出力 F(或输出力矩 M)和直线位移 τ(或角位移 θ),推动调节机构作用。调节机构是执行器的调节部分,在执行机构的作用下,调节机构的阀芯产生一定位移,即执行器的开度发生变化,从而直接调节从阀芯、阀座之间流过的控制变量的流量。

执行器还可以配备一定的辅助装置,常用的辅助装置有阀门定位器和手操机构。阀门定位器利用负反馈原理改善执行器的性能,使执行器能按控制器的控制器信号,实现准确定位。手操机构用于人工直接操作执行器,以便在停电或停气、控制器无输出或执行机构失灵的情况下,保证生产的正常运行。

3)执行器的分类

执行器按其能源形式分为气动、电动和液动三大类,它们各有特点,适用于不同的场合。

气动执行器以压缩气体为动力,它的执行机构和调节机构是统一的整体,其执行机构有薄膜式和活塞式两类。活塞式行程长,适用于要求有较大推力的场合;而薄膜式行程较小,只能直接带动阀杆。由于气动执行机构有结构简单、动作可靠稳定、输出推力大、维护方便并且防火防爆等优点,在化工、炼油、冶金、电力等对安全要求较高的生产过程中有着广泛的应用。其缺点是滞后大,不适宜远传(150 m 以内),不能与数字装置连接。

电动执行器以电能为动力,它的执行机构和调节机构是分开的两部分。其执行机构分角行程和直行程两种,都是以两相交流电动机为动力的位置伺服机构,作用是将输入的直流电流信号线性的转换为位移量。电动执行器的特点是获取能源迅速,信号传递速度快,且可远距离传输信号,便于和数字装置配合使用等。电动执行器正处于发展和上升时期,是一种很有发展前途的装置。其缺点是结构复杂,价格贵和推动力小,电动执行机构安全防爆性能差,电动机动作不够迅速,且在行程受阻或者阀杆被卡住时电动机容易受损,不适合防火防爆的场合。

液动执行器推力最大,一般都是机电一体化的,但比较笨重,所以现在使用不多。但也因为其推力大的特点,在一些大型场所因无法取代而被采用,如三峡的船阀用的就是液动执行器。

气动执行器、电动执行器和液动执行器的产品特点如表 2.1 所示。

表 2.1　气动、电动、液动执行器的特点比较

比较项目	气动执行器	电动执行器	液动执行器
结构	简单	复杂	简单
体积	中	小	大
推力	中	小	大

续表

比较项目	气动执行器	电动执行器	液动执行器
配管配线	较复杂	简单	复杂
动作滞后	大	小	小
频率响应	窄	宽	窄
维修	简单	复杂	简单
使用场合	适于防火防爆	除防爆型外,一般不适于防火防爆	要注意火花
温度影响	较小	较大	较小
成本	低	高	高

在气动执行器和电动执行器两大类产品中,除执行机构部分不同外,调节机构部分均采用各种通用的调节阀,工业生产中多数使用这两种类型,它们也常被称为气动调节阀和电动调节阀。

执行器接受调节仪表的信号有气信号和电信号之分。其中,气信号无论来自一般气动基地式还是单元组合式调节仪表,信号范围均采用0.02~0.1 MPa压力;电信号则又有断续信号和连续信号之分,断续信号通常指二位或三位开关信号,连续信号指来自电动单元组合式调节仪表的信号,有0~10 mA和4~20 mA直流电流两种范围。在电-气复合调节系统中,还可通过各种转换器或阀门定位器等去连接不同类型的执行器。

4)电动执行器

在燃气管网中应用最为广泛的是电动执行器。

(1)电动执行器的用途及分类

电动执行器是指在控制系统中以电为能源的一种执行器。它接受调节仪表等的电信号,根据信号的大小改变操纵量,使输入或输出控制对象的物料量或能量改变,达到自动调节的目的。

电动执行器按其结构原理的不同分为电动调节阀、电磁阀、电动调速泵、电功率调整器和附件5类。其中电动调节阀习惯上也称为电动执行器,接受从调节器来的电信号,把它变为输出轴的角位移或直线位移,以推动调节机构——阀门动作,执行调节任务,是应用最广泛的一种电动执行器。

①电磁阀是以电磁体为动力元件进行开关动作的调节阀,通过阀门的开关动作,控制工作介质的流通,达到调节的目的。它的特点是结构紧凑、尺寸小、质量轻、维护简单、价格较低,并且具有较高的可靠性。

②电动调速泵是通过改变电动机转速来调节泵的流量,要求泵的流量与转速有较好的线性关系。采用调速泵来改变流量与采用恒速泵改变流量相比,能节省能源。

③电功率调整器是用电器元件控制电能输出的一种执行器,通常有饱和电抗器、感应调压器、晶闸管调压器等。它是通过改变流经负载的电流或加在负载两端的电压大小来调节电功率输出,达到调节目的。

④电动执行器附件只要有电动操作器,它与电动调节器配合用来操作电动执行器,实现自动调节和手动操作的无忧切换。

(2)电动执行器的要求

对于输出为转角的执行机构要有足够的转矩,对于输出为直线位移的执行机构要有足够的力,以便克服负载的阻力。特别是高温高压阀门,其密封填料压得比较紧,长时间关闭之后再开启时往往比正常情况下要费更大的力。

为了加大输出转矩或力,电动机的输出轴都有减速器,如果电动机本身就是低速的,减速器可以简单些。减速器或电动机的传动系统中应该有自锁特性,当电动机不转时,负载的不平衡力(例如闸板阀的自重)不可引起转角或位移的变化。为此,往往要用蜗轮蜗杆机构或电磁制动器。有了这样的措施,在意外停电时,阀位就能保持在停电前的位置上。

停电或调节器发生故障时,应该能够在执行器上进行手动操作,以便采取应急措施。为此,必须有离合器及手轮。

在执行器进行手动操作时,为了给调节器提供自动跟踪的依据(跟踪是无扰动切换的需要),执行器上应该有阀位输出信号。这既是执行器本身位置反馈的需要,也是阀位指示的需要。

为了保护阀门及传动机构不致因过大的操作力而损坏,执行器上应该有限位装置和限制力或转矩的装置。

除了以上基本要求外,为了便于和各种阀门特性配合,最好能在执行器上具有可选择的输入数字信号。近年来出现了带 PID 运算功能的执行器,即"数字执行器"和"智能执行器"。

随着微电子技术和控制技术的不断发展,智能电动执行器出现了迅速发展的趋势,其性能得到了很大的提高,功能也日趋完善。

2.2.3 数模转换技术

1)概述

随着电子产业数字化程度的不断发展,逐渐形成了以数字系统为主体的格局。数模(A/D)转换器作为模拟和数字电路的接口,正受到日益广泛的关注。数字技术的飞速发展使得新型的模拟/数字转换技术不断涌现,人们对 A/D 转换器的要求也越来越高。

2)数模转换器的发展历史

计算机、数字通信等数字系统是处理数字信号的电路系统。然而,在实际应用中,遇到的大都是连续变化的模拟量,因此,需要一种接口电路将模拟信号转换为数字信号。A/D 转换器正是基于这种要求应运而生的。20 世纪 70 年代初,由于 MOS 工艺的精度还不够高,模拟部分一般采用双极工艺,数字部分则采用 MOS 工艺,且模拟部分和数字部分还不能做在同一个芯片上，因此，A/D 转换器只能采用多芯片方式实现，成本很高；1975 年，一个采用 NMOS 工艺的 10 位逐次逼近型 A/D 转换器成为最早出现的单片 A/D 转换器，1976 年，出现了分辨率为 11 位的单片 CMOS 积分型 A/D 转换器，此时的单片集成 A/D 转换器中，数字部分占主体，模拟部分只起次要作用，且 MOS 工艺相对于双极工艺还存在许多不足。20 世纪 80 年代，出现了采用 BiCMOS 工艺制作的单片集成 A/D 转换器，但是工艺复杂，成本高。随着 CMOS 工艺的不断发展，采用 CMOS 工艺制作单片 A/D 转换器已成为主流，这种 A/D 转换器的成本低、功耗小。20 世纪 90 年代后，便携式电子产品的普遍应用要求 A/D 转换器的功耗尽可能地低。A/D 转换器功耗已由 mW 级降到 μW 级，转换精度和速度也在不断提高。目前，A/D 转换器的转换速度已达到数百 MSPS，分辨率已经达到 24 位。

3）模拟/数字转换技术的发展现状

通常，A/D 转换器具有三个基本功能：采样、量化和编码。如何实现这三个功能，决定了 A/D 转换器的电路结构和工作性能。A/D 转换器的类型很多，常用的有：全并行 A/D 转换、两步型 A/D 转换、差值折叠型 A/D 转换、流水线型 A/D 转换、逐次逼近型 A/D 转换、∑-Δ-A/D 转换等。

表 2.2 对各种 A/D 转换器的分辨率、转换速度和功耗等性能进行了比较。根据 A/D 转换器的速度和精度，大致可分为三类。

①高速低（或中等）精度 A/D 转换器：其结构有全并行、两步型、插值折叠型和流水线型。此类 A/D 转换器速度快，但是精度不高，功耗大，占用的芯片面积也很大。主要用于视频处理、通信、高速数字测量仪器和雷达等领域。

②中速中等精度 A/D 转换器：此类 A/D 转换器是以速度来换取精度，如逐次逼近型 A/D 转换器。其数据输出通常是串行的，转换速度在几十 kHz 到几百 kHz 之间，精度（10 ~ 16 位）也比高速 A/D 转换器高。主要用于传感器、自动控制、音频处理等领域。

③中速或低速高精度 A/D 转换器：此类 A/D 转换器速度不快，但精度很高（16 ~ 24 位），如∑-Δ-A/D 转换器。主要用于音频、通信、地球物理测量、测试仪、自动控制等领域。

表 2.2 各种 A/D 转换器性能比较

	全并行	两步型	差值折叠型	流水线型	逐次逼近型	∑-Δ 型
主要特点	超高速	高速	高速	高速	中速中精度	高精度
分辨率	6 ~ 10 位	8 ~ 12 位	8 ~ 12 位	8 ~ 16 位	8 ~ 16 位	16 ~ 24 位
转换时间	几十 ns	几百 ns	几十至几百 ns	几百 ns	几至几十 μs	几至几十 ms
采样率	几十 MSPS	几 MSPS	几至几十 MSPS	几 MSPS	几十至几百 kSPS	几十 kSPS
功耗	高	中	较高	中	低	中
主要用途	超高速视频处理	视频处理、通信	雷达、数据传输	视频处理、通信	数据采集、工业控制	音频处理、数字仪表

4) 逐次逼近型模拟/数字转换

在 SCADA 系统中,通常通过逐次逼近型 A/D技术实现工业监控与数据采集。逐次逼近型 A/D 转换器的结构如图 2.5 所示,其工作原理是:输入信号的抽样值与 A/D 转换器的初始输出值相减,余差被比较器量化,量化值再来指导控制逻辑是增加还是减少 A/D 转换器的输出;然后,这个新的 A/D 转换器输出值再次从输入抽样值中被减去,不断重复这个过程,直至其精度达到要求为止。由此可见,这种 A/D 转换器在一个时钟周期里只完成1 位转换,N 位转换就需要 N 个时钟周期,故采样率不高,输入带宽也较低,但其电路结构简单,面积和功耗小,而且不存在延迟问题。

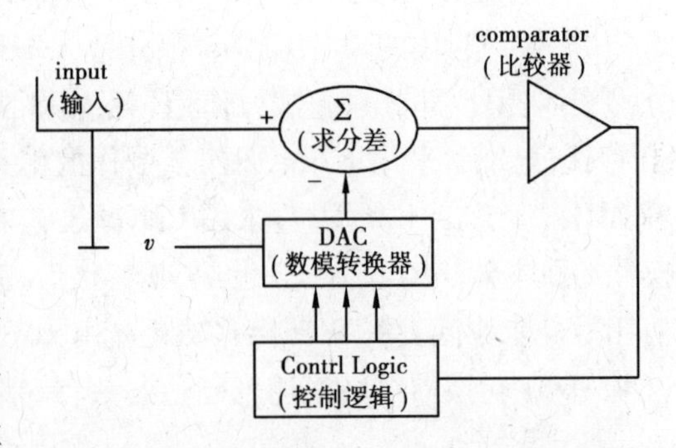

图 2.5　逐次逼近型 A/D 转换器结构框图

5) 模拟/数字转换技术的发展趋势

为了满足数字系统的快速发展要求,A/D 转换器的性能也在不断提高,其主要发展方向如下:

①高转换速度:现代数字系统的数据处理速度越来越快,要求获取数据的速度也要不断提高。如在软件无线电系统中,A/D 转换器的位置是非常关键的,它要求 A/D 转换器的最大输入信号频率在 1 ~ 5 GHz,以目前的技术水平,还很难实现。因此,向超高速 A/D 转换器方向发展的趋势是清晰可见的。

②高精度:现代数字系统的分辨率在不断提高,如高级仪表的最小可测值在不断地减小,因此,A/D 转换器的分辨率也必须随之提高。目前,最高精度可达 24 位的 A/D 转换器也不能满足要求。现在,人们正致力于研制更高精度的 A/D 转换器。

③低功耗:片上系统(SOC)已经成为集成电路发展的趋势,在同一块芯片上既有模拟电路又有数字电路。为了完成复杂的系统功能,大系统中每个子模块的功耗应尽可能地低,因此,低功耗 A/D 转换器是必不可少的。在以往的设计中,5MSPS 8 ~ 12 位分辨率 A/D 转换器的典型功耗为 100 ~ 150 mW。这远不能满足片上系统的发展要求,所以,低功耗将是 A/D 转换器一个必然的发展趋势。

2.2.4　数据通信技术

广义地讲,把由一地向另一地或多地进行消息的有效传递称为数据通信;从狭义的角度讲,把利用电磁波、电子技术、光电子等手段,借助电信号或光信号实现从一地向另一地或多地进行消息的有效传递和交换的过程称为数据通信。

通信的实质就是实现信息的有效传递,它不仅要将有用的信息进行无失真、高效率的传输,而且还要在传输过程中减少或消除无用信息和有害信息。

1)通信基本概念

(1)数据和信号

数据是运送信息的实体,而信号则是数据的电气的或电磁的表现。无论数据或信息,都既可以是模拟的也可以是数字的。所谓“模拟的”就是连续变化的,而“数字的”就表示取值仅允许为有限的几个离散数值。

(2)信道

信道一般用来表示向某一个方向传送信息的媒体,因此一条通信电路往往包含一条发送信道和一条接收信道。从信道的双方信息交互的方式看,可以有三种基本方式。

①单工通信:单工通信只有一个方向的通信,没有反方向的交互,仅需要一条信道,无线电广播、电视广播就属于这种类型。

②半双工通信:半双工通信即通信双方都可以发送信息,但不能同时发送。

③全双工通信:全双工通信即通信的双方可以同时发送和接收信息,通常需要两条信道。

(3)码元

数字通信中对数字信号的计量单位采用码元这个概念。一个码元指的是一个固定时长的数字信号波形,该时长成为码元宽度。

(4)传输速率

数字通信系统的传输有效程度可以用码元传输速率和信息传输速率来描述。

①码元传输速率:码元传输速率又称为码元速率、信号速率、符号速率等,它表示单位时间内数字通信系统所传输的码元个数(符号个数或脉冲个数),单位是波特(Band)。1 波特表示数字通信系统每秒传输 1 个码元。码元可以是多进制的,也可以是二进制的。

②信息传输速率:信息传输速率又可称为信息速率、比特率等,它表示单位时间内数字通信系统传输的二进制码元个数,单位是比特/秒(bps)。

(5)抖动

所谓抖动,是指在噪声因素的影响下,数字信号的有效瞬间相对于应生成理想时间位置的短时偏离,是数字通信系统中数字信号传输的一种不稳定现象,也即数字信号在传输过程中,造成的脉冲信号在时间间隔上不再是等间隔的,而是随时间变化的。

2)传输性能指标

传输性能指标主要用于对通信网络系统的效率和性能进行衡量,主要包括以下几个方面。

(1)带宽

在过去,通信的主干线路都用来传递模拟信号。一个特定的信号通常是由许多不同的频率成分组成,因此一个信号的带宽是指该信号的各种不同频率成分所占据的频率范围。也就是说,带宽本来是指某个信号具有的频率宽度,单位是赫兹(Hz)。

当通信线路用来传送数字信号时,数据率就成为数字信道最重要的指标。但习惯上,人们愿意将“带宽”作为数字信号所能传送的“最高数据率”的同义词,因此网络的带宽是指在一段特定时间内网络所能传送的比特数，单位是 bps。例如，一个网络带宽为 10 Mbps，意味着每秒能传送 1 千万个比特。

正因为带宽代表数字信号的发送速率，因此带宽有时也称为吞吐量。在实际应用中，吞吐量常用每秒发送的比特数（或字节数、帧数）来表示。

(2)时延

时延是指一个报文或分组从一个网络一端到另一端所需的时间。通常，时延由三个部分组成。

①发送时延：又称为传输时延，是节点在发送数据时使报文或分组从节点进入到传输媒体所需要的时间，也就是从报文或分组的第一个比特开始发送算起，到最后一个比特发送完毕所需的时间。它的计算公式是：

$$\text{发送时延}=\frac{\text{报文或分组长度}}{\text{信道带宽}}$$

信道带宽是指数据在信道上的发送速率，也常称为数据在信道上的传输速率。

②传播时延：是电磁波在信道中需要传播一定的距离而花费的时间，其计算公式是：

$$\text{传播时延}=\frac{\text{信道长度}}{\text{电磁波在信道上的传播速率}}$$

电磁波在自由空间的传播速率是光速，即 3.0×10^5 km/s。电磁波在网络传输媒体中的传播速率比在自由空间要略低一些，在铜线中的传播速率约为 2.3×10^5 km/s，在光纤中的传播速率约为 2.0×10^5 km/s。

③处理时延：是数据在交换节点为存储转发而进行的一些必要的处理所花费的时间，处理时延重要的组成部分是分组在节点缓存队列中排队所经历的排队时延。因此处理时延的长短通常取决于网络中当时的通信量，当网络的通信量大时，还会发生队列溢出，使分组丢失，这相当于处理时延为无穷大。

这样，数据经历的总时延就是以上三种时延之和：

$$\text{总时延}=\text{传播时延}+\text{发送时延}+\text{处理时延}$$

④在通信网络中，往返时延也是一个重要的性能指标，它表示从发送方发送数据开始，到发送方收到来自接收方的确认，总共经历的时延。

(3)时延带宽积

将通信网络性能的传播时延和带宽两个基本量相乘，就得到另一个有用的度量，即时延带宽积。

$$\text{时延带宽积}=\text{传播时延}\times\text{带宽}$$

直观地说，如果将一对进程之间的信息看成一条中空的管道，时延相当于管道的长度，带宽相当于管道的直径，那么时延带宽积就是管道的容积，即它所能容纳的比特数。

构造网络时知道时延带宽积是很重要的，因为它相当于第一个比特到达接收方之前，发送方最多发送的比特数。如果发送方希望接收方给出比特已经开始到达的信号，而且这个信号发回到发送方需要经过另一信道时延，那么发送方在接收到到达信号之前能否发完 2 倍时延带宽积的数据。另一方面，如果发送方没有填满管道，即它停下来等到达信号，那么发送方就不能充分利用网络。

(4)误码率

在数字通信中是用脉冲信号携带信息,由于噪声、串音、码间干扰以及其他突发因素的影响,当干扰幅度超过脉冲信号再生判决的某一门限值时,将会造成误判而形成误码。误码用误码率表示,它指在一定统计时间内,数字信号在传输过程中发生错误的位数与传输总位数之比。

3)数据编码

数据通信系统的任务是传送数据或指令等信息,这些数据通常用离散的二进制0,1序列的方式来表示,用0,1序列的不同组合来表达不同的信息内容。如2位二进制码的4种不同组合00,01,10,11,可用来分别表示某个控制电机处于断开、闭合、出错、不可用4种工作状态。8位二进制编码的256种不同组合可以用来表示一组特定的出错代码。通过数据编码可以实现把一种数据组合与一个确定的内容联系起来,而这种对应关系的约定必须为通信各方认同和理解。

还有一些已经得到普通认同的编码,例如由4位二进制代码组合的二-十进制编码即BCD码、电报通信中的莫尔斯码、用5位表示一个字符或字母的博多码。在计算机数据通信中被最为广泛采用的编码是ASCII码等。ASCII码即美国标准信息交换码,是一种7位编码。其128种不同组合分别对应一定的数字、字母、符号或特殊功能。如十六进制的30至39分别表示数字0至9;十六进制的41表示字母A;十六进制的27,2B分别表示逗号","和加号"+";0A,0D则分别表示换行与回车功能。

在工业数据通信系统中还有大量不经过任何编码而直接传输的二进制数据,如A/D转换形成的温度、压力测量值,调节阀所处位置的百分数等。

二进制数字信息在传输过程中可以采用不同的代码,各种代码的抗噪声特性和定时能力各不相同,实现费用也不一样。

在数据通信中,选择什么样的数据编码要根据传输的速度、信道的带宽、线路的质量以及实现的价格等因素综合考虑。

4)数字调制技术

数字数据在传输中不仅可以用方波脉冲表示,也可以用模拟信号表示。用数字数据调制模拟信号称为数字调制。

模拟数据编码采用模拟信号来表达数据的0,1状态,信号的幅度、频率、相位是描述模拟信号的参数。可以通过调制模拟载波信号这三个参数,实现对数字数据的表示。幅值键控(Amplitude-Sheft Keying, ASK)、频移键控(Frequency-Sheft Keying, FSK)、相位键控(Phase-Sheft Keying, PSK)是三种基本的调制方式。

①幅值键控(ASK):按照这种调制方式,载波的幅度受到数字数据的调制而取不同的值。例如对应二进制"0",载波振幅为0;对应二进制"1",载波振幅取1。调幅技术实现简单,但抗干扰性能差。

②频移键控(FSK):即按照数字数据的值(0 或 1)调制载波的频率。例如对应二进制"0"的载波频率为f_1,而对应二进制"1"的载波频率为f_2。这种调制技术抗干扰性能好,但占用带宽较大。在有些低速的调制解调器中,用这种调制技术把数字数据变成模拟音频信号传送。

③相位键控(PSK):用数字数据的值调制载波相位,这就是相位键控。例如用 180°相位表示"1";用 0°相位表示"0"。这种调试方式抗干扰性能最好,而且相位的变化也可以作为定时信息来同步发送机和接收机的时钟。码元只取两个相位值称为 2 相调制,码元可取 4 个相位值称为 4 相调制。4 相调制时,一个码元代表两位二进制数(见表 2.3),采用 4 相或更多相的调制能够提供较高的数据速率,但实现技术更复杂。

表 2.3　相调制方案

位 AB	方案 1	方案 2
00	0°	45°
01	90°	135°
10	180°	225°
11	270°	315°

可见数字调制的结果是模拟信号的某个参量(幅度、频率或相位)取离散值。而这些值与传输的数字数据是对应的,这正是数字调制与传统的模拟调制不同的地方。以上调制技术可以组合起来得到性能更好、更复杂的调制信号。例如 ASK 和 PSK 结合起来,形成幅度和相位复合调制,每一个码元表示 4 位二进制数,如表 2.4 所示。

表 2.4　幅度相位复合调制

二进制数	码元幅度	码元相位	二进制数	码元幅度	码元相位
0000	$\sqrt{2}$	45°	1000	$\sqrt[3]{2}$	45°
0001	3	0°	1001	5	0°
0010	3	90°	1010	5	90°
0011	$\sqrt{2}$	135°	1011	$\sqrt[3]{2}$	135°
0100	3	270°	1100	5	270°
0101	$\sqrt{2}$	315°	1101	$\sqrt[3]{2}$	315°
1010	$\sqrt{2}$	225°	1110	$\sqrt[3]{2}$	225°
0111	3	180°	1111	5	180°

5)数据传输方式

数据传输方式是指数据代码的传输顺序和数据信号传输时的同步方式。

(1)串行传输和并行传输

①串行传输:数据流以串行方式逐位地在一条信道上传输。每次只能发送一个数据位,发送方式必须确定是先发送数据字节的高位还是低位。同样,接收方也必须知道所收字节的第一个数据位应该处于字节的什么位置。串行传输具有易于实现,在长距离传输中可靠性高等优点,适合远距离的数据通信,但需要在收发双方采取同步措施。

②并行传输:将数据以成组的方式在两条以上的并行通道上同时传输。它可以同时传输一组数据位,每个数据位单独使用一条导线。例如采用8条导线并行传输一个字节的8个数据位,另外用一条“选通”线通知接收者接收该字节,接收方可在并行通道上对各条导线的数据位信号并行取样。若采用并行传输进行字符通信时,不需要采取特别措施就可以实现收发双方的字符同步。

串行通信在传输一个字符或字节的各数据位时是依顺序逐位传输,而并行传输在传输一个字符或字节的各数据位时采用同时并行传输。

(2)同步传输与异步传输

在数据通信系统中,各种处理工作总是在一定的时序脉冲控制下进行,如串行数据传输中的二进制代码在一条总线上以数据位为单位按时间顺序逐位传送,接收端则按顺序逐位接收。因此接收端必须能正确地按位区分,才能正确恢复所传输的数据。串行通信中的发送者和接收者都需要使用时钟信号,通过时钟决定什么时候发送和读取每一位数据。同步传输和异步传输是指通信处理中使用时钟信号的不同方式。

①同步传输:同步传输中,所有设备都使用一个共同的时钟,这个时钟可以是参与通信的设备或器件中的一台产生的,也可以是外部信号源提供的。时钟可以有固定的频率,也可以间隔一个不规则的周期进行切换。所有传输的数据位都和这个时钟信号同步。传输的每个数据位只在时钟信号跳变(上升沿或下降沿)之后的一个规定时间内有效。接收方利用时钟跳变来决定何时读取每一个输入的数据位。如发送者在时钟信号下的下降沿发送数据字节,接收者则在时钟信号中间的上升沿接收并锁存数据,也可利用所检测到的逻辑高或者低电平来锁存数据。

同步传输可用于一个单块电路板的元件之间传送数据,或者在30~40 cm甚至更短距离间用于电缆连接的数据通信。由于同步式比异步式传输效率高,适合高速传输的要求,在高速数据传输系统中具有一定的优势。对于更长距离的数据通信,同步数据的代价较高,需要一条额外的线来传输时钟信号,并且容易受到噪声干扰。

②异步传输:异步传输中,每个通信节点都有自己的时钟信号。每个通信节点必须在时钟频率上保持一致,并且所有的时钟必须在一定误差范围内吻合。当传输一个字节时,通常会包括一个起始位来同步时钟。

异步传输方式并不要求收发两端在传送信号的每一数据位时都同步,例如在单个字符的异步方式传输中,在传输字符前设置一个启动用的起始位,预告字符代码即将开始,在字符代码和校验信号结束后,也设置一个或多个终止位,表示该字符已结束。在起始位和停止位之间,形成一个需传送的字符。因而异步传输又被称为起止同步。由起始位对该字符内的各数据位起到同步作用。

异步传输实现起来简单容易，频率的漂移不会积累，对线路和收发器要求较低。但异步传输中，往往因同步的需求，要另外传输一个或多个同步字符或帧头，因此会增加网络开销，使线路效率受到一定影响。

(3)位同步、字符同步与帧同步

同步是数据通信中必须解决的重要问题。接收方为了能正确恢复位串序列，必须能正确区分出信号中的每一位，区分出每个字符的起始与结束位置，区分出报文帧的起始与结束位置。因此传输同步又分为位同步、字符同步和帧同步。

①位同步：位同步要求收发两端按数据位保持同步。数据通信系统中最基本的收发两端的时钟同步，就属于位同步，它是所有同步的基础。接收端可以从接收信号中提取位同步信号。为了保证数据准确传输，位同步要求接收端与发送端的定时信号频率相同，并使数据信号与定时信号间保持固定的相位关系。

②字符同步：在系统通信中，收发通常以字符作为一个独立整体，因此需要字符同步。字符同步可将字符组织成组后连续传送，每个字符内不加附加位，在每组字符之前加上一个或多个同步字符。在传输开始时用同步字符使收发双方进入同步。接收端接收到同步字符，并根据它来确定字符的起始位置。

③帧同步：帧同步指数据帧发送时，收发双方以帧头帧尾为特征实行同步的工作方式。数据帧是一种按协议约定将数据信息组织成组的形式。图2.6为通信数据帧的一般结构形式。它的第一部分是用于实现收发双方同步的一个独特的字符段或数据位的组合，称为起始标志或帧头，其作用是通知接收方有一个数据帧已经到达。中间是通信控制域、数据域和校验域。帧的最后一部分是帧结束标记，它和起始标志一样，是一个独特的位串组合，用于标志该帧传输过程的结束。帧同步将数据帧作为一个整体，实行起止同步。

帧头 （起始标志）	控制域	数据域	校验域	帧尾 （结束标志）

图2.6　数据帧的一般结构

6)通信线路的工作方式

(1)单工通信

单工是指通信线路传送的信息流始终朝着一个方向，而不进行与此相反方向的传送。如图2.7(a)所示，A为发送终端，B为接收终端，数据只能从A传送至B，而不能由B传送至A。单工通信线路一般采用二线制。

(2)半双工通信

半双工通信是指消息流可在两个方向上传输，但同一时刻只限于一个方向。如图2.7(b)所示，信息可以从A传至B，或从B传至A，所以通信双方都具有发送器和接收器，实现双向通信必须改变信道方向。半双工通信采用二线制线路，当A向B发送信息时，A将发送器连接在信道上，B将接收器连接在信道上；而当B向A发送数据时，B则将接收器从信道上断开，并把发送器接入信道，A也要相应地将发送器从信道上断开，而把接收器接入信道。这种在一条信道上进行转换，实现A→B与B→A两个方向通信的方式，称为半双工通信。

(3)全双工通信

全双工通信是指通信系统能同时进行如图2.7(c)所示的双向通信。它相当于把两个相反方向的单双工方式组合在一起,从而实现全双工方式。

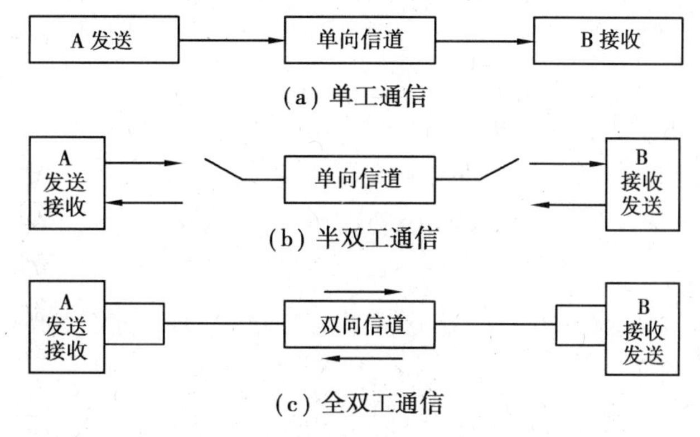

(a) 单工通信

(b) 半双工通信

(c) 全双工通信

图2.7 通信线路的工作方式

7)信号的传输模式

(1)基带传输

基带是数字数据转换为传输信号时其数据变化本身所具有的频带。基带传输是指在基本不改变数据信号频率的情况下,直接按基带信号进行的传输。它不包含任何调制(频率变换),按数据波的原样进行传输。

基带传输是目前广泛应用的最基本的数据传输方式。在基带传输中,信号传输按数据位流的基本形式,整个系统不用调制解调器。它可以采用双绞线或同轴电缆作为传输介质,也可以采用光缆作为传输介质。与宽带网相比,基带网的传输介质比较便宜,可以达到较高的数据传输速率(一般为1~10 Mb/s),但其传输距离一般不超过25 km,传输距离加长,传输质量会降低。基带网的线路工作方式一般为半双工方式或单工方式。

(2)载波传输

在载波传输中,发送设备要产生某个频率的信号作为基波来承载数据信号,这个基波称为载波信号,基波频率就称为载波频率。按幅值键控、频移键控、相位键控等不同方式,依照要承载的数据改变载波信号的幅值、频率、相位,形成调试信号,载波信号承载数据后的信号传输过程称为载波传输。

(3)宽带传输

宽带传输指在同一介质上可传输多个频带的信号。由于基带网不适于传输语言、图像等信息,随着多媒体技术的发展,计算机网络传输数据、文字、语音、图像等多种信号的任务越来越重,提出了宽带传输的要求。

宽带传输与基带传输的主要区别在于:一是数据传输速率不同,基带网的数据速率范围为几十到几百 Mb/s,宽带网可达 Gb/s;二是宽带网可划分为多条基带通信,能够提供多条良好的通信路径。

8)传输差错检测与控制

由于种种原因,数据在传输过程中可能出错。为了提高通信系统的传输质量,提高数据的可靠程度,应该对通信中的传输错误进行检测和纠正,有效地检测并纠正差错也被称为差错控制。

(1)差错类型

工业数据在通信过程中,其信号会受到电磁辐射等多种干扰。这些干扰可能影响到数据波形的幅值、相位或时序。而二进制编码数据中,任何一位的0变成1或1变成0都会影响数据的数值或含义,进而影响到数据的正确使用。

数据中差错的类型一般按照单位数据域内发生差错的数据位个数及其分布,划分为单比特错误、多比特错误和突发错误三类。这里的单位数据域一般指一个字符、一个字节或一个数据包。

①单比特错误:是指在单位数据域内只有1个数据位出错的情况。如一个8位字节的数据10010110从A节点发送到B节点,到B节点后该字节变成10010010,低位的第3个数据从1变为0,其他位保持不变,则意味着该传输过程出现了单比特错误。单比特错误是工业通信过程中比较容易发生,也容易被检测和纠正的一类错误。

②多比特错误:是指在单个数据域内有1个以上不连续的数据位出错的情况。如上述8位字节的数据10010110从A节点发送到B节点,到B节点后发现该字节变成10110111,低位第1、第6个数据位从0变为1,其他位保持不变,则意味着该传输过程中出现了多比特错误。多比特错误也被称为离散错误。

③突发错误:是指在单位数据域内有2个或2个以上连续的数据位出错的情况。如上述8位字节的数据10010110从A节点发送到B节点,到B节点后如果该字节变为10101000,其低位第2至第6连续5个数据位发生改变,则意味着该传输过程出现了突变错误。发生错误的多个数据位是连续的,是区分突发错误与多比特错误的主要特征。

(2)差错检测

差错检测就是监视接收到的数据并判断是否发生了传输错误。让报文中包含能发现传输差错的冗余信息,接收端通过接收到的冗余信息特征,判断报文在传输中是否出错的过程称为差错检测。差错检测往往只能判断传输中是否出错,识别接收到的数据中是否有错误出现,而并不能确定哪个或哪些位出现了错误,也不能纠正传输中的差错。

差错检测中广泛采用冗余校验技术。在基本数据信息的基础上加上附加位,在接收端通过这些附加位的数据特征,校验判断是否发生了传输错误。数据通信中通常采用的冗余校验方法有如下几种。

①奇偶校验:在奇偶校验中,一个单一的校验位(奇偶校验位)被加在每个单位数据域的字符上,使得包括该校验位在内的各单位数据域中1的个数是偶数(偶校验),或者是奇数(奇校验)。在接收端采用同一种校验方法检查收到的数据和校验位,判断该传输过程是否出错。如果规定收发双方采用偶校验,在接收端收到的包括校验位在内的各单位数据域中,如果出现的1的个数是偶数,就表明传输过程正确,数据可用;如果某个数据域中1的个数不

是偶数，就表明出现了传输错误。

奇偶校验的方法简单，能检测出大量错误。它可以检测出所有单比特错误，但也有可能漏掉许多错误。如果单位数据域中出现错误的比特数是偶数，在奇偶校验中则会判断传输过程没有出错。只有当出错的次数是奇数时，它才能检测出多比特错误和突发错误。

②求和校验：在发送端将数据分为 k 段，每段均为等长的 n 比特。将分段1与分段2做求和操作，再逐一与分段3至 k 做求和操作，得到长度为 n 比特的求和结果。将该结果取反后作为校验和放在数据块后面，与数据块一起发送到接收端。接收端对接收到的包括校验和在内的所有 $k+1$ 段数据求和，如果结果为零，就认为传输过程没有错误，所传数据正确；如果结果不为零，则表明发生了错误。求和校验能检测出95%的错误，但与奇偶校验方法相比，增加了计算量。

③纵向冗余校验LRC：纵向冗余校验按预定的数量将多个单位数据域组成一个数据块。首先每个单位数据域各自采用奇偶校验，得到各单位数据域的冗余校验位。再将各单位数据域的对应位分别做奇偶校验，如对所有单位数据域的第1位做奇偶校验，对所有单位数据域的第2位做奇偶校验，如此等等，并将所有位置奇偶校验得到的冗余校验组成一个新的数据单元，附加在数据块的最后发送出去。

收发双方采用相同的校验方法，或都是偶校验，或都是奇校验。接收端在对接收到的数据进行校验时，如果发现任何一个冗余校验位出现差错，不管是哪个单位数据域的冗余校验位，还是附加在数据块最后的新数据单元的某个冗余校验位，则认为该数据块的传输出错。

纵向冗余校验大大提高了发现多比特错误和突发错误的可能性。但如果出现以下情况，纵向冗余校验依然检测不出其错误：在某个单位数据域内有两个数据位出现传输错误，而另一个单位数据域内相同位置碰巧也有两个数据位出现传输错误，纵向冗余校验的结果会认为没有错误。

④循环冗余校验CRC：循环冗余校验（Cyclic Redundancy Check，CRC）对传输序列进行一次规定的除法操作，将除法操作的余数附加在传输信息的后边。在接收端，也对收到的数据做相同的除法，如果相应的余数不是零，就表明发生了错误。

基于除法的循环冗余校验，其计算量大于奇偶校验和求和校验，其差错检测的有效性也较高，它能够检测出大约99.95%的错误。差错检测的原理比较简单，容易实现，从而得到了广泛的应用。

(3)差错控制

差错控制的工作方式有两类：一类是接收端在检测出错误后不是自动纠错，而是反馈给发送端一个表示错误的应答信号，要求其进行重发，直到接收到正确的数据为止；另一类是接收端检测到收到的数据有差错时，自动地纠正差错。

在检错重发方式中，发送端经信道编码后可以发出具有检错能力的码组，接收端收到后经检测如果发现传输中有错误，则通过反馈信道把这一判断结果反馈给发送方，然后发送端将前面发出的信息再重新传送一次，直到接收方认为已经正确为止。常用的检错重发系统有停发等待重发、返回重发和选择重发三种。

①停发等待重发：停发等待重发系统的发送端在某一时刻向接收端发送一个码组，接收

端收到后经检测若未发现传输错误，则发送一个确认信号（ACK）给发送端，发送端收到 ACK 信号后再发送下一个码组；如果接收端检测出错误，则发送一个否认信号（NAK），发送端收到 NAK 信号后重发前一个码组，并再次等待 ACK 或 NAK 信号。

②返回重发：在返回重发系统中，发送端无停顿地送出一个又一个码组，不再等待 ACK 信号，一旦接收端发现错误并发回 NAK 信号，则发送端开始重发检测出错误的码组以及该误码组之后的码组。

③选择重发：在选择重发系统中，发送端也是连续不断地发送码组，接收端发现错误发回 NAK 信号。与返回重发系统不同的是，发送端不是重发前面所有的码组，而是只重发有错误的那一组。

在差错纠正方式中，发送端将信息码元按照一定规则加上监督信息，构成纠错码，当接收的码字中有差错且在纠错码的纠错能力之内时，接收端会自动进行纠错。与检错重发方式相比，纠错方式具有不需要反馈信道、可以进行单向通信、译码实时性好、控制电路简单等优点，但所需的编译码设备复杂、冗余位多、编码效率低，当错误超出纠错能力范围时则无法纠错。

在实际应用中也可将检错重发与差错纠正两种方式相结合。当接收端收到码字后首先判断有无差错，如果差错在编码的纠错能力之内，则自动纠错；如果超过纠错能力，则进行检错重发，直到正确为止。

2.3 系统总体结构与组成

燃气管网 SCADA 系统通常是由上位机（中心站）系统、监控网络系统和下位机（终端站）系统组成的分布式网络化监控系统。终端站系统直接作用于现场运行设备，实现对现场数据的实时采集与监控；中心站系统通过人机界面面对系统用户，实现对终端站监控数据的集中及用户操控指令的下发；监控网络系统实现对 SCADA 系统各组成部分（现场设备、终端站、中心站等）的组网与互连。

2.3.1 分层结构

从分层的角度，SCADA 系统如图 2.8 所示，通常以监控网络为界，分为上位机系统、监控网络系统和下位机系统 3 层；也可再细分为自下而上的 5 层：现场设备层、现场监控网络层、监控终端层、远程监控网络层、中心站层。监控终端站系统通过现场监控网络实现对其所在站点相关现场设备（传感器、变送器、执行器等）的实时监控，中心站通过远程监控网络实现对各终端站的实时监控，从而实现 SCADA 系统对燃气管网的数据采集与监视控制功能，并可以为其上层系统提供监控数据。

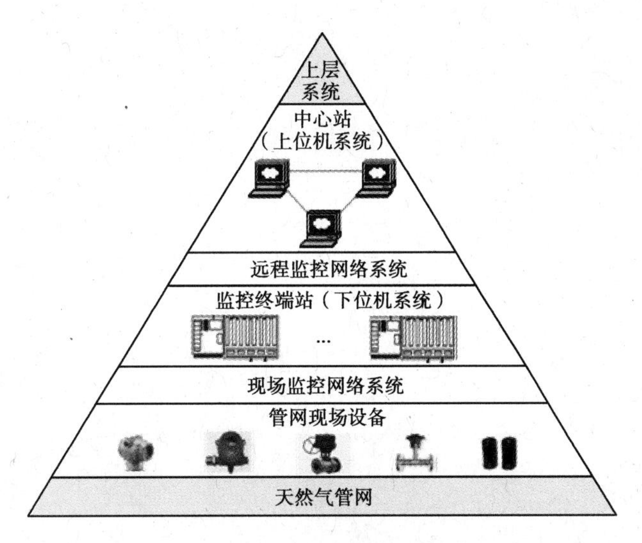

图2.8　系统分层结构

2.3.2　分布式结构

从分布式的角度,SCADA系统如图2.9所示,由分布在管网各处的功能站点进行分工与协作,从而实现系统的运行。对于SCADA系统而言,分布式不仅指系统中各站点在地理位置上是分布的,更重要的是指其系统功能是分布的。例如,一个燃气管网SCADA系统要完成对用户企业管网各点(如门站、调压站、储备站、工业用户站等)的本地监控及调控中心集中监控,整个系统由调度监控中心站、门站监控终端站、调压站监控终端站、储备站监控终端站、工业用户监控终端站等组成,各站点分别承担各自的分工并通过监控网络相互协作,从而构成分布式SCADA系统,个别终端站发生故障不会中止系统的整体运行。

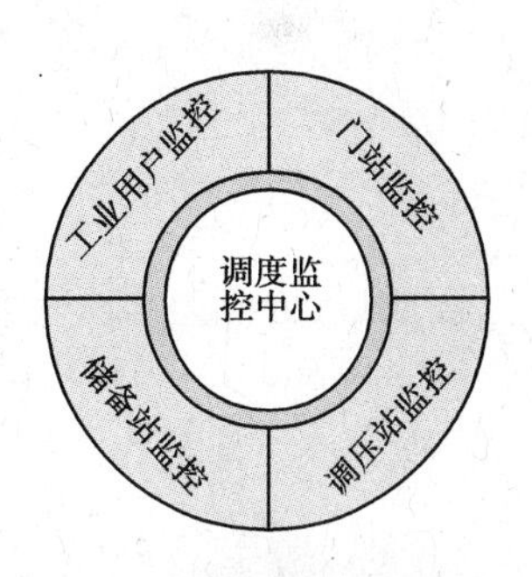

图2.9　系统分布式结构

2.3.3　系统组成

SCADA系统中的调度监控中心(中心站)主要包括:计算机及网络系统、监控软件系统、大屏幕显示系统(根据实际需求选配)。监控终端站系统主要由PLC/RTU控制器系统、本地监控网络系统、计算机及网络系统(针对有人值守)、视频及安防监控系统(根据实际需求选配)组成。监控网络系统则主要通过相应的网络设备实现在系统所用的通信网络平台上对系统监控数据及应用的承载。

以图2.10所示的系统为例,该系统包括了城市燃气集团的主SCADA系统和其各子公司、调度相关单位的分系统,主系统与各分系统均采用当地的公共移动通信网络作为其监控网络的通信平台,并通过监控网络的互联实现了监控信息的交互与共享,同时可支持监控上位机、远程调试工作站等其他终端的远程接入。

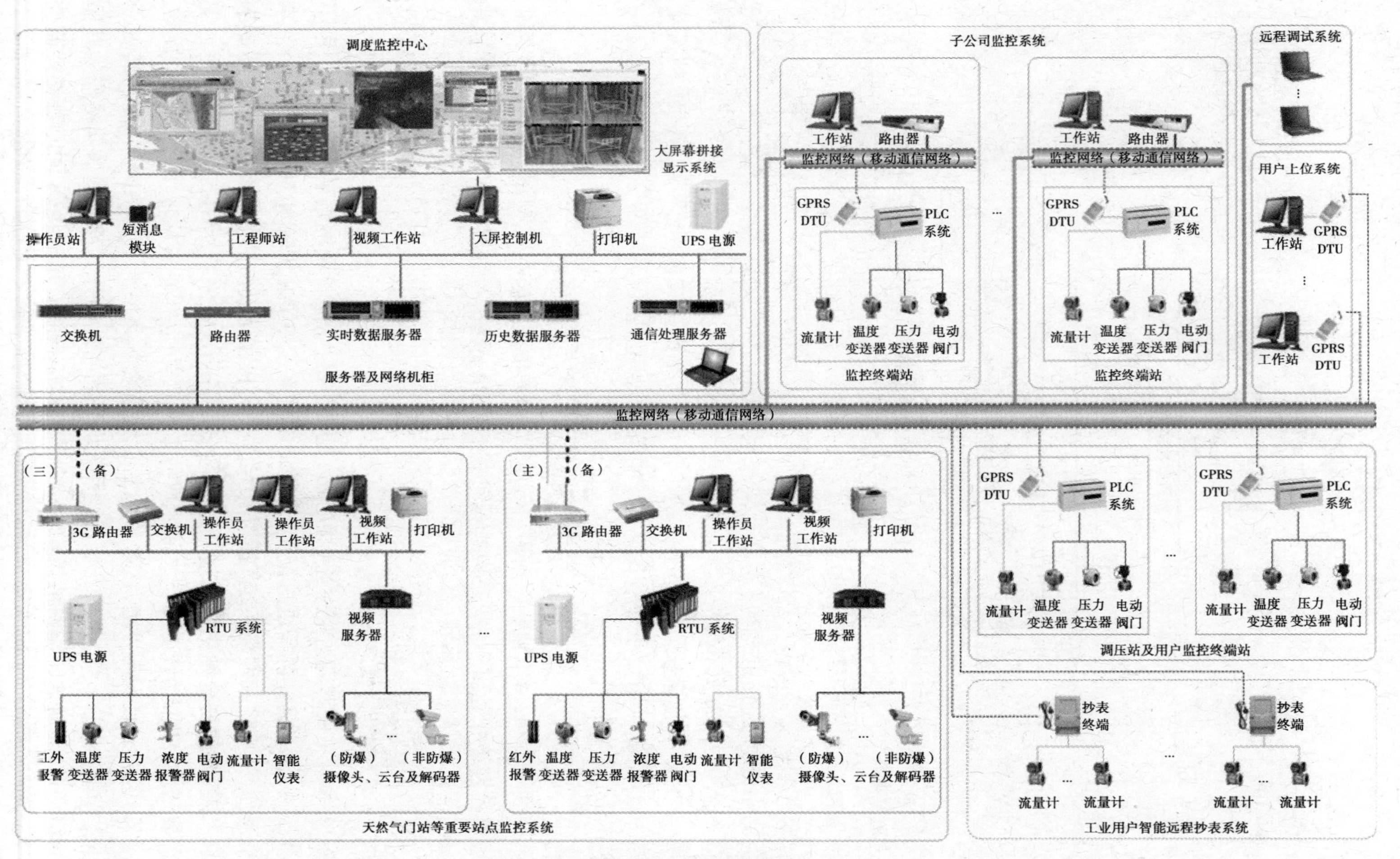

图 2.10 城市燃气管网系统组成

2.4 系统总体功能

通过SCADA系统，企业用户可完成对所辖区燃气管网的监控和运行管理，管网系统中的各个厂站可根据实际需求进行现场有人值守调度或无人值守、系统自控运行。

2.4.1　调度监控操作功能

1）调度中心集中监视和控制

调度监控中心完成对全段管网各类站点的实时监控，实现管网运行优化、制订输送计划、计量管理等一系列任务，以保证整个管网安全、可靠、平稳地运行。

2）各工艺站点的自动/手动控制

根据管网站点分布，在管网各站点设置不同规模的终端站本地监控（简称站控）系统。各站控系统执行主调度监控中心指令，实现站内数据采集及处理、连锁保护、连续控制及对工艺设备运行状态的监视，并向调度监控中心上传其采集的各种数据与信息。

3）站场子系统/单体设备的自动/手动控制

可对所监控的工艺设备或单体进行独立就地控制，可根据站控系统或调度监控中心下达的命令进行控制。一旦数据通信系统或上级系统发生故障，可以及时报警并自动切换到就地控制的安全模式工作状态。

在正常情况下管网监控终端站在调度监控中心的统一指挥下完成各自的工作。当数据通信系统发生故障时，由站控系统自动接管控制权，完成对本站的监视控制。当进行设备、通信系统检修或紧急关断时，采用就地控制。

在各站控系统中设置紧急停车（ESD）系统。ESD系统采用独立的逻辑控制系统处理危及人身安全、管道安全和设备安全的紧急情况。该系统由控制器系统和继电器回路同步实现，以确保该系统的安全性。

为了保证SCADA系统各站点之间的数据交换的实时性，使其及时、准确、可靠、协调、高效率地工作，SCADA系统的数据更新采用多种方式进行，如周期扫描、例外扫描、查询、例外报告、报警等。

正常情况下，系统采用周期扫描，即按固定周期有规律地集中更新数据，SCADA数据库中的每个点根据其性质不同为它们定义不同的扫描周期。系统中有突变事件或特殊请求发生时（如发布操作命令、ESD、状态变化、对某一局部重点监控、发生报警等），系统将中断周期扫描,采用其他扫描方式工作,优先保证重要数据/命令的传输,确保系统的实时性。

2.4.2 遥测功能

实时监测管网各终端站的压力、流量、阀门开度等运行参数,同时将这些参数实时传送到调度中心,在调度中心可观察到全段管网的运行工况,为管网运行调度提供依据。

1) 现场站点的数据采集

现场设备的测量数据由现场监控终端站负责采集,然后通过通信系统传送给调度监控中心。

对所有处于激活状态的监测点(测量点和非测量点)所采集的数据进行处理。待装监测点、备用监测点和设置为非激活状态的监测点则不进行处理或警报。

在正常情况下使用监控网络主链路传输数据,调度监控中心采用固定的信息交换方式获得监控终端站的数据。当主链路发生故障时,系统能立即监测到故障,并使用备用链路继续传输数据,实现监控运行的实时性与容错性。

SCADA 系统在监控网络中进行数据采集的通信协议采用符合国际标准的现场总线/工业以太网协议,监控终端站中的 PLC/RTU 控制器与智能仪表和设备的数据通信也采用标准的 RS232/485、现场总线/工业以太网标准。

在监控网络中,报警信息以及调控中心下发的控制指令具有高优先级。当警报或重要的模拟量发生变化时,监控终端站应主动及时将这些信息传送到调度监控中心。

数据采集软件包含以下性能:定期地诊断检查所有的通信模块,以确保它们正确运转;更新数据库:数据库中的每个数据项都有记录表明最近一次扫描后数据是否已经成功的更新,监测点数据是否可信,或者数值是否被操作员手工更新;定义监控终端站是否处于扫描队列;在数据处理过程中能够删除任何一个数据;支持所有的人机界面(人机界面的功能稍后描述)。

所有数据采集失败,包括监控终端站没有响应,都汇报给性能监测系统,系统会自动重新执行数据采集功能。警报信息中包含导致数据采集失败的故障类型,并记录有关信息便于统计分析。

2) 时间标记

所有采集的数据由数据源(主要是在监控终端站)标记时间。系统配备全球定位系统(Global Positioning System,GPS)时钟服务器,可以实现对包括计算机、PLC/RTU 在内的系统设备的时钟同步。

3) 调控中心数据采集

SCADA 系统采集的有效数据来自于调度监控中心系统、各终端站监控系统和下列类型的本地数据源:

①UPS 电源等智能设备,具有智能通信接口,能够向 SCADA 系统发送它们工作状态的

数据。

②事件通信管理系统,用于通信网络工作状况的警报和统计。

③其他监控数据源。

4)状态数据的处理

SCADA 系统存储每个警报和状态量的最近状态,通过最近和新接收的状态之间比较检测数据有无变化,然后通过“异常报告机制”对变化的状态数据进行处理。

监控终端站具有“逢变则报”功能,在状态量改变、重要参数超过工艺设计报警值时,主动将数据传给调度中心,调度中心能够第一时间收到这些数据,不受轮询队列影响。

5)模拟量的处理

采用高性能的模拟量模块,具有较高的模拟量处理能力。

6)历史数据处理

历史数据的存储、管理、计算、调用和记录须符合一定的要求。需要保存记录的数据包括 SCADA 系统数据库中的实时数据、操作员输入的数据和存储的系统参数。保存记录的数据值也可能是数学运算或逻辑运算得到的数据。

SCADA 系统能够提供与实时数据库统一的历史数据库和事件数据库,以支持数据归档、存储、查询和管理。历史数据库具有强大的网格计算和海量存储功能,并配置标准的接口。

SCADA 系统能够提供历史文件以支持数据归档。例如可以得到每小时、每天、每周、每月和每年或指定时间段的报表。除此之外,具备修正或者手工录入数据的功能。系统对所作的修工作出标记。通过标准的数据接口,将历史数据传输至数据库服务器的数据库中,一些数据记录装置用于 SCADA 系统发生故障时恢复系统,如提供软件工具,按要求把历史文件备份到大容量存储器(如光盘)中。

在系统历史文件里所有的信息都是可显示和可打印的,并支持自动化报表功能。操作员能够依据时间和事件来定义显示和生成报表操作。历史数据文件使用标准数据库的存取方式,以便于将来的应用程序访问。

7)全系统监测

SCADA 系统具有监控其自身系统和受控设备运行的能力,并定期对其进行测试。

SCADA 系统能不断测试其逻辑控制单元、算术/逻辑单元、存储器、输入/输出设备。一旦检测到软件/硬件故障,将产生警报信息通知操作员,并自动切换到备用设备。

8)通信系统监测

SCADA 系统能实时显示通信系统运行状态,并支持对控制网络通信状态的监测。

SCADA 系统的设计方案具有判断故障位置的能力,包括:模块级的所有通信设备;本地级的远程通信设备;通信信道。

9)标定过程

SCADA 系统具有支持设备标定的功能,可以进行现场标定。SCADA 系统能将某点设置为测试模式,操作员通过测控点属性显示界面可获得当前的测试读数。测试前的最近一次有效读数仍被继续用于显示、报告和计算。

工程单位的变换参数和比例常量可以根据现场设备的量程进行组态。

2.4.3 遥控功能

1)控制

监视控制功能实现向监控终端站传送控制指令,确认控制操作。控制指令优先于正常巡检。所有控制都要进行有效性检查;所有无效请求在传送到监控终端站之前都被拒绝。

控制系统支持通过安全机制防范非法指令,包括操作错误、通讯噪声、设备故障和软件错误等。安全机制具备准确的选择验证、指令验证控制程序。该程序可在操作员和计算机之间,计算机和远程站点间同时发挥作用。未经程序验证,不能将指令传送到远程站点。

2)设定值控制

操作员能够通过输入设定值来修改站场的运行参数。SCADA 系统监视现场的运行状况,自动发出升高/降低指令,来实现设定的操作。如果不能完成设定的操作,系统将发出警报。

3)现场智能设备管理

控制中心的操作员能向远程设备、智能设备装载配置各种参数。在监控终端站 PLC/RTU 或线缆发生故障的情况下,现场设备仍按照最后的设定值继续工作。

2.4.4 管网应用过程处理功能

系统能够提供远程阀门的控制,使操作员能够监测、控制阀门,并实时了解阀门的工作状态。

2.4.5 生产管理功能

1)生产数据共享

系统使用标准的以太网技术,能方便地与公司信息网络联网运行。公司有关负责人和相关部门,可根据其权限(由软件限定),对管网运行状况和相关数据进行查询、调用。

2)安全报警系统

对于管网运行超限的参数生成报警信号,并由监控终端站将报警信号传送至调度中心,为总调度对事故的及时处理提供决策和调度依据。

3）在事故情况下辅助平衡各用户的用气

在管网事故工况或气源供气不足，不能满足用户的全部用气要求时，需要对其用户的用气进行一定约束，保证各用户均能满足一定程度的用气量。SCADA系统可以辅助调度员根据具体事故工况及其可能的供给量，按各用户等级和实际需要量，对用气量进行重新分配，并按此设定新的工况，计算出相应参数，向相关节点发出调度指令，通过执行机构进行调整分配。

4）实时报警处理

通过对检测数据分析处理，并与正常工况进行比较，可及时发现异常现象及事故，并确定发生的地点，在调度监控中心显示屏上显示出来，同时发出报警信号。在管网发生事故时，由计算机给出发生地局部区域管网布置的详细情况，准确判断出事故波及的范围及相关的阀门，指挥抢修人员迅速处理，将事故影响控制在最小范围和最短时间内。

5）事故预测

系统对于可能发生事故的隐患，也可以作出一定程度的分析判断，提醒值班人员做相应的处理，做到将事故隐患消灭在萌芽状态，防患于未然。

2.4.6 系统维护与扩充功能

1）系统可维护性

设备出现故障时，只需简单地插入/移去相应的模块/部件替换故障部件，即可排除故障。系统硬件和软件具有较高的开放性，从而增强系统的可维护性，并确保其未来的可扩充性。

软件出现故障时，还可以依靠系统的备份文件，进行全部/增量的恢复。

2）系统的可扩充性

系统留有足够的扩展区。当需要增加监控终端站时，只需进行系统组态更改，而不需要编程人员重新设计程序。系统数据库具有开放的结构，对各种平台再开发具有透明性。

学习鉴定

1. 填空题

（1）燃气调度SCADA系统，通常是由________、________、________组成的分布式网络化监控系统。

(2)SCADA 系统可以对现场的运行设备进行监视和控制,以实现________、________、________、________以及________等各项功能。

(3)SCADA 系统实现管网在调度控制中心的统一调度下协调优化运行,并采用________、________和________的三级控制方式。

2. 问答题

(1)燃气调度 SCADA 系统的总体功能主要包括哪些方面?

(2)请简述燃气调度 SCADA 系统各部分的组成情况?

第3章　SCADA系统中心站

核心知识

- 调控中心系统结构
- 调控中心系统主要功能
- 调控中心系统设备组成
- 调控中心系统软件

学习目标

- 掌握系统主要功能
- 熟悉系统结构与设备组成
- 熟悉系统相关软件

3.1 概　述

SCADA 系统中心站是 SCADA 系统的核心，承担着数据采集与集中、监控信息交换、组态管理等功能，具有良好的实时性、灵活性和可扩展性。在中心站可实现对各个监控终端站的数据汇总、数据存储、组态显示、远程控制、现场视频监控等功能。中心站系统主要由计算机网络系统构成，通过 SCADA 系统监控网络实现与其他站点的网络互连与数据交换。

3.2 系统结构

3.2.1 软件体系结构

1) C/S 结构

C/S 软件体系结构即客户端(Client)/服务器(Server)体系结构，是为实现资源共享而提出的，其将应用一分为二，服务器(后台)负责数据管理，客户机(前台)完成与用户的交互任务。其基本的工作方式为:客户端把 SQL 语言、文件系统的调用以及其他请求通过网络送到服务器中，服务器接受请求、完成计算并将结果通过网络发回客户应用程序，网络上流通的仅仅是请求信息和结果信息，服务器进行的计算对客户应用程序透明。这种结构分散了处理任务，在数据库管理系统中存储所有的数据，对基本数据结构担负主要职责，对数据完整性、管理和安全性进行严格的统一控制，方便系统管理员备份数据、定期维护数据和服务器。所以基于 C/S 结构的功能模块具有以下特点:

- 安全性要求高;
- 具有较强的交互性;
- 使用者活动范围相对固定;
- 要求处理大量的实时数据。

针对 C/S 结构的特点，在调控中心系统中工作站与数据服务器大都组建 C/S 结构模式，从而有效保证调度监控数据处理的实时性、高效性与安全性。

2) B/S 结构

B/S 软件体系结构即浏览器(Browser)/服务器(Server)结构,是随着 Internet 技术的兴起,对 C/S 体系结构的一种变化或者改进的结构。在 B/S 体系结构下,用户界面完全通过浏览器实现,一部分事务逻辑在前端实现,但是主要事务逻辑在服务器端实现。B/S 体系结构主要是利用不断发展的浏览器技术,结合浏览器的多种脚本语言,用通用浏览器就实现了原来需要复杂的专用软件才能实现的强大功能,节约了开发成本。B/S 体系结构的软件系统的安装、修改和维护全在服务器端解决。用户在使用系统时,仅仅需要一个浏览器就可运行全部的模块,并且很容易在运行时自动升级。B/S 体系结构还提供了异种设备、异种网络、异种应用服务的联机、联网、统一服务的最现实的开放性基础。使用 B/S 模式的功能模块具有以下特点:

- 使用者活动范围变化大;
- 安全性要求相对较低;
- 功能变动频繁。

针对 B/S 结构的特点,在调控中心集成基于 B/S 模式的 Web 发布系统,充分满足系统门户信息发布的需求。系统工作站与数据服务器组建 C/S 模式的同时,与 Web 服务器组建 B/S 模式,从而实现两种模式的互备与互补。

3) C/S 与 B/S 混合结构

在调控中心系统集成 C/S 与 B/S 混合结构模式,可以充分发挥两种模式的优点,实现优势互补。采用 C/S 与 B/S 混合结构的中心站软件系统通常由三层组成:通信软件子系统、数据服务软件子系统、应用软件子系统。软件系统结构如图 3.1 所示。

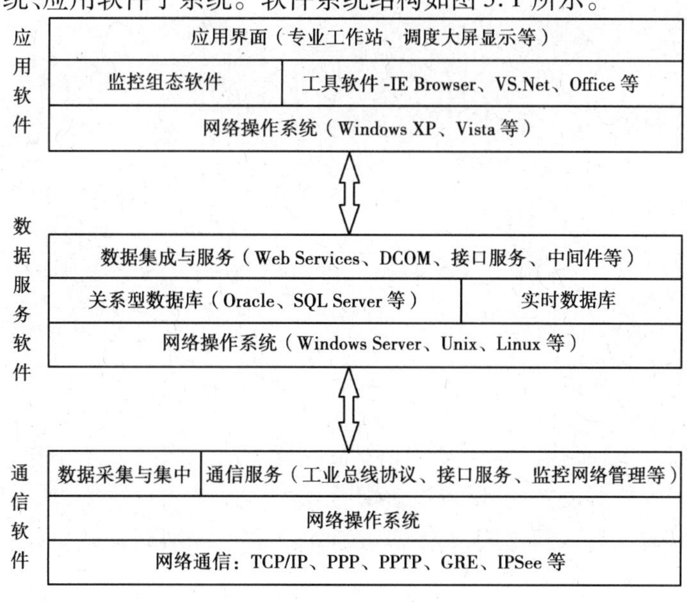

图 3.1 软件系统结构

①通信软件子系统：实现对系统监控组网、网络操作系统平台、网络通信协议、网络接口服务、网络平台管理、监控数据远程实时采集等软件的集成，并为其上层系统-数据服务子系统提供数据支持。

②数据服务子系统：实现对服务器操作系统、数据库软件平台（实时数据库、关系型数据库等）、数据服务（Web Services、DCOM 组件、数据接口服务、中间件等）软件的集成，并为其上层系统-应用软件子系统提供数据支持。

③应用软件子系统：实现对应用客户端操作系统、组态应用软件、工具软件、各类人机界面软件的集成，从而最终满足用户对系统的操作使用需求。

通过分层结构，大大提高了系统集成"高内聚、低耦合"的程度，并降低了系统中各组成部分相互关联与依赖复杂度，同时利于各层软件与资源的复用，从而有效地提高了系统的性能价格比。

3.2.2 网络结构

1）星形网络结构

中心站系统网络通常是由各计算机设备以交换机为中央节点组建的星形结构局域网，如图 3.2 所示。星形网络拓扑结构的优点有：

- 网络结构简单，便于集中式管理；
- 入网设备出现故障不会影响整个网络的正常工作；
- 对故障诊断和隔离容易；
- 增加入网设备不会影响网络中其他设备的正常工作。

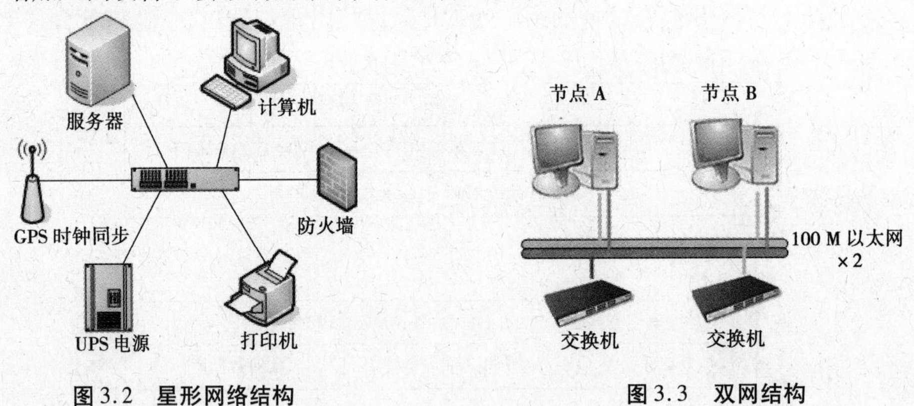

图 3.2　星形网络结构

图 3.3　双网结构

2）双网结构

为保证系统的安全稳定运行及容错，中心站系统常采用双网冗余结构，即组建分别以两个交换机为中心的双星形以太网，节点设备配置双网口以接入双网络，从而实现交换机→网络线缆→主机网口的完整双网模式，如图 3.3 所示。通过双网冗余结构，不但可以实现单网故障时系统的不间断正常运行，而且还可以通过端口汇聚等相关技术实现对两个网络通信带宽的合并。

3.3 系统功能

调度监控中心系统实时采集现场监控站的运行参数，实现对管网和工艺设备的运行情况进行自动、连续的监视管理和数据统计，为管网平衡、安全运行提供必要的辅助决策信息。

其主要功能有：

- 对各监控系统数据的实时采集、处理和存储；
- 工艺流程动态显示；
- 实时和历史数据趋势图、棒状图和其他画面显示；
- 对现场工艺变量、全线工艺设备运行状态进行监视；
- 下达调度和操作命令；
- 报警和事件管理；
- 各种生产统计报表生成和打印，并保证在系统中各处生成报表的数据一致性；
- 网络监视和网络设备管理；
- SQL/ODBC 关系型数据库链接；
- 参数设定画面；
- 系统自诊断、自恢复；
- 对输配调度管理系统支持，支持 GIS 系统、GPS 系统、管网仿真系统等；
- 管网输配管理；
- 天然气流量计量、贸易结算管理；
- 天然气的输量预测和计划；
- 组份显示；
- 紧急切断；
- 安全保护；
- 输气过程优化；
- 控制权限的确定；
- 对全系统进行时钟同步；
- 标准组态应用软件和用户生成的应用软件的执行；
- 模拟仿真培训；
- SCADA 系统诊断；
- 自控设备、仪表的故障诊断和分析；
- 网络监视及管理；
- 通信信道监视及管理；

- 数据通信信道故障时主备信道的切换；
- 为 MIS 系统提供数据；
- 与企业自动化管理系统平台连接、进行数据交换；
- 与上级计算机系统通信等；
- 站场视频监控。

调度监控中心对全系统各类站点进行在线实时监控，所有的控制命令均通过友好的中文人机界面进行。在调控中心通过友好的人机界面，以图形显示方式实时地显示各个分站点的运行工况，用工艺流程图、检测参数列表、流量统计显示列表、实时趋势曲线、历史趋势曲线、实时报警参数、历史报警参数等过程画面显示系统实时变化情况，使生产调度管理人员能够一目了然地了解全系统的运行情况。系统功能树如图 3.4 所示。

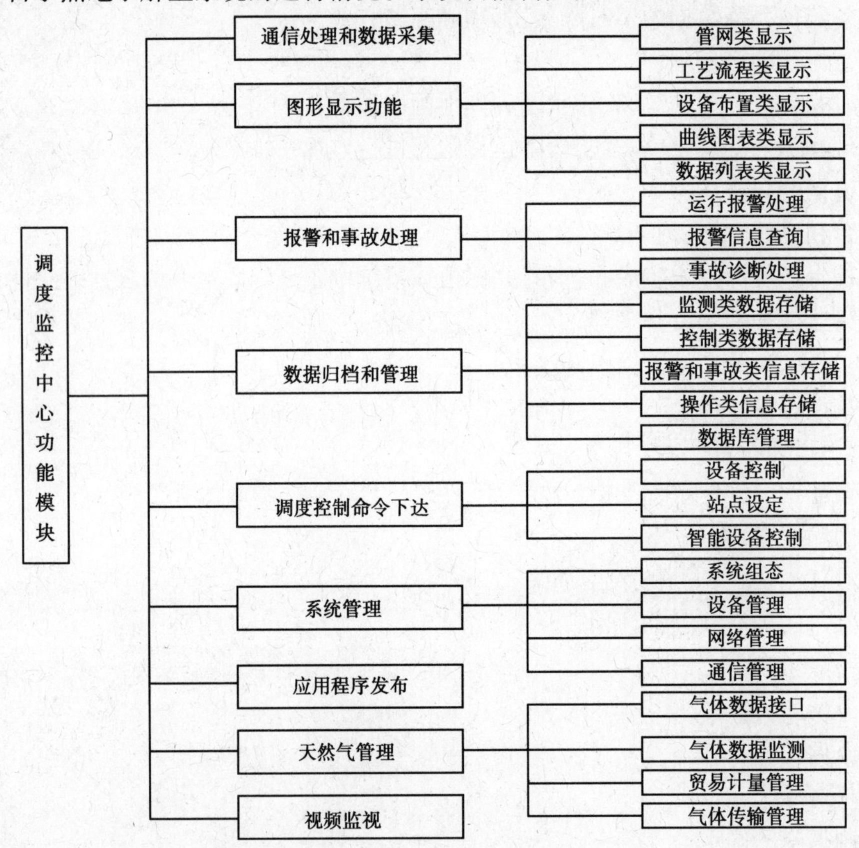

图 3.4　系统软件功能树

3.3.1　数据采集与集中

调控中心对远程终端站进行扫描式的数据采集。实时数据采集在系统任务队列中具有高优先级。通信协议可采用符合国际工业标准的工业以太网通信协议（如 MODBUS，DNP3.0 等）。这些协议被世界上大多数主要 SCADA 集成商和遥测设备供应商采用。实时数据采集的功能由通信处理软件实现，其主界面如图 3.5 所示。

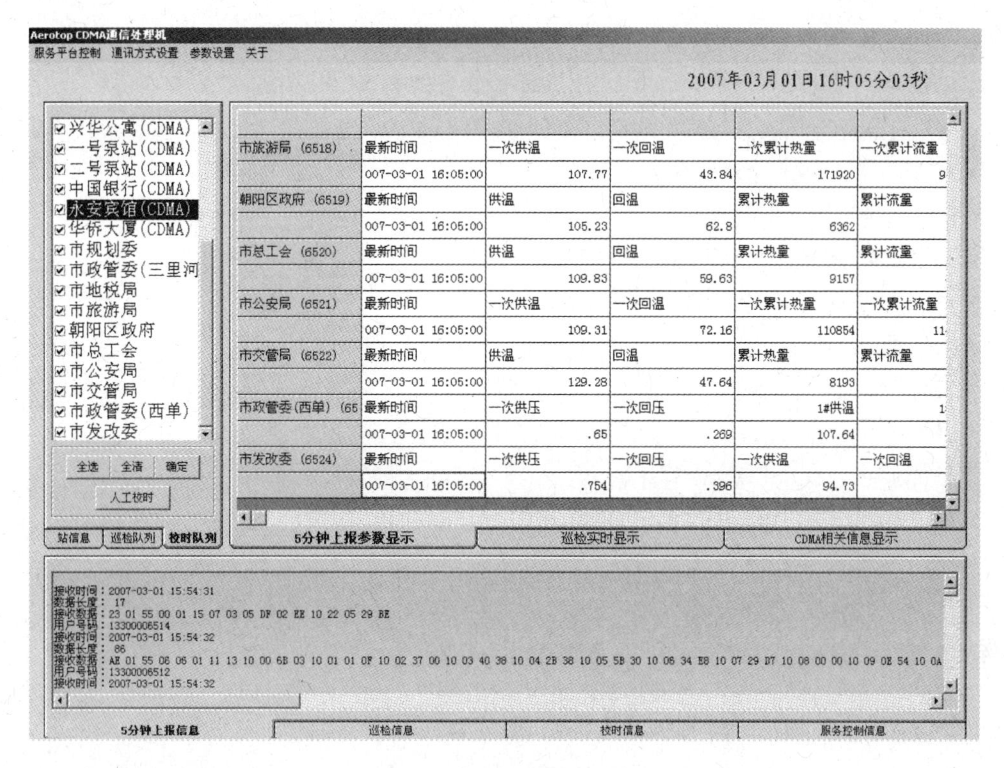

图 3.5　实时数据采集界面

①MODBUS 总线通信协议:该协议是一种在工业领域方面广为应用的真正开放、标准的网络通信协议,通过此协议,控制器相互之间、控制器经由网络和其他设备之间可以通信。MODBUS 总线以其通用、成熟的第三方标准测试软件及较低的成本,为用户使用提供了诸多优势。由于 MODBUS 是制造业、基础设施环境下真正的开放协议,由此得到了工业界的广泛支持,是事实上的工业标准。还由于其协议简单、容易实施和性能价格比高,得到了全球 400 多个著名厂家的支持,使用的设备节点超过了 700 万个,有近 300 个大型硬件厂商提供 MODBUS 兼容产品。MODBUS 现场总线适用范围广泛,在 SCADA 监控、过程自动化、制造业自动化、电力及楼宇自动化方面都有良好的应用。

②MODBUS TCP/IP 通信协议:该协议是 MODBUS 工业以太网通信协议标准。调控中心通过监控网络平台,使用该协议以轮询的方式与监控终端站系统的 PLC/RTU 通信。通信驱动程序直接从 RTU 或 PLC 上读取数据,以保证数据的安全可靠性。为达到实时性的要求,扫描周期≤1 s。MODBUS TCP/IP 拥有公开的协议格式,便于开发定制功能,可以在 MODBUS TCP/IP 协议的基础上同时实现"逢变则报"与"历史数据补传"功能。

③DNP3 通信协议:DNP3 协议除了轮询的通信方式以外还支持"逢变则报"的通信方式,可以有效地提高通信系统的工作效率,保证数据的实时性。

3.3.2　数据显示与查询

操作员站和工程师站通过以太网将系统采集的数据以直观、友好的图形方式表现给用户。显示界面直观、清晰、明快,不易产生误解。动态数据、图形和静态图形的显示色彩鲜艳、主次分明，用户通过简单的鼠标操作实现显示界面切换。任何一台操作员站都能够完成系统提供的全部功能，通过显示系统可以方便地将操作界面进行全景或局部显示。

图形显示更新和响应时间可达到以下性能：

- SCADA 启动时间：≤5 s；
- 输入指令响应时间：≤1 s；
- 图形屏幕：默认刷新频率 0.1 s；
- 动态数据更新：默认刷新频率 0.1 s；
- 窗口显示：≤1 s；
- 目标菜单：≤0.5 s；
- 报警清单：≤1 s；
- 趋势显示（至少 4 组）：≤2 s。

显示界面具有以下性能：

- 可以通过菜单选择缩放比例；
- 图像可恢复至初始设定大小；
- 具有导航视图显示功能，指示当前窗口位于整体图像的位置。

显示界面主要包括：

1）管网图动态实时显示

管网图以管网分布图为背景，在管网图上终端站所处相应位置显示该站点的参数数据。显示包括：

- 管网分布图；
- 各终端站点相对位置；
- 各终端站点参数值；
- 各终端站回路总图等。

管网图显示包括缩略图显示和详细图显示，如图 3.6 所示。缩略图主要突出主要管网和重要站点重要参数的数据显示。详细图是覆盖整个管网系统详细信息的图形加数据显示界面。各站点的地理位置能快速、清晰地反映在管网图界面上。

2）工艺流程图动态实时显示

系统可以对终端站的工艺变量、全线工艺设备运行状态进行监视，显示终端站的内部工艺流程图。工艺流程图以采集的数据（如阀门的开停）为依据，以特定的符号及线段、颜色绘制动态显示管网的运行（如阀门为绿色表示开启，红色表示关断），可显示站场整体流程，也可分区显示或者采用缩放功能显示。系统同时将采集的模拟数据实时显示在站点内部工艺图相应位置上，对于装有电动控制阀的站，可用图形和数字两种方式给出阀门的开度和开/关状态。终端站里的主要设备（阀门、仪表等）的规格、型号、品牌在工艺流程上用相近似的二维图显示，流程中标有主要参数数值、设备运行状态、报警提示，如图 3.7 所示。

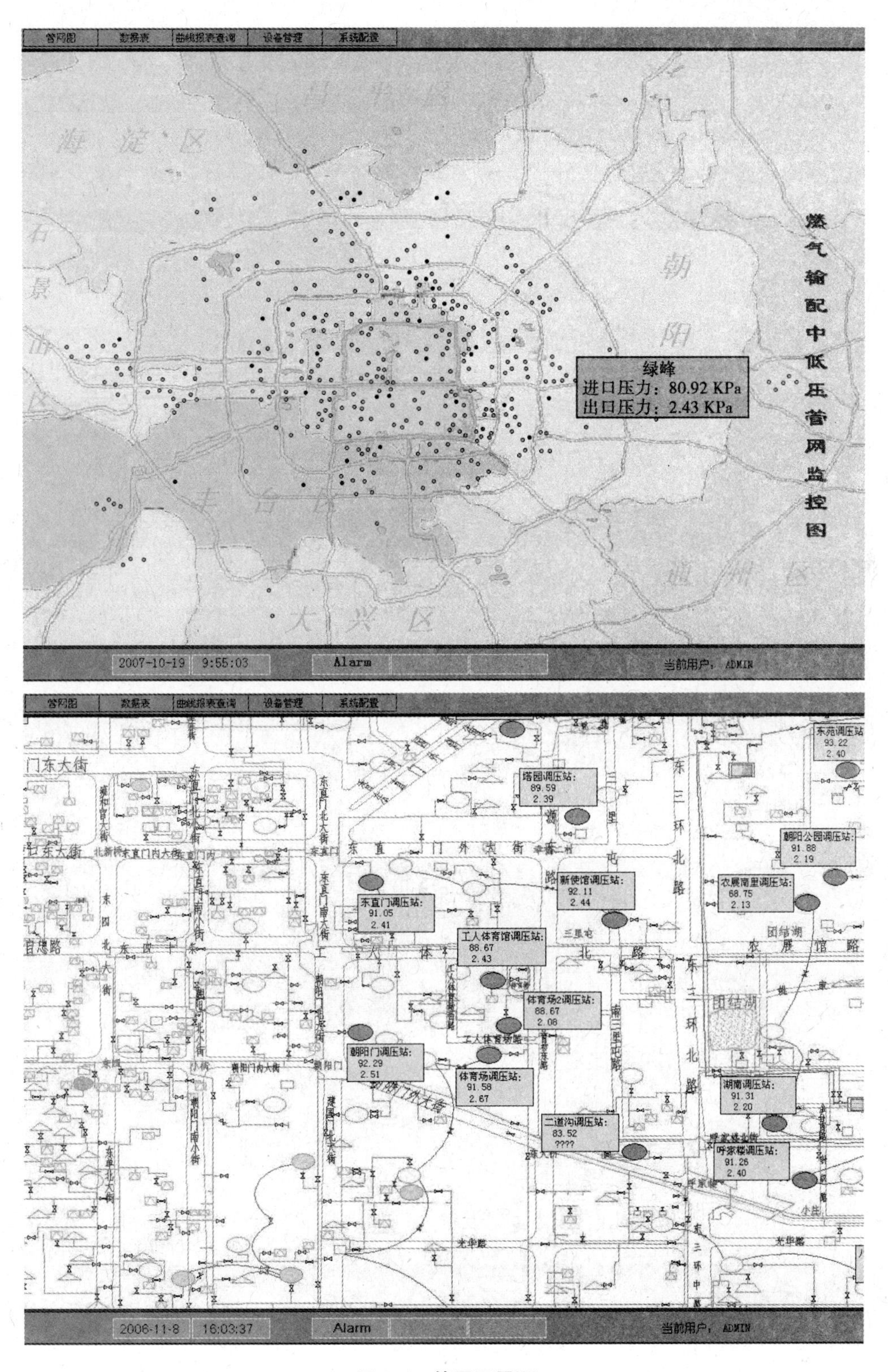

管网图
数据表
曲线报表查询
设备管理
系统配置
海淀区
朝阳
大兴区
燃气输配中低压管网监控图
绿峰
进口压力：80.92 KPa
出口压力：2.43 KPa
2007-10-19　9:55:03
Alarm
当前用户：ADMIN
管网图
数据表
曲线报表查询
设备管理
系统配置
东苑调压站：
93.22
2.40
塔园调压站：
89.59
2.39
朝阳公园调压站：
91.88
2.19
新使馆调压站：
92.11
2.44
农展南里调压站：
68.75
2.13
东直门调压站：
91.05
2.41
工人体育馆调压站：
88.67
2.43
体育场2调压站：
88.67
2.08
朝阳门调压站：
92.29
2.51
体育场调压站：
91.58
2.67
二道沟调压站：
83.52
????
湖南调压站：
91.31
2.20
呼家楼调压站：
91.26
2.40
东直门外大街
光华路
2006-11-8　16:03:37
Alarm
当前用户：ADMIN

图3.6　管网图界面

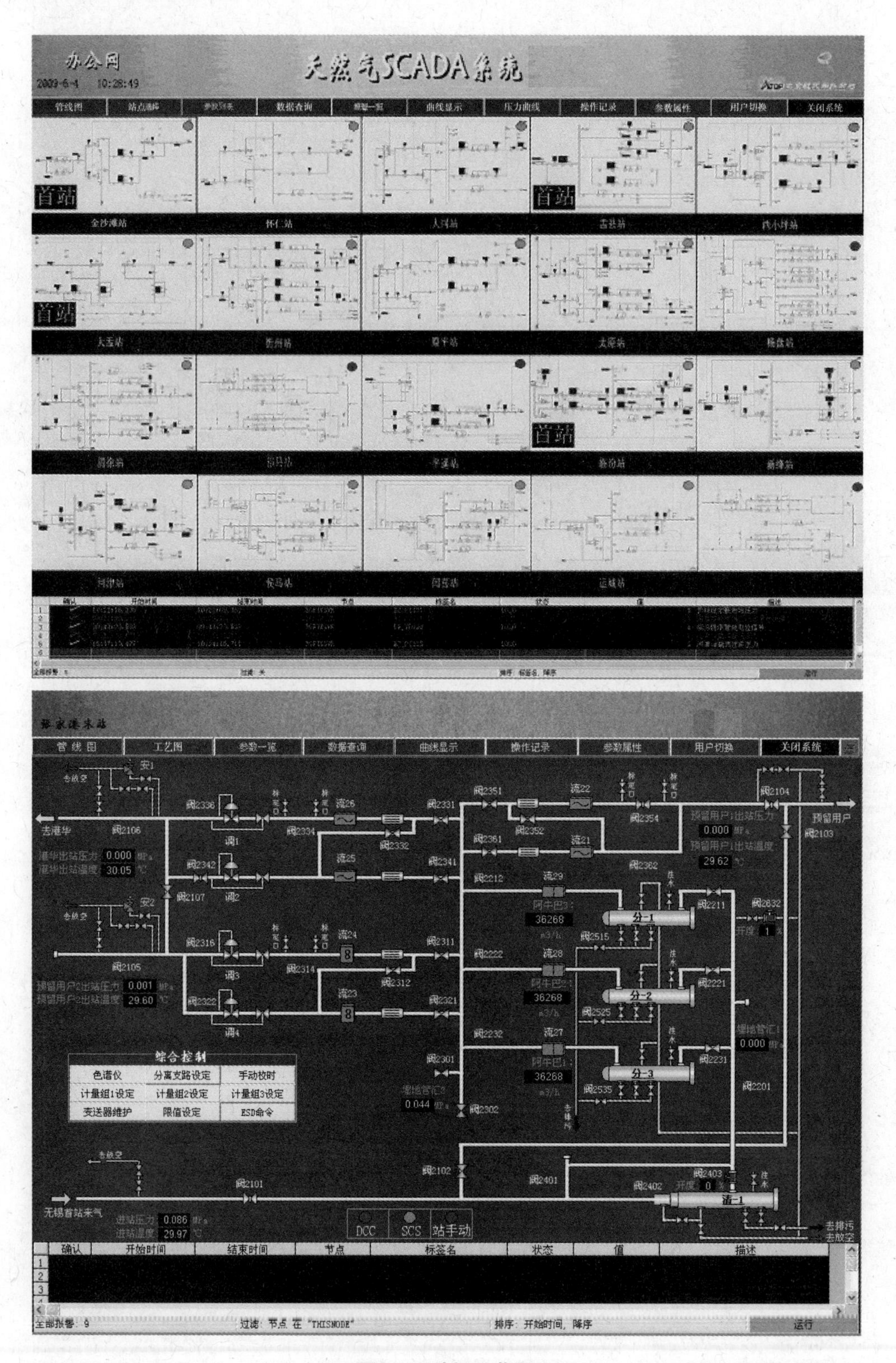
办公网
天然气SCADA系统
管线图
数据查询
曲线显示
压力曲线
操作记录
参数属性
用户切换
关闭系统
首站
首站
首站
首站
工艺图
参数一览
去港华
预留用户
无锡首站来气
综合控制
色谱仪
分离支路设定
手动校时
计量组1设定
计量组2设定
计量组3设定
变送器维护
限值设定
ESD命令
DCC
SCS
站手动
去排污
去放空
确认
开始时间
结束时间
节点
标签名
状态
值
描述
运行

图 3.7　站场工艺图

3）站内设备布置图

系统可以显示站场的内部设备布置图，用来作为设备管理、故障查找的依据。

4）曲线显示界面

曲线显示界面以友好、直观的曲线显示各种参数的趋势，如图3.8所示。包括：实时趋势曲线，实时显示参数值的变化趋势；历史趋势曲线，显示监控点参数值在某一段时间内变化趋势。可以选择多个监控参数同时比较分析。工程师站和各台操作员站都具有曲线显示功能。

5）视频监视

通过远程视频监视系统，操作人员可以在视频工作站对各站点实际状况进行实时监视，以保障站点正常运行和设备安全，对突发事件做出及时的响应。

6）参数列表

以数据列表的方式显示系统全部参数的列表，如图3.9所示，以便于操作员查询系统内全部参数的实时数据。工程师站和各操作员站都具有参数列表显示功能。

3.3.3　调度控制指令下发

具有授权的调度人员可以对远程终端站进行控制，这种控制通过界面操作即可实现。控制功能包括设备控制和站点控制。

1）设备控制

SCADA系统通过图像显示及表格形式提供监控功能，操作员可以通过以下方式进行控制：

①在界面上（菜单上）选取需要控制的设备、需要执行的指令；

②直接在界面上选取对某设备某种操作的按钮。

系统对每一控制操作都跟踪显示操作成功与否，记录控制命令从发送到执行完毕的时间，如延迟太长时间还未执行则系统报警。

当操作员选择某站点时，此站点便不能被其他操作员控制。

2）站点控制

操作员可以对站点进行下列设置：

①远程控制模式；

②本地自动控制模式；

③本地手动控制模式。

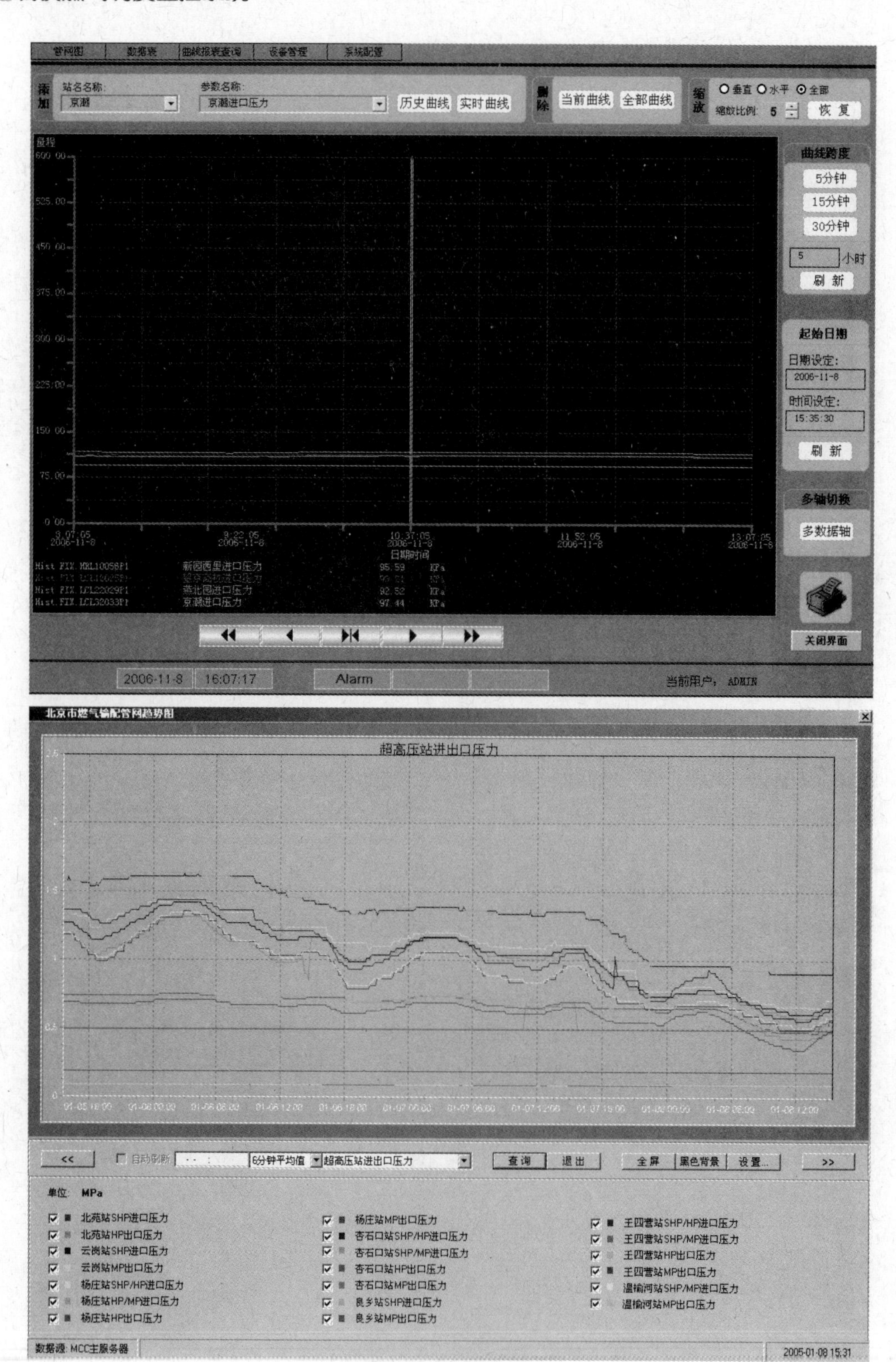
管网图
数据表
曲线报表查询
设备管理
系统配置
添加
站名名称:
京灞
参数名称:
京灞进口压力
历史曲线
实时曲线
删除
当前曲线
全部曲线
缩放
垂直
水平
全部
缩放比例
恢复
曲线跨度
5分钟
15分钟
30分钟
小时
刷新
起始日期
日期设定:
2006-11-8
时间设定:
15:35:30
刷新
多轴切换
多数据轴
关闭界面
日期时间
新园西里进口压力
京灞进口压力
2006-11-8
16:07:17
Alarm
当前用户: ADMIN
北京市燃气输配管网趋势图
超高压站进出口压力
自动刷新
6分钟平均值
超高压站进出口压力
查询
退出
全屏
黑色背景
设置...
单位 MPa
北苑站SHP进口压力
北苑站HP出口压力
云岗站SHP进口压力
云岗站MP出口压力
杨庄站SHP/HP进口压力
杨庄站HP/MP进口压力
杨庄站HP出口压力
杨庄站MP出口压力
杏石口站SHP/HP进口压力
杏石口站SHP/MP进口压力
杏石口站HP出口压力
杏石口站MP出口压力
良乡站SHP进口压力
良乡站MP出口压力
王四营站SHP/HP进口压力
王四营站SHP/MP进口压力
王四营站HP出口压力
王四营站MP出口压力
温榆河站SHP/MP进口压力
温榆河站MP出口压力
数据源: MCC主服务器
2005-01-08 15:31

图 3.8　历史曲线显示

中低压站数据监测表

项目 / 序号	站点编号	站名	采集时间	通讯状态	进口压力 KPa	出口压力 KPa	室内温度 ℃	燃气温度 ℃	瞬时流量 Nm3/h	日累计流量 Nm3	浓度报警	220V供电
第　一　管　网　所												
1	HRL10051	旅游学院	2006-11-08 15:55	正常	90.60	2.49	37.33	13.67				正常
2	HRL10052	小营03	2006-08-24 16:45	中断	????	????	????	????				
3	HRL10053	坝河北里	2006-08-24 16:45	中断	????	????	????	????				
4	HRL10054	大山子	2006-11-08 15:55	正常	91.50	2.47	14.39	14.95				正常
5	HRL10055	左二	2006-11-08 15:55	正常	94.35	2.62	20.86	15.50				正常
6	HRL10056	新源西理	2006-11-08 15:56	正常	95.10	2.46	16.19	????				正常
7	HRL10057	东直门	2006-11-08 15:56	正常	91.05	2.41	12.66	14.65				正常
8	HRL10058	新使馆	2006-11-08 15:56	正常	92.11	2.44	0.00	21.46				正常
9	HRL10059	朝阳公园	2006-11-08 15:56	正常	91.88	2.19	15.35	12.37				正常
10	HRL10060	农展南里	2006-11-08 15:56	正常	68.75	2.13	0.00	20.38				正常
11	HRL10061	体育场	2006-11-08 15:56	正常	91.58	2.67	16.64	15.76				正常
12	HRL10062	朝阳门	2006-11-08 15:56	正常	92.29	2.51	0.00	14.14				正常
13	HRL10063	湖南	2006-11-08 15:56	正常	91.31	2.20	0.00	11.88				正常
14	HRL10064	呼家楼	2006-11-08 15:56	正常	91.26	2.40	17.52	17.88				正常
15	HRL10065	甜水园	2006-11-08 15:56	正常	90.60	2.43	21.79	15.03				正常
16	HRL10066	道家坟	2006-11-08 15:56	正常	90.75	2.30	0.00	16.85				正常
17	HRL10067	国棉三	2006-11-08 15:56	正常	86.13	2.29	16.55	12.32				正常
18	HRL10068	石佛营中区	2006-10-28 07:00	中断	92.70	2.38	17.71	14.79				正常
19	HRL10069	甘露园南	2006-11-08 15:57	正常	95.25	2.29	25.72	12.68				正常
20	HRL10070	建材院	2006-11-08 15:57	正常	92.40	2.39	16.51	20.68				正常
21	HRL10071	和平里03	2006-11-08 15:49	正常	92.04	2.58	28.56	13.54				正常
22	HRL10072	电建	2006-11-08 15:53	正常	93.90	2.52	2.74	4.61				正常
23	HRL10073	烟厂	2006-11-08 15:57	正常	86.10	2.29	11.86	0.00				正常
24	HGL10074	花家地01	2006-11-08 15:56	正常	93.19	2.39	10.73	22.10	0.00			正常
25	HGL10075	北苑家园	2006-11-08 15:56	正常	184.18	2.75	-10.00	12.78	0.00			正常
26	HGL10076	华润	2006-11-08 15:56	正常	93.48	2.22						正常
27	TGL11051	天安门招待所	2006-11-08 15:58	中断	89.53	13.49		????				太阳能
28	TGL11052	二十一世纪	2006-11-08 15:58	正常	90.60	16.19		????				太阳能
29	TGL11053	燕祥	2006-11-08 15:58	正常	94.48	2.32		????				太阳能
30	TGL11054	东河沿	2006-11-08 15:59	正常	88.67	2.29						太阳能
31	TGL11070	工人体育馆	2006-11-08 15:57	正常	88.67	2.46	12.23				正常	正常

中低压站数据监测表—第一管网所

项目 / 序号	站点编号	站名	采集时间	通讯状态	进口压力 KPa	出口压力 KPa	室内温度 ℃	燃气温度 ℃	瞬时流量 Nm3/h	日累计流量 Nm3	浓度报警	220V供电
1	HRL10051	旅游学院	2006-11-08 15:55:46.	正常	90.60	2.49	37.33	13.67				正常
2	HRL10052	小营03	2006-08-24 16:45:05.	中断	????	????	????	????				
3	HRL10053	坝河北里	2006-08-24 16:45:05.	中断	????	????	????	????				
4	HRL10054	大山子	2006-11-08 15:55:54.	正常	91.50	2.47	14.39	14.95				正常
5	HRL10055	左二	2006-11-08 15:55:58.	正常	94.35	2.62	20.86	????				正常
6	HRL10056	新源西理	2006-11-08 15:56:02.	正常	95.10	2.46	16.19	????				正常
7	HRL10057	东直门	2006-11-08 15:56:06.	正常	91.05	2.41	12.66	14.65				正常
8	HRL10058	新使馆	2006-11-08 15:56:09.	正常	92.11	2.44	0.00	21.46				正常
9	HRL10059	朝阳公园	2006-11-08 15:56:13.	正常	91.88	2.19	15.35	12.37				正常
10	HRL10060	农展南里	2006-11-08 15:56:17.	正常	68.75	2.13	0.00	20.38				正常
11	HRL10061	体育场	2006-11-08 15:56:21.	正常	91.58	2.67	16.64	15.76				正常
12	HRL10062	朝阳门	2006-11-08 15:56:25.	正常	92.29	2.51	0.00	14.14				正常
13	HRL10063	湖南	2006-11-08 15:56:28.	正常	91.31	2.20	0.00	11.88				正常
14	HRL10064	呼家楼	2006-11-08 15:56:32.	正常	91.26	2.40	17.52	17.88				正常
15	HRL10065	甜水园	2006-11-08 15:56:36.	正常	90.60	2.43	21.79	15.03				正常
16	HRL10066	道家坟	2006-11-08 15:56:40.	正常	90.75	2.30	0.00	16.85				正常
17	HRL10067	国棉三	2006-11-08 15:56:43.	正常	86.13	2.29	16.55	12.32				正常
18	HRL10068	石佛营中区	2006-10-28 07:00:00.	中断	92.70	2.38	17.71	14.79				正常
19	HRL10069	甘露园南	2006-11-08 15:57:01.	正常	95.25	2.29	25.72	12.68				正常
20	HRL10070	建材院	2006-11-08 15:57:05.	正常	92.40	2.39	16.51	20.68				正常
21	HRL10071	和平里03	2006-11-08 15:59:20.	正常	91.84	2.56	28.56	13.55				正常
22	HRL10072	电建	2006-11-08 16:02:56.	正常	93.60	2.46	2.74	4.46				正常
23	HRL10073	烟厂	2006-11-08 15:57:23.	正常	86.10	2.29	11.86	0.00				正常
24	HGL10074	花家地01	2006-11-08 16:03:08.	正常	93.04	2.11	10.76	22.08	0.00			正常
25	HGL10075	北苑家园	2006-11-08 16:03:13.	正常	184.62	2.77	-10.00	12.75	0.00			正常
26	HGL10076	华润	2006-11-08 16:03:15.	正常	93.33	2.21						正常
27	TGL11051	天安门招待所	2006-11-08 16:02:01.	中断	89.53	12.98		????				太阳能
28	TGL11052	二十一世纪	2006-11-08 16:02:04.	正常	90.60	17.87		????				太阳能
29	TGL11053	燕祥	2006-11-08 16:02:07.	正常	94.48	2.29		????				太阳能
30	TGL11054	东河沿	2006-11-08 16:02:10.	正常	88.67	2.17						太阳能
31	TGL11070	工人体育馆	2006-11-08 16:01:39.	正常	88.67	2.43	12.23				正常	正常
32	TGL11072	三使馆	2006-11-08 16:01:46.	正常	88.67	2.81	20.80				正常	正常
33	TGL11073	亚运03	2006-11-08 16:01:48.	正常	88.67	2.43	18.99				正常	正常
34	TGL11074	亚运04	2006-11-08 16:01:52	正常	90.60	2.22	17.34				报警	太阳能

图 3.9　参数列表显示

3)现场智能设备控制

调控中心的操作员能向远程设备、智能设备装载配置控制目标值,由现场设备按照目标值自行完成控制。

操作员设置操作、设置原因、设置时间、操作员姓名等都存储在数据库中。系统可以对存储的信息,如对设置时间、设置类型或操作员姓名等信息进行查询统计。

控制系统利用多级安全保护措施(工作站级和控制器级)对控制命令进行校验和有效性检查,以防止非法的命令(包括操作错误、通信噪声、设备故障和软件错误等)。

控制指令通过监控组态软件的通信驱动程序向指定的设备发送。控制指令比正常的巡检优先级高,调控中心可以发送紧急关断控制(ESD)命令,命令下达时,通信系统迅速响应(暂停巡检,控制命令下达后再巡检)。

3.3.4 报警与事件

系统具有报警和故障报警处理的功能,报警功能对于系统安全稳定地运行,及时发现并清除隐患具有重要意义。

1)报警原理

系统可以对运行报警事件或报警条件进行组态(如超限报警、故障报警等),当管网参数超出预定范围或当系统发生某种故障时,系统提供声光报警功能。

①需多次测试故障状态,才可发出报警信息;消除假报警信息。

②不能对某一单独的报警状态反复报告和记录;在持续异常的情况下,可定期(例每30分钟)记录其状态。

③允许调度员禁止任一报警条件(设备故障、通信故障、状态变化、越限报警等)。

④报警类型分为三种:主报警、重要报警、一般报警。

2)报警处理

每个报警/事件具有优先显示权,实现分级报警管理,不仅能提醒操作员各主要异常事件,而且能相应的减少操作员的劳动强度,避免误报。每个报警信息包含:报警发生的日期和时间、类型、站名、参数名称(如压力、流量等)及需要的其他信息。

报警发生:当警报发生时,实时数据服务器首先对报警数据进行检查:

①模拟量检查,以确定报警属于哪种类型,包括:超出设备仪表的量程;超出预定义的限制范围。

②报警类型确认后,系统能够根据用户的要求执行预定动作(如关断某个阀门等)。

③工艺图、流程图显示报警信息。

④控制台发出声音警报(语音提示或用不同的报警声音区别不同类型的/不同级别的报警)。

⑤界面弹出报警列表,列表中显示报警信息(报警的时间、位置、类型和等级等),报警显

示以逆序方式排列;报警列表可以筛选显示,如未处理的、优先级高的、已经处理的或按站点和区域显示等。

⑥在事件日志中记录报警信息,支持 *.txt、*.xls 通用数据文件输出。

⑦报警信息在被操作员确认前,闪烁显示。

⑧自动或手动地打印报警信息。

⑨根据用户的要求将报警信息发送存储到网络上的任何节点、磁盘文件和数据库中。

⑩报警的位置、类型、时间都存储在历史数据服务器中。

如果报警点位于站内,只要报警信息仍然存在,该站示意图、列表显示及目录显示中的站名就会不断闪烁。

报警点恢复正常:当一个报警状态返回正常状态时被记录在事件日志里,其他一切恢复正常。

3)报警信息查询

所有报警信息都存储在数据库中,可以查询打印及显示。

4)系统具有事故处理和安全保护的功能

当系统发生严重报警,参数变化严重超出预定范围或预定速率、管网仿真系统检测到泄漏等重要故障发生,确定为事故时:

①系统可以自动执行预定义的控制操作,如关断相关紧急关断阀门等,提供安全保护的功能,从而控制事故的蔓延和发展。

②报警提示,显示故障处理提示窗口,按照事故类型提示操作员应该采用的应急措施(安全处理,通知相关部门抢险、处理)。

3.3.5　数据存储、归档与管理

1)数据存储归档

所有的监控系统实时数据和手工录入的数据,按数据种类存入历史数据库,按照服务器和存储设备的容量能够存储3年以上历史数据。操作人员可随时对这些数据进行查询(见图3.10)、检索、统计、制表和绘制曲线并打印。

调度中心的数据库包括:

①监测类数据库——对全网实测参数进行汇总、计算、分析、处理。

②控制类数据库——统一管理系统控制参数、控制指令、控制队列和优先级。

③报警和故障类数据库——存储系统所有的报警和故障数据。

④操作信息数据库——存储系统所有的操作信息。

可根据需要将数据存储,可以将长时间不使用的数据归档到磁带、光盘等存储设备中。存储的数据将标记年、月、周、日和时间信息。所有实时数据和历史数据都可以查询、显示和打印。使用专用的编辑软件设计专用的显示报表,所有操作界面都为中文。

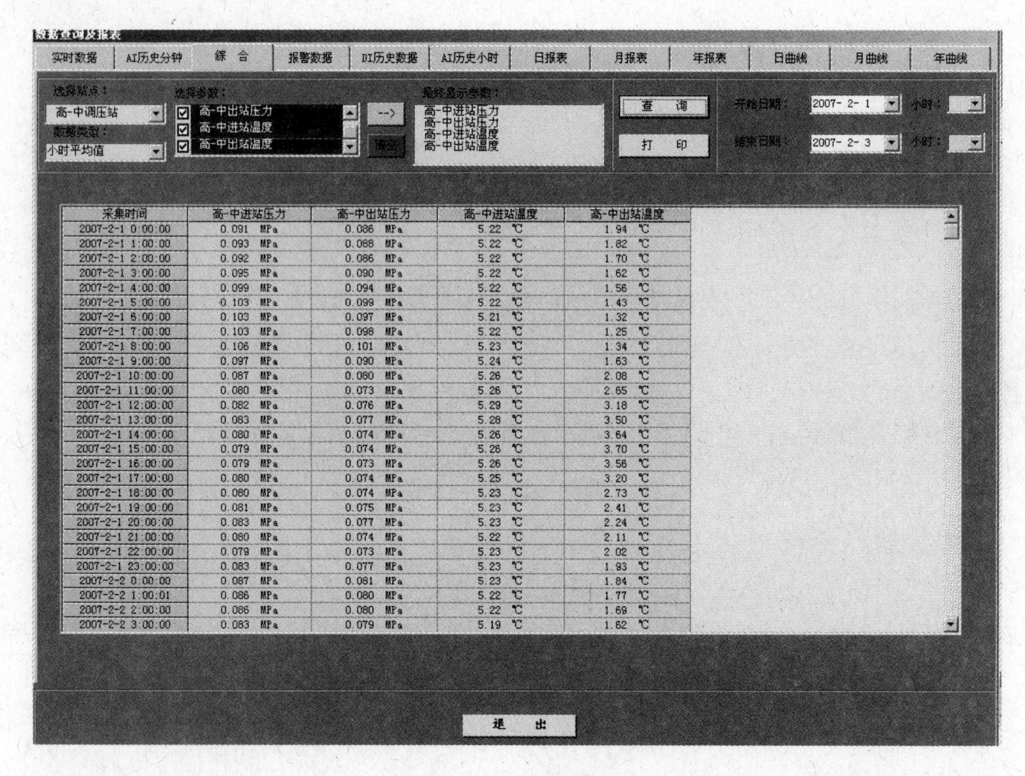

采集时间	高-中进站压力	高-中出站压力	高-中进站温度	高-中出站温度
2007-2-1 0:00:00	0.091 MPa	0.086 MPa	5.22 ℃	1.94 ℃
2007-2-1 1:00:00	0.093 MPa	0.088 MPa	5.22 ℃	1.82 ℃
2007-2-1 2:00:00	0.092 MPa	0.086 MPa	5.22 ℃	1.70 ℃
2007-2-1 3:00:00	0.095 MPa	0.090 MPa	5.22 ℃	1.62 ℃
2007-2-1 4:00:00	0.099 MPa	0.094 MPa	5.22 ℃	1.56 ℃
2007-2-1 5:00:00	0.103 MPa	0.099 MPa	5.22 ℃	1.43 ℃
2007-2-1 6:00:00	0.103 MPa	0.097 MPa	5.21 ℃	1.32 ℃
2007-2-1 7:00:00	0.103 MPa	0.098 MPa	5.22 ℃	1.25 ℃
2007-2-1 8:00:00	0.106 MPa	0.101 MPa	5.23 ℃	1.34 ℃
2007-2-1 9:00:00	0.097 MPa	0.090 MPa	5.24 ℃	1.63 ℃
2007-2-1 10:00:00	0.087 MPa	0.080 MPa	5.26 ℃	2.08 ℃
2007-2-1 11:00:00	0.080 MPa	0.073 MPa	5.26 ℃	2.65 ℃
2007-2-1 12:00:00	0.082 MPa	0.076 MPa	5.29 ℃	3.18 ℃
2007-2-1 13:00:00	0.083 MPa	0.077 MPa	5.28 ℃	3.50 ℃
2007-2-1 14:00:00	0.080 MPa	0.074 MPa	5.26 ℃	3.64 ℃
2007-2-1 15:00:00	0.079 MPa	0.074 MPa	5.26 ℃	3.70 ℃
2007-2-1 16:00:00	0.079 MPa	0.073 MPa	5.26 ℃	3.56 ℃
2007-2-1 17:00:00	0.080 MPa	0.074 MPa	5.25 ℃	3.20 ℃
2007-2-1 18:00:00	0.080 MPa	0.074 MPa	5.23 ℃	2.73 ℃
2007-2-1 19:00:00	0.081 MPa	0.075 MPa	5.23 ℃	2.41 ℃
2007-2-1 20:00:00	0.083 MPa	0.077 MPa	5.23 ℃	2.24 ℃
2007-2-1 21:00:00	0.080 MPa	0.074 MPa	5.22 ℃	2.11 ℃
2007-2-1 22:00:00	0.079 MPa	0.073 MPa	5.23 ℃	2.02 ℃
2007-2-1 23:00:00	0.083 MPa	0.077 MPa	5.23 ℃	1.93 ℃
2007-2-2 0:00:00	0.087 MPa	0.081 MPa	5.23 ℃	1.84 ℃
2007-2-2 1:00:01	0.086 MPa	0.080 MPa	5.22 ℃	1.77 ℃
2007-2-2 2:00:00	0.086 MPa	0.080 MPa	5.22 ℃	1.69 ℃
2007-2-2 3:00:00	0.083 MPa	0.079 MPa	5.19 ℃	1.62 ℃

图3.10　数据查询

应用程序利用标准的数据库存取方法，可以很容易实现对实时数据和历史数据的存取。

2）数据库管理

（1）数据库软件选择

系统的成功执行依赖于灵活的、高效的数据库管理系统。虽然各种数据具有不同的特性（实时数据、系统参数、历史数据、报警、应用程序运行结果、文本、显示和将来的视频图像），但是系统的可扩充性、灵活性和系统性能都能通过完整的数据库管理系统得到提高。

（2）数据库存取

数据库的存取通过标准接口实现，使得应用软件和其他系统部分与数据库设计的组织和物理地址分离开来。允许其他的应用程序和用户访问数据库的数据，在保证系统安全的前提下，数据库提供标准的接口，保证数据通过标准的通信协议在调控中心和其他系统之间传输，使调控中心系统具有良好的开放性及可扩展性。

（3）数据备份

系统自动进行数据备份，以保证系统正常、平稳地工作。对于长时间不用的数据可以归档处理（备份到磁带或光盘上，归档保存）。

（4）数据恢复

当出现系统崩溃或数据丢失时，从备份介质恢复数据。

（5）数据库

①系统参数配置表存储整个监控系统节点及参数配置信息；

②实时数据库(建议保存1年):以一定的时间间隔存储实时监测数据及状态。实时数据库中至少可保存一年的数据,一年前的数据可备份至磁带、光盘或其他数据存储介质上,当需要查询这些数据时可恢复到实时数据库中。

③历史数据库(建议保存3年):在设定的每一时间段内,对实时数据库进行统计,生成历史数据。通过大容量的磁盘阵列和高性能数据库,历史数据库中至少可保存3年的数据,超过3年的数据可备份至磁带机、光盘、USB硬盘或其他数据存储介质,当需要查询这些数据时可恢复到历史数据库中。历史数据库信息可供报表、图形显示和趋势分析使用。

④报警/事件数据库保存(建议保存3年):存储监测数据报警信息及事件信息。包括:报警/事件发生的日期及时间、报警类型、报警恢复正常的信息、调度员操作信息。

3.3.6　系统组态与管理

1)系统组态

系统可以对系统内部相关参数进行在线设定,可以设置的系统参数包括:终端站的个数、终端站的站名、终端站的站号、测控参数的种类、测控参数的数量、测控参数的参数名称、测控参数的物理量的转换方式、测控参数的限值、系统的显示方式、报警处理方式、报表格式等,使系统的组建和操作灵活、方便。

2)网络管理

系统具有对网络进行监视及管理的功能,可以不断监测所有网络设备以判断是否有失效的网络设备。

监视的内容包括:

①当失效发生时报警给用户。

②网络设备的状态显示(故障、正常)。

③网络链路上的统计信息:a. 包总数;b. 字节数;c. 丢包数;d. 其他可检测的失效状态。

3)通信管理

系统可以对通信通道进行监视和管理,当主信道故障时切换到备份信道。系统对通信通道的以下内容进行监视:

①收发消息的总数。

②各种类型错误的总数。

③传输平均量。

④各通信链路通信失败的最大数。

3.4 产品设备组成

SCADA 系统中心站的产品设备组成主要包括硬件设备和软件产品两大类。硬件设备主要指计算机及网络设备;软件产品主要有监控组态软件和操作系统软件等。

3.4.1 硬件设备

1)设备分类

中心站系统主要由计算机网络系统组成,其硬件设备主要包括以下几类。

(1)服务器

服务器是一种高性能计算机,作为网络的节点,存储、处理计算机网络上大部分的数据、信息,因此也被称为网络的灵魂。服务器的构成与微机基本相似,有处理器、硬盘、内存、系统总线等,它们是针对具体的网络应用特别制定的,因此与微机相比,服务器在处理能力、稳定性、可靠性、安全性、可扩展性、可管理性等方面有着显著的优势。

(2)工作站

工作站是一种高档的微型计算机,通常配有高分辨率的大屏幕显示器及容量很大的内存储器和外部存储器,并且具有较强的信息处理功能和高性能的图形、图像处理功能以及联网功能。

(3)交换机

交换机是一种基于网络主机的硬件地址(Media Access Control,MAC)识别,通过封装转发数据包实现网络内数据传送与交换的网络设备。交换机可以"学习"MAC 地址,并把其存放在内部地址表中,通过在数据帧的始发者和目标接收者之间建立临时的交换路径,使数据帧直接由源地址到达目的地址。

(4)路由器

所谓"路由",是指把数据从一个地方传送到另一个地方的行为和动作,而路由器正是执行这种行为动作的网络设备。路由器通常用于连接多个网络或网段,实现其互通与互联。

(5)防火墙

狭义上讲,防火墙是指安装了防火墙软件的主机或路由器系统;从广义上讲,防火墙还包括整个网络的安全策略和安全行为。总之,防火墙是一种网络安全保障手段,是网络通信时执行的一种访问控制尺度,其主要目标就是通过控制入、出一个网络的权限,并迫使所有连接都经过这样的检查,防止一个需要保护的网络遭受外界因素的干扰和破坏。

2)设备组成

如图3.11所示,中心站系统的主要硬件设备(备用中心、分中心的设备可依据实际情况作相应的简化)如下:

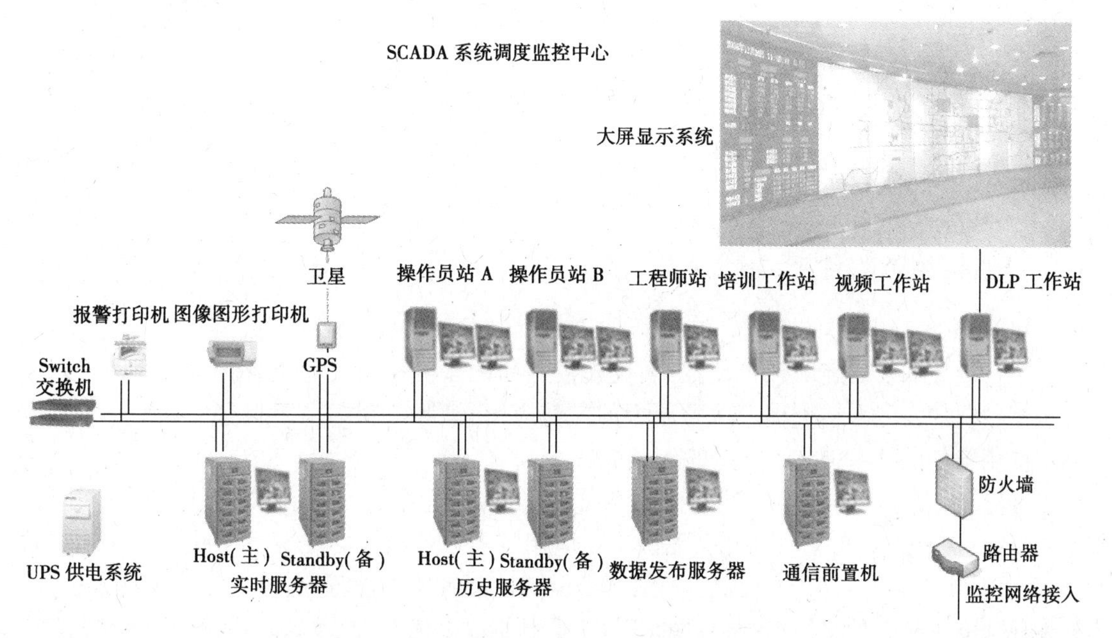

图3.11　SCADA系统中心站设备组成

①实时数据服务器:负责处理系统实时数据流,通过通信处理机接收实时监测数据,下发控制指令,将实时数据放入实时数据库中,并为网络中的工作站提供实时数据服务。

②历史数据服务器:负责对系统数据的集中存储、管理,是调度中心为网络中的其他服务器和工作站提供数据的核心服务器。

③数据发布服务器:负责对系统监控数据的网络发布。

④通信前置机:负责对监控通信网络的数据集中和通信管理。

⑤操作员工作站:通过局域网访问实时数据服务器和历史数据服务器,运行操作员软件为生产调度监控人员提供人机界面。

⑥工程师工作站:是系统工程师的操作平台,工程师可通过它们对中心站系统进行维护和修改;同时还可以对系统进行再开发,实现工程组态等功能。

⑦视频工作站:通过对监控网络上传输的视频信息的编码、解码,实现对管网现场的视频图像实时监控。

⑧培训工作站:用于对各类操作使用人员的培训。

⑨调度大屏幕:对各类人机界面进行大屏幕显示,提高系统的视觉效果和生产调度监控人员的工作效率与应急反应速度。

⑩网络打印机:完成各类报警信息、生产报表、监控数据图形和曲线等打印输出功能。

⑪GPS授时服务器:通过全球定位卫星系统获取精准时间,并实现全系统各站点的时钟

同步。

⑫网络交换机:充当中心站系统局域网内数据交换的核心设备。

⑬网络防火墙:设置在中心站系统网络与外网接口处,增强系统网络安全。

⑭监控网络接入路由器:充当 SCADA 系统监控网络与中心站系统的网关,实现对中心站接入。

⑮UPS 电源:在电网停电时,为系统供电,实现系统的不间断运行。

⑯防雷设备:防止系统被雷电损坏,包括电源避雷器、通信端口避雷器等。

3.4.2 软件产品

1)监控组态软件

(1)概述

工业监控的发展经历了手动控制、仪表控制和计算机控制等几个阶段。特别是随着集散控制系统的发展和在流程工业控制中的广泛应用,集散控制中采用组态工具来开发控制系统应用软件的技术得到了广泛的认可。

随着 PC 的普及和计算机控制在众多行业应用中的增加,以及人们对工业自动化要求的不断提高,传统的工业控制软件已无法满足应用的需求和挑战。在开发传统的工业控制软件时,一旦工业被控对象有所改变,就必须修改其控制系统的源程序,导致开发周期延长;已开发成功的工控软件又因控制项目的不同而重复使用率很低,导致其价格非常昂贵;在修改工控软件的源程序时,倘若原编程人员因工作变动而离去时,则必须由其他人员进行源程序的修改,因此更是相当困难。

随着微电子技术、计算机技术、软件工程和控制技术的发展,产生了作为用户无须改变运行程序源代码的软件平台工具-组态软件(Configuration Software),并使其得到不断发展。由于组态软件在实现工业控制的过程中免去了大量烦琐的编程工作,解决了长期以来控制工程人员缺乏丰富的计算机专业知识与计算机专业人员缺乏控制工程现场操作技术和经验的矛盾,极大地提高了自动化工程的开发效率及工控软件的可靠性。近年来,组态软件不仅在中小型工业控制系统中广泛应用,也成为大型 SCADA 系统开发人机界面和监控应用最主要的应用软件,在配电自动化、智能楼宇、农业自动化、能源监控等领域也得到了众多应用。

“组态”的概念最早来源于英文 Configuration,其含义是使用软件工具对计算机及软件的各种资源进行配置(包括进行对象的定义、制作和编辑,并设定其状态特征属性参数),达到使计算机或软件按照预先设置,自动执行特定任务,满足使用者要求的目的。

(2)技术特点

不同的组态软件在系统运行方式、操作和使用上都会有自己的特色,但它们总体上都具有以下特点:

①简单灵活的可视化操作界面:组态软件多采用可视化、面向窗口的开发环境,符合用户的使用习惯和要求;以窗口或画面为单位,构造用户运行系统的图形界面,使组态工作既简单直观,又灵活多变;用户可以使用系统的默认架构,也可以根据需要自己组态配置,生成

各种类型和风格的图形界面以及组织这些图形界面。

②实时多任务特性:实时多任务特性是工控组态软件的重要特点和工作基础。在实际工业控制中,同一台计算机往往需要同时进行数据的采集、处理、存储、检索、管理、输出,算法的调用,实现图形、图表的显示、报警输出、实时通信等多个任务。实时多任务特性是衡量系统性能的重要指标,特别是对于大型系统,这一点尤为重要。

③强大的网络功能:可支持 C/S 模式,实现多点数据传输;能运行于基于 TCP/IP 网络协议的网络上,利用 Internet 浏览器技术实现远程监控;提供基于网络的报警系统、基于网络的数据库系统、基于网络的冗余系统;实现以太网与不同的现场总线之间的通信。

④高效的通信能力:简单地说,组态软件的通信即上位机与下位机的数据交换。开放性是指组态软件能够支持多种通信协议,能够与不同厂家生产的设备互连,从而实现完成监控功能的上位机与完成数据采集功能的下位机之间的双向通信,它是衡量工控组态软件通信能力的标准。

⑤接口的开放特性:接口开放可以包括两个方面的含义。

第一方面就是用户可以很容易地根据自己的需要,对组态软件的功能进行扩充。由于组态软件是通用软件,而用户的需要是多方面的,因此,用户或多或少都要扩充通用版软件的功能,这就要求组态软件留有这样的接口。例如,现有的不少组态软件允许用户可以很方便地用 VB 或 VC ++ 等编程工具自行编制或定制所需的设备构件,装入设备工具箱,不断充实设备工具箱。有些组态软件提供了一个高级开发向导,自动生成设备驱动程序的框架,给用户开发 I/O 设备驱动程序工作提供帮助。用户还可以使用自行编写动态链接库 DLL 的方法在策略编辑器中挂接自己的应用程序模块。

第二方面是组态软件本身是开放系统,即采用组态软件开发的人机界面要能够通过标准接口与其他系统通信。这一点在目前强调信息集成的时代特别重要。人机界面处于综合自动化系统的最底层,它要向制造执行系统等上层系统提供数据,同时接受其调度。此外,用户自行开发的一些先进控制或其他功能程序也要通过与人机界面或实时数据库的通信来实现。

⑥多样化的报警功能:组态软件提供多种不同的报警方式,具有丰富的报警类型,方便用户进行报警设置。系统能够实时显示报警信息,对报警数据进行存储和应答,并可定义不同的应答类型,为工业现场安全、可靠运行提供了有力的保障。

⑦良好的可维护性:组态软件由几个功能模块组成,主要的功能模块以构件形式来构造,不同的构件有着不同的功能,且各自独立,易于维护。

⑧丰富的设备对象图库和控件:对象图库是分类存储的各种对象(图形、控件等)的图库。组态时,只需要把各种对象从图库中取出,放置在相应的图形画面上,也可以自己按照规定的形式制作图形加入到图库中。通过这种方式,可以解决软件重用的问题,提高工作效率,也方便定制许多面向特定行业应用的图库和控件。

⑨丰富生动的画面:组态软件多以图像、图形、报表、曲线等形式,为操作员及时提供系统运行中的状态、品质及异常报警等相关信息;用大小变化、颜色变化、明暗闪烁、移动翻转等多种方式增加画面的动态显示效果;对图元、图符对象定义不同的状态属性,实现动画效

果,还为用户提供了丰富的动画构件,每个动画构件都对应一个特定的动画功能。

几种知名组态软件的介绍

1. iFIX:世界上许多成功的制造商都依靠美国通用电气公司(GE Fanu)的iFIX软件来全面监控和分布管理全厂范围的生产数据。iFIX集功能性、安全性、通用性和易用性于一身,使之成为包括石油天然气、冶金、电力、石油化工、制药、生物技术、包装、食品饮料等各种工业领域的各种生产环境下全面的HMI/SCADA解决方案。

iFIX组态软件具有如下特性:

①功能强大:GE Fanu的iFIX是世界领先的工业自动化软件解决方案,提供了生产操作的过程可视化、数据采集和数据监控。iFIX可以帮助用户精确地监视、控制生产过程,优化生产设备和企业资源管理,并对生产事件快速反应。

②过程处理及监控解决方案中的一员:iFIX是GE Fanu过程处理及监控产品中的一个核心组件。它可以为准确、开放、安全的数据采集及管理企业级的生产过程提供一整套的解决方案。它为石油天然气、水及污水处理,特别是那些需要符合FDA 21 CFR Part 11标准的相关工业应用提供了相应服务。

③分布式客户/服务器结构:iFIX服务器负责采集、处理和分发实时数据,可选的客户机类型包括:iClient,iClientTS(用于Terminal Server)和iWebServer。实时客户/服务器结构具有较强的可扩展性。

④快速的系统开发及配置:在一个易于使用的Intellution工作台集合开发环境中直观地建立系统;用“智能图符生成向导”更快速地开发和配置应用系统;利用“即插即解决”能力集成第三方附加应用软件;在线开发应用程序,无须停止生产线或重新开机;键宏编辑器为触摸键提供了多样的功能;工程师无须掌握VBA编程即可使用内部的和第三方的ActiveX控件;点组编辑器有利于节省开发时间;事件调度器令任务在前台或后台自动运行。

⑤应用集成:将最佳应用软件“插入”满足特殊需求的应用系统中;可“嵌入”(Drop in)ActiveX控件,并利用它们的属性、事件和方法;可以将生产系统与更高级的MES,ERP系统连接起来;安全容器(Secure Containment)特性以确保用户引入系统中的ActiveX控件没有危害;电子签名和记录功能设计一个安全系统。

⑥易于扩展和集成：由于运用了直观的图形工具，iFIX用户可以快速上手。既有简单的单机人机界面（HMI），也支持多节点、多现场的数据采集和控制系统（SCADA）。iFIX有着灵活的系统，不但可以满足当前系统应用的需要，还可以在将来需要的时候随时方便地扩展系统规模。

⑦分布式网络结构：分布式、客户/服务器结构，为系统提供大的可扩展性（无论是Server和Client功能运行在单一计算机，实现简单的单机人机界面（HMI），还是网络复杂的分布式多Server和多Client数据采集和控制系统）。

⑧HMI/SCADA服务器：iFIX Server直接连接到物理I/O点，并维护过程数据库。通过使用不同的数据驱动，iFIX支持多种通信协议（包括MODBUS TCP/IP和DNP3等）。过程数据库中有多种功能块可供选择，包括模拟量、数字量输入输出块、计算块、报警块、累计块、计时器块、连续控制块、统计块及SQL功能块等。客户端应用包括：实时动态画面、趋势、报表、批次控制、MES等。

⑨iClient客户端：iClient是GE Fanu标准的客户端软件，它作为传统的客户端安装在iFIX客户节点上。通过在View节点设置适当的客户端权限，用户可以访问到网络中任意SCADA Server中的数据。实时动态画面、趋势显示、报表等应用都运行在iClient上。而且在网络中各个View节点上都能进行开发工作，包括开发画面、构造SCADA Server中的数据库。

⑩iClientTS：iClientTS使用了微软的Windows Server终端服务（Terminal Server）技术，并利用iClient技术、ActiveX控件及VBA和第三方的应用，iClientTS可以连接到网络中任意SCADA Server并读取数据。

⑪系统结构灵活：iFIX分布式、客户/服务器结构包括了可灵活构造的服务器（SCADA Server）和客户端（iClient，iClientTS和iWebServer）。在集成的完整系统中，每台计算机都有自己的节点名，每个数据项都有自己的点名。iFIX网络中数据的读取都通过标识SCADA Server节点名、数据点名及数据域（如CV表示当前值）来识别。

⑫系统适用性强：如图3.12所示，利用SCADA Server或者已有的iFIX节点和Client的组合，iFIX可以灵活适用于各种复杂的网络系统中。

2. inTouch：美国万伟（Wonderware）公司的inTouch软件是一个开放且可扩展的HMI，拥有较强的绘图功能。InTouch软件提供了与工业自动化设备的广泛的连通性。该组态软件特性如下：

①可视化能力：利用InTouch软件能够迅速开发实时工业过程的自定义图形界面。可创建图形符号，包括弧线、弦线、分层线、曲线和Microsoft Windows操作系统公共控件；利用广泛的图形基元，将简单的形状组合在一起，能够创建复杂的形状；可通过操作大量图形属性（包括透明度、平滑

描影、填充风格、线风格、方向、大小、位置和可见度)的内部动画或脚本来表示自动化环境。

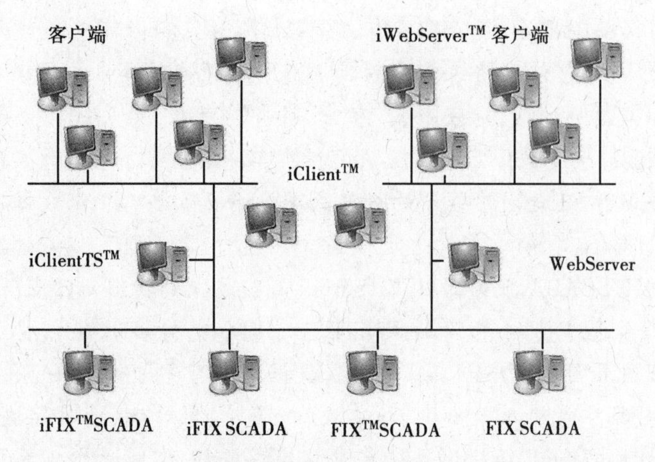

图 3.12　iFIX 系统图

②可操控的智能性:智能的图形功能提供了数据上下文,使分析更迅速。InTouch 数据感知的控件、智能的图形对象、内嵌的数据信息提供以及.NET 控件提供了准确的可视化操作过程。

③具有 IT 友好、易于管理、安全、可扩展的行业标准。

④系统架构灵活且完全的可伸缩性:InTouch 软件可用作完整独立的可视化工作站或 Wonderware 系统平台分布式体系架构的一个集成部分。目前提供的 InTouch 软件的终端服务版本可支持高达 75 个终端服务会话,这些会话运行在适当配置的单一服务器上。可应用灵活且可伸缩的 ArchestrA 软件体系架构增加系统规模和复杂性,以满足未来的需要。

3. Citect:Vijeo Citec 是法国施耐德(Schneider)电气公司的 SCADA 监控软件,是一个完全集成的(所有的功能都已经内置并集成在一起,包括各种驱动及扩展功能)HMI/SCADA 解决方案。Citec 软件具有以下特性:

①易用性强:Vijeo Citect 具有友好、直观的用户界面,页面设计较为容易;提供多工程查找和搜索引擎功能,包含标签、功能和字符串的查找;快速定位功能可以使用户直接定位到标签被使用的地方进行修改,从而减少组态工作量;在面对规模较大的系统应用时,通过计算机设置向导这样的操作窗口可以在短时间内搭建 C/S、冗余及分布式网络架构;Vijeo Citect 支持 Cicode 和 VBA 两种脚本语言,并提供了多个现成的 Cicode 函数供用户直接调用。

②可扩展性好:Vijeo Citect 对系统规模的改变有较强的适应能力,它的可扩展架构允许系统的结构依据用户的需求而扩展,而不需要修改现有系统中的硬件和软件;Vijeo Citect 中大多数的任务都满足 C/S 体系结构的设计,在添加了新计算机后允许重新分配任务。

4. WinCC：SIMATIC WinCC（视窗控制中心）是德国西门子公司（Siemens）在自动化领域中的先进技术和微软（Microsoft）相结合的一款软件。它是自动化过程中，适用于个人计算机上的，按价格和性能分级的人机界面和 SCADA 系统。SIMATIC WinCC 是第一个使用 32 位技术的过程监控系统，具有良好的开放性和灵活性。WinCC 具有以下系统特性：

①通用性强：WinCC 在自动化领域中可用于操作员控制和监控任务，将过程和生产中发生的事件清楚地显示出来。它显示当前状态并按顺序记录（所记录的数据可以全部显示或选择简要形式显示，可连续或按要求编辑，并可输出）。WinCC 提供多种功能块以实现上述功能，并可结合用户程序，如信息处理、测量值处理、配方参数和报表等。

②功能可随任务增加：软件的特殊功能做成可选软件包，客户可以单独选购，适用于数据和功能的扩展。例如，通过服务器可选软件包，可以将已有的单用户组态系统扩展成一个多用户系统。

③人机界面技术先进：WinCC 有 5 种语言可选，SIMATIC 人机界面产品具有在线语言切换功能，在过程操作中对图表信息、测量值及配置软件都有效。

④数据完整性好：通过两个冗余的工作站，WinCC 提供连续的文档数据选择和系统操作的安全保证。在一个服务器受干扰后系统切换客户机到其他服务器上，以确保连续操作。当故障的服务器重新启动，两台服务器的文档自动匹配，以保证文档数据不中断。

⑤开放性高：WinCC 是在 Microsoft Windows 操作系统下，在 PC 上运行的 32 位应用软件。WinCC 可通过 OLE 和 ODBC 视窗标准机制，进入 Windows，因此易结合到全公司的数据处理系统中。WinCC 的数据与系统功能开放，系统开发人员可用 WinCC 为基础开发有用的软件，或编写扩展功能。

2）网络操作系统软件

（1）概述

网络操作系统是指能使网络上的计算机方便而有效地共享网络资源，为用户提供所需的各种服务的操作系统软件。网络操作系统除了具备单机操作系统所需的功能外（如内存管理、输入输出管理、文件管理等），还应提供高效可靠的网络通讯能力以及多项网络服务功能。其主要功能有：

- 联网及支持多协议功能；
- 强大的网络管理工具；
- 安全性功能；
- 丰富的应用程序系统。

典型网络操作系统特点是：硬件独立，可以在各种网络平台上运行，网络安全，系统管理、应用程序。应用于调度监控领域的网络操作系统主要是 Windows 和 Unix。

(2)Windows 操作系统

①产品特点:

• 活动目录(Active Direction):引入活动目录来进行网络管理。活动目录负责完成系统的目录服务,采用可扩展的对象存储方式存储了网络上所有对象的信息,使得这些信息更容易被查找到。

• 微软管理控制台(MMC):微软控制台提供使用管理工具的标准界面,它是可定制的,允许管理人员创建包含有所需管理工具的控制台。

• 二次登录:允许用户以普通账户的身份登录,以另一用户的身份运行应用程序。

• 集成 Web 服务:Window Server 平台提供了 Internet 信息服务(IIS),该服务提供在 Intranet 及 Internet 上共享文档和信息的功能。

• 域名服务(DNS):Windows Server 中的域名服务支持动态更新。

• 服务质量(Qos):使用 Windows Server 服务质量可以控制如何为应用程序分配网络带宽。

• 加密文件系统:可以在 NTFS 文件系统格式化过的分区上,通过对文件或文件夹加密保护文件。

• 磁盘配额:可以在 NTFS 文件系统格式化过的分区上使用磁盘配额,来监视和限制每个用户磁盘空间使用量。

②应用优势:Windows 操作系统平台凭借其在稳定性、扩展性、开放性、易操作维护性等方面的能力,可以全面、充分地满足调度监控领域的应用需求,并且有较大的用户基础。

(3)Unix 操作系统

①产品特点:

• Unix 系统是供多用户同时操作的会话式分时操作系统。

• Unix 系统提供了两种用户友好的界面或接口:程序级的界面(系统调用)和操作系统级的界面(命令)。对于程序一级的界面系统调用,Unix 提供可直接用来编程的高级语言调用形式;对于操作系统一级的界面命令,Unix 提供一个非内核的 Shell 解释程序。Shell 不仅可用于终端和系统进行交互、执行命令和输出结果的界面,而且具有控制变量和可以编写的程序。

• Unix 系统具有一个可装卸的分层树型结构文件系统,该文件系统具有使用方便和搜索简单等特点。

• Unix 系统把所有外部设备都当成文件,并分别赋予它们对应的文件名,用户可以像使用文件那样使用任意一个设备而不必了解该设备的内部特性,这既简化了系统设计又方便了用户使用。

• Unix 系统核心程序的绝大部分源代码和系统上的支持软件都用标准的 C 语言编写。

• Unix 系统是一个开放式系统:即 Unix 具有统一的用户接口,使得用户的应用程序可在不同的执行环境下运行。

②应用优势:

• 稳定性:Unix 系统已被证明具有极强的稳定性,如许多 Unix 服务器可以连续运行数年而不会停机。与Unix服务器相比,Windows服务器由于各种原因需要重启的频率较高,例如驱动程序崩溃或需要安装微软公司提供的补丁或升级软件包等情况。和Windows相比,Unix的安全漏洞更少,并且更易于通过定制和管理其网络与服务防止恶意入侵。

- 病毒抵抗性:攻击Windows系统的病毒越来越多,例如宏病毒、Internet和蠕虫病毒、拒绝服务攻击病毒等。病毒攻击有时会导致整个系统和网络数小时甚至数日不能正常工作,这对于SCADA系统来说是难以接受的。Unix服务器不会被以上病毒所感染,即便出现系统中的某些工作站不幸被感染而停机的情况,Unix服务器仍然能够继续正常运行并为其他工作站提供服务,从而既降低了系统的管理费用又提高了其连续不停机的时间。
- 多进程处理能力:一个SCADA服务器可能有数百甚至数千个进程/线程在同时运行。Unix可以更好地管理服务器内存和其他资源以支持更多的应用,并且通过更好地对多任务进行管理可防止某些进程独占CPU的情况。
- 强大的网络和输入/输出能力:与Windows相比,Unix拥有更强大的网络和文件输入/输出能力。中等配置的服务器可以极快的响应速度为数百名用户提供文件、数据库及网络服务,在这点上,Windows系统难以与之相比。

3.5 监控软件系统

3.5.1 监控软件平台

中心站系统的监控软件平台可分为通信前置系统、中心站数据服务系统、中心站人机界面系统、中心站数据发布系统、终端站监控软件系统5个子系统,分别以通信前置机、实时/历史数据服务器、工作站、数据发布服务器、PLC/RTU为运行平台。

系统软件采用分层体系结构设计,各子系统内按照各自的功能需求由若干功能组件组成,子系统间的交互是通过组件提供的接口调用实现的。子系统交互关系图如图3.13所示。

3.5.2 通信前置系统

1)概述

通信前置子系统是连接中心站与终端站的枢纽,对监控网络上的数据进行集中并对网络通信进行统一管理。通信前置系统内可同时封装有多种监控通信协议,以广泛地适应多种PLC/RTU设备。该系统以通信前置软件和通信前置服务器为主要的软硬件组成,实时地将集中到的数据传送到数据服务系统,系统中设有“监控网络通信管理表”对监控网络状况进行实时、统一的管理。

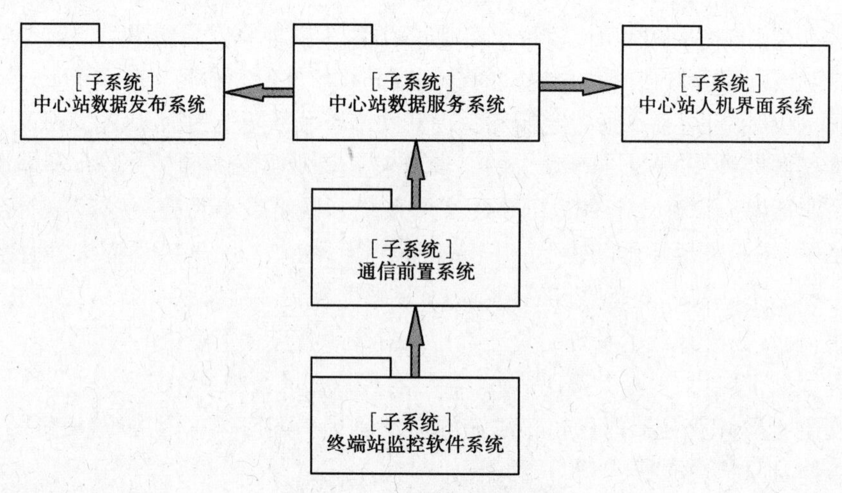

图 3.13　子系统交互关系图

2)系统功能

数据集中和通信管理是通信前置系统的基本功能。系统需要充分满足实时性、准确性和可扩充性,以有效的方式及时准确地集中各站监控信息并传送到数据服务系统,当系统监控站点、参数等信息需要发生变化时,通过方便的配置和组态即可实现;需要能对总线上各站点通信状态进行统一管理,实现对监控网络资源的合理利用和对故障的及时诊断。

(1)数据集中

- 支持多组、多端口、多协议通信,每个端口下可以挂多个设备,设备最大可能数据量与使用的监控通信协议相关;
- 可以读取监测数据和下发控制指令;
- 实现主从方式、轮巡方式、主动上报方式、历史数据回填等通信模式;
- 同时支持网络和串口总线通信,以满足系统多通信平台相互冗余备份需求;
- 将集中的数据分类传送给数据服务系统(包括实时数据、历史数据、通信状态参数等);
- 实时接收数据服务系统发送来的监控指令,下达给相应站点。

(2)通信管理

- 实时获取各站监控网络接入信息,包括登录时间、通信时间、IP 信息等;
- 统一管理各站通信,通过通信状态、通信成功率、通信日志等合理分配总线资源、及时发现并排除通信故障。

3)系统实现

通信前置系统支持多协议、多通信载体,如可通过 MODBUS,DNP3.0,S2,Profibus 等多种总线协议进行通信,并可以满足监控网络的多种接口形式。

报文上行是前置系统的一个关键数据流程,主要是指前置系统从终端站采集到数据后,经过处理上送到数据服务系统的过程。整个过程由通信前置软件发起,首先由软件中的循环线程不断从终端站接收报文,收到报文后按相应的总线协议格式进行解析,依据解析出的数据种类,将数据上送到数据服务系统中。图3.14为报文上行顺序图。

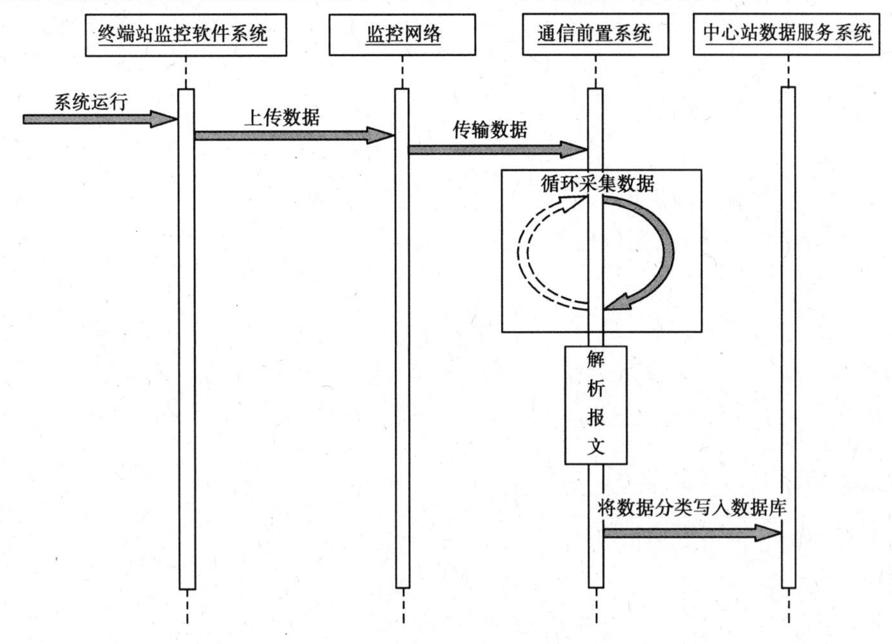

图3.14 报文上行顺序图

报文下行是前置系统的另一个关键数据流程,主要指数据服务系统把指令下发到前置系统,经过处理后下发到相应终端站,由终端站执行该指令。整个过程由通信前置软件依据相应的总线协议将指令进行报文组装后,下发到终端站。图3.15为报文下行顺序图。

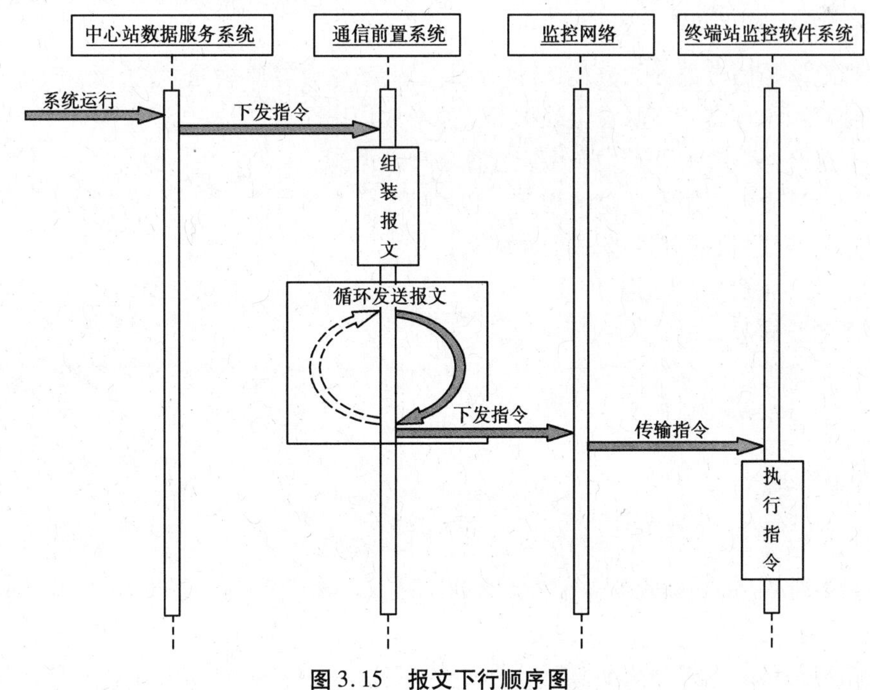

图3.15 报文下行顺序图

3.5.3 数据服务系统

1)概述

数据服务子系统是中心站系统的核心,可分为实时数据服务、历史数据服务和组态信息数据服务。

实时数据服务负责处理系统的实时数据流,通过通信前置系统接收实时数据,下发控制指令,并为人机界面系统和数据发布系统提供实时数据服务。实时数据服务的实现通常基于监控组态软件的实时数据库。历史数据服务负责对中心站系统各类数据的集中存储、统一管理,并为人机界面系统和数据发布系统提供历史数据服务。组态信息数据服务提供系统内各终端站以及站内监控参数点的配置和组态信息。历史数据服务和组态信息数据服务的实现通常基于关系型据库软件平台,如 Oracle,SQL Server,Sybase 等。

2)系统功能

①实时数据服务需要完成的功能有:

- 从通信前置系统接收实时数据,并通过其下发控制指令;
- 对系统实时数据进行统一的数据转换,规范数据格式;
- 对系统实时数据进行报警条件判定,生成相应的报警信息;
- 为人机界面系统和数据发布系统提供实时数据源;
- 支持多实时数据服务系统的相互冗余备份。

②历史数据服务需要完成的功能有:

- 接收实时数据,并将其存储为相应的历史数据;
- 实现对监控历史数据的分类、分区、统计、计算、整合等应用处理;
- 实现对系统操作、管理、安全维护等信息形成历史记录;
- 为人机界面系统和数据发布系统提供历史数据源;
- 支持多历史数据服务系统的相互冗余备份。

③组态信息数据服务需要完成的功能有:

- 为人机界面系统、数据发布系统和通信前置系统提供组态信息源,并支持通过组态配置人机界面对数据进行建立、维护和修改;
- 对全系统组态信息进行集中管理,通过通信前置系统实现对终端站的组态参数设定,保证全系统组态信息的同步。

3)系统实现

实时数据服务系统中的实时数据库通常运行在监控组态软件的 Server 端,包含了系统内全部的监控参数点,每个参数点包含节点名、参数名称、参数值、量程限值、报警限值等属性。工作站上人机界面软件运行于监控组态软件的 Client 端,与实时数据库以 C/S 模式连接,界面上的数据控件可以直接映射到监控参数点的属性,实现实时数据操作。没有相应组态软件环境的系统通过实时数据访问组件也可实现对实时数据的访问和操作。

历史数据服务系统和组态信息数据服务系统建立在标准数据软件平台上，以表的方式实现数据结构设计。其中组态信息表主要包括：系统信息表（SysInfo）、站点信息表（StaInfo）和参数信息表（ParaInfo）等；历史数据表主要包括：监控历史数据表（HisDat）、报警历史数据表（AlmDat）和报表统计数据表（Report）等；实时数据表（RealDat）是对实时数据库的数据镜像，作为生成历史数据的数据源。上述为组建数据服务系统的基本数据表，其实体关系如图3.16所示。

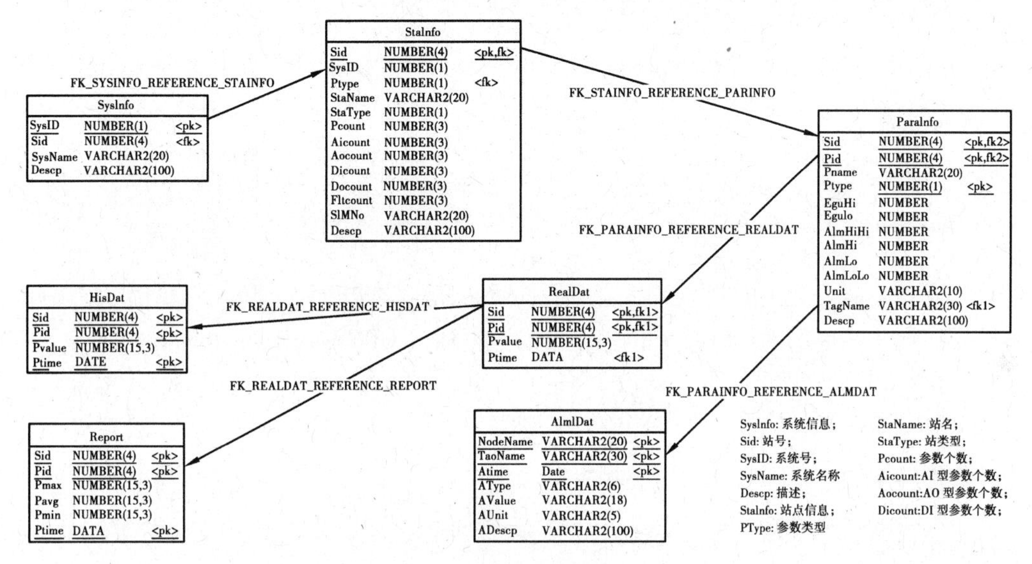

图3.16　数据库系统实体关系图

3.5.4　数据发布系统

1）概述

数据发布方式有多种，最常见的是Web发布。Web发布基于B/S模式，接入中心站系统的客户端通过浏览器就可以使用人机界面功能，监控网络上的合法终端都可以浏览由Web方式发布的人机界面，其终端类型除了工作站外，还包括通过公共网络远程接入的计算机、内置有浏览器的PDA手机等。Web发布有效地扩大了监控人机界面的操作范围和方便性。

数据发布子系统还支持总线上的中心站系统之间、中心站与其他系统间进行数据交换的功能。当有总线上的其他系统提出数据请求，数据发布系统根据请求从数据服务系统获取相应数据后进行应答。

互联网采用超文本和超媒体的信息组织方式，将信息的链接扩展到整个Internet上。Web就是一种超文本信息系统，其主要的概念就是超文

本链接。通过超文本链接使得文本不再像一本书一样是固定、线性的，而是可以从一个位置跳到另外的位置，从而使读者及用户可以从中获取更多的信息，可以转到别的主题上。想要了解某一个主题的内容，只要在这个主题上单击一下，就可以跳转到包含这一主题的文档上。正是这种多连接性使其被称为Web。

从用户的观点来看，Web是由一个巨大的文档或Web页面集合组成的，Web页面通常也被简称为页面，每个页面可以包含指向其他页面的链接(link)，通过点击该链接，用户就可以到达它所指向的页面，这个过程可以无限地重复下去。

2)系统功能

数据发布功能是为了实现总线上各系统间数据信息交互而设计的，主要由中心站数据发布子系统完成相应的功能。系统将中心站的数据通过OPC Server，Modbus Server等方式进行发布，数据交互的情况如下：

①与数据服务系统交互：

- 从数据服务系统读取请求的数据；
- 向数据服务系统转发其他系统的合法监控指令，由数据服务系统通过通信前置系统下发给相应终端站。

②与系统内的其他子系统交互：

- 依据相应协议对报文进行组装和解析；
- 支持Modbus Server和OPC Server等方式的数据发布；
- 可以控制Server的启动/停止。

③与总线上的其他系统交互：

- 支持多端口、多协议通信，实现的协议包括Modbus Server，OPC Server等；
- 向其他系统发送监控信息；
- 接收其他系统发送的指令。

3)系统实现

数据发布系统负责向总线上的其他系统发布数据，是中心站数据对外应用和共享的桥梁。响应其他系统请求时，本系统相当于一个服务器，支持多端口、多协议通信，通信协议包括OPC Server、Modbus Server，并具备协议扩展功能，最常使用的是OPC Server方式。

在数据发布的过程中，发布系统对外与其他系统交互获取所要请求的数据信息，对内与数据服务系统交互获取相应的数据或传送相应的指令。通信前置系统从终端站采集监控数据，经处理后送到实时数据服务系统，此时若其他系统发出数据请求，则数据发布系统从数据服务系统取得所需数据，进行报文组装后完成应答。图3.17为数据发布过程的顺序图。

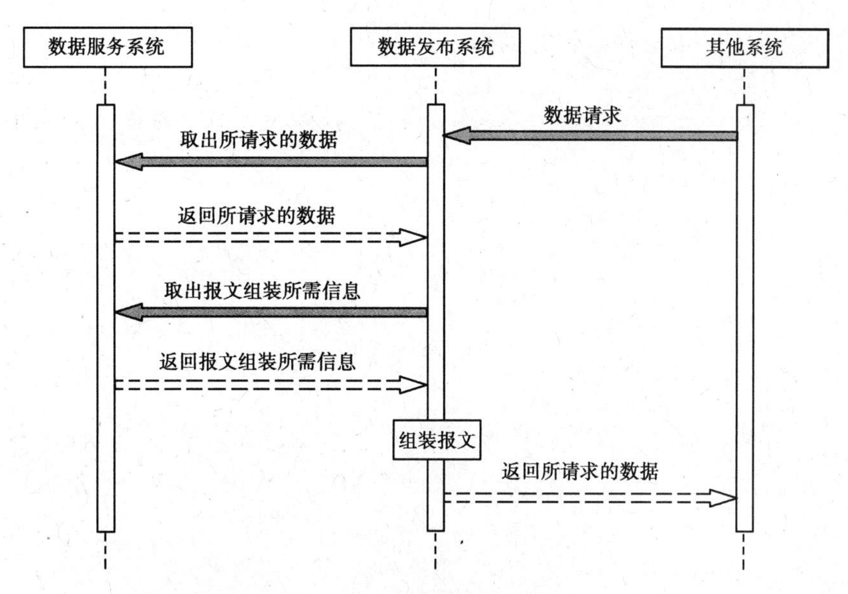

图3.17 数据发布顺序图

3.5.5 人机界面系统

1)概述

人机界面子系统是中心站系统的人机接口,通常以在工作站上运行的监控组态软件Client端和浏览器为平台,与数据服务子系统和Web发布子系统组建C/S和B/S结构模式,进行数据交互。人机界面软件开发主要基于组态软件提供的各类功能函数、模块和组件,通过高级编程语言实现对各项功能的组织和调用。

2)系统功能

人机界面系统是整个SCADA系统用户功能的集中体现,是调度监控人员操作系统的接口。人机界面软件设计需要满足高效、便捷、友好、美观等使用需求,做到界面层次清晰、功能设置合理、在线帮助高效实用,如图3.18所示。SCADA系统人机界面依据使用者的操作权限,提供相应的功能,常用的功能有:

①针对一般权限操作员:

- 数据显示:主要包括实时数据显示、历史数据查询、数据报表显示、操作信息查询;
- 图形图像显示:主要包括管网图显示、工艺流程图显示、设备布置图显示、曲线图表显示、视频图像显示;
- 报警和事故处理:主要包括报警处理、报警信息查询、事故诊断处理。

②针对高级权限操作员:

除具有针对一般权限操作员的功能外,还具有远程控制功能,主要包括控制目标值设定、控制指令下达、运行参数设定。

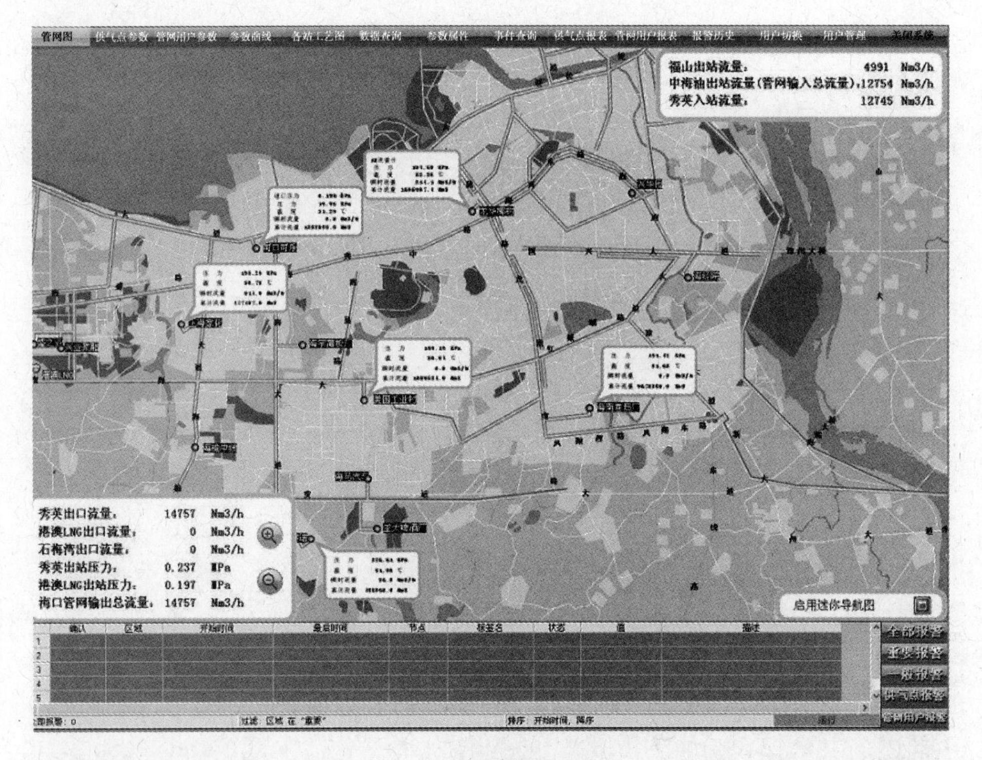

(a)管网图

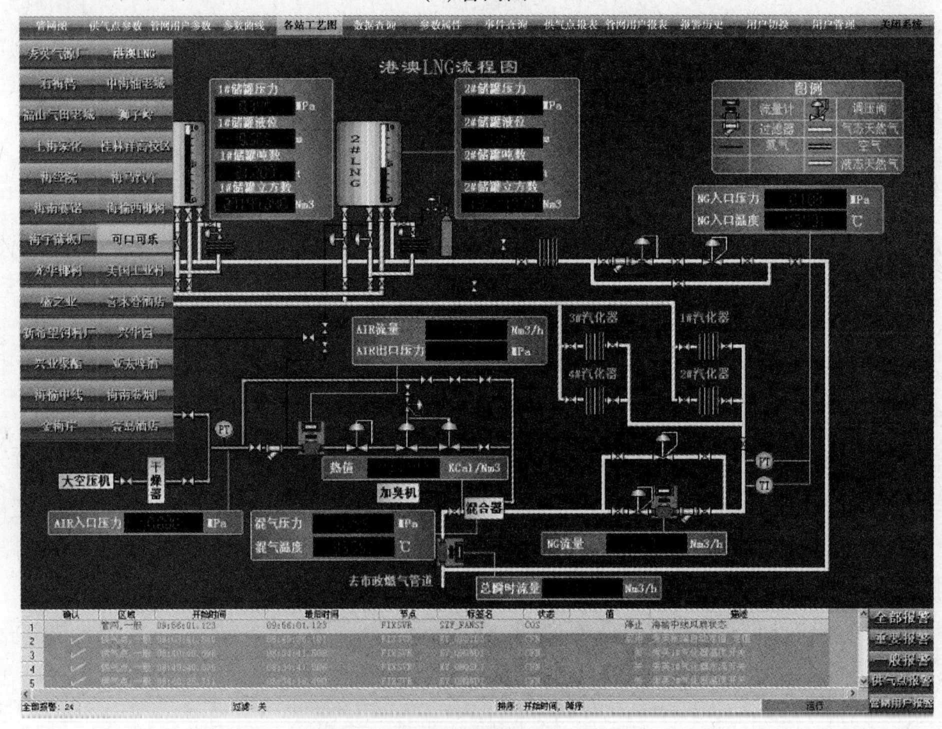

(b)工艺图

图 3.18　人机界面

③针对系统工程师：

- 系统管理：主要包括系统组态、设备管理、数据库管理、通信管理；
- 系统安全维护：主要包括安全防范、故障恢复、网络安全。

3）系统实现

数据显示、图形显示、报警和事故处理、系统管理功能通常通过监控组态软件和 Web 发布都可得以实现。组态软件 Client 端与 Server 端（实时数据服务系统）组建 C/S 结构模式，通过组态软件专用内部接口实现数据交互。组态软件 Client 同时支持 ODBC，JDBC 等标准数据库接口，以实现与历史数据服务系统和组态信息数据服务系统的数据交互；浏览器与 Web 发布服务组建 B/S 结构模式，Web 发布系统使用 ODBC，JDBC 等标准数据库接口访问历史数据服务系统、组态信息数据服务系统以及实时数据库的数据镜像，人机界面在浏览器中以网页的形式得以实现。

视频图像显示通过在视频工作站运行专业视频监控软件实现，视频监控软件可对视频数据编、解码。系统安全维护界面通过相关专业安全系统软件实现。图 3.19 为人机界面系统用例图。

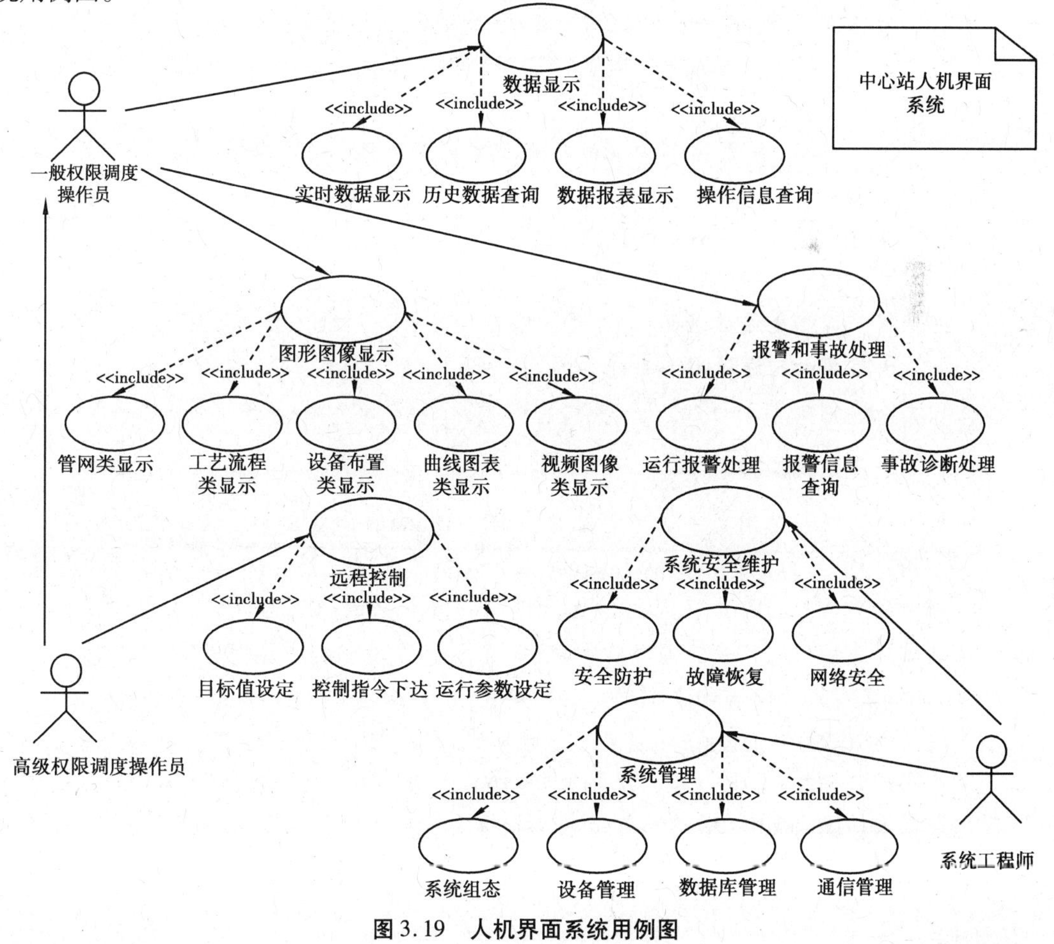

图 3.19　人机界面系统用例图

3.6 Web发布系统

知识拓展

网络中实现Web应用的基本要素有：

1. Web Browser(**浏览器**)与Web Server(**服务器**)

Web Browser就是用以浏览页面的程序，它运行在用户端(Client)，能够显示Web页面，也能够捕捉对于已显示页面上各个项目的鼠标点击事件。当一个项目被选中时，浏览器即跟随此超链接，并将所选的页面取回来。

Web Server就是为用户Browser提供页面的服务器，其基本工作内容是：

- 接受来自Browser的TCP连接；
- 明确Browser所要的页面；
- 获取或生成该页面；
- 将页面传送给Browser；
- 释放该TCP连接。

2. **资源定位符**

Web页面是用统一资源定位符(URL, Uniform Resource Locator)来命名的，URL可以理解成对从Internet上得到资源的位置和访问方法的一种简洁的表示。URL给资源的位置提供了一种抽象的识别方法，并用该方法给资源定位。只要能够对资源定位，系统就可以对资源进行各种操作。例如，通常上网使用的URL形式为：http://< host >：< port >/< path >，HTTP的默认端口号是80，所以< port >项通常可以省略。若再省略文件的路径< path >，则URL就指到了Internet上的某个主页，例如，北京市燃气集团的主页URL为："http://www.bjgas.com"。

3. 标记语言

超文本标记语言(HTML, HyperText Markup Language)是一种广泛使用的Web页面编写语言。HTML是一种描述如何格式化文档的标记语言,其中Markup的意思就是“设置标记”,就像在出版业,编辑经常要在文档上写上各种记号,指明在何处应用何种字体等。HTML允许用户在Web页面中包含文本、图形和指向其他Web页面的指针等。HTML的结构包括头部(Head)和主体(Body)两大部分,其中头部描述浏览器所需的信息,而主体则包含所要说明的具体内容。

可扩展标记语言(XML, Extensible Markup Language)提供一种描述结构化数据的方法。与主要用于控制数据的显示和外观的HTML标记不同,XML标记用于定义数据本身的结构和数据类型。XML使用一组标记来描绘数据元素,每个元素封装的既可以是十分简单的数据,也可以是十分复杂的数据。XML可以看作是对HTML的补充,与HTML侧重于显示数据与页面外观的目标不同,XML的设计目标是描述数据并侧重于数据的内容。

4. 传送协议

超文本传送协议(HTTP, HyperText Transfer Protocol)是客户端浏览器与Web服务器之间的应用层通信协议,实现客户机对所需的超文本信息的访问与获取。HTTP包含命令和传输信息,不仅可用于Web访问,也可以用于其他网络应用系统之间的通信,从而实现各类应用资源超文本、超媒体访问的集成。

1) Web 技术应用的优点

随着互联网技术、工业以太网、嵌入式技术等在工业监控领域的应用与推广,Web 技术在 SCADA 系统中的应用范围也越来越广。将 Web 技术应用于数据采集与监控系统的主要优点如下:

首先,可以充分利用系统的监控网络资源,扩展监控信息的发布与交换范围。通过 Web 技术可以实现将监控数据发布到任何系统监控网络能够覆盖到的节点,而且用户进行系统操作及数据访问的形式可以灵活多样。例如,在选用 Internet、移动通信网等公共网络作为监控通信平台的系统中,通过 Web 发布,用户可以通过系统工作站、便携式计算机、智能手机等多种操作终端,利用调控中心局域网、Internet、移动数据网等多种网络渠道,实现对 SCADA 系统功能的使用。可见,Web 技术可以有效地扩展 SCADA 系统的使用范围,并提升监控信息的使用效率,从而提高系统整体的监控能力与性能价格比。

其次,通过 Web 应用,可以充分发挥 B/S 模式的优势,避免了对各个客户端进行软件安装、维护、调试等方面的繁杂工作,任何合法用户都可以通过浏览器对系统进行访问并使用系统功能。

2）Web 技术应用的方向

Web 技术在 SCADA 系统领域的应用主要方向如下：

（1）Web 监控组态软件

许多组态软件商的监控解决方案里都有 Web 组态软件产品，使得系统集成人员通过组态就可以对 C/S 结构中的监控应用程序进行复用，并以 Web 的方式进行发布，从而避免了重复开发，提高了集成工作效率。

另外，监控组态软件产品只支持 B/S 模式，系统中所有的客户机都通过浏览器实现系统应用。

（2）数据发布系统 Web 开发

Web 开发也是在 SCADA 系统中实现 Web 数据发布系统的常用方式。与组态相比，编程开发的工作量要增加许多，但是这种方式可以省去购买 Web 组态软件所需的昂贵费用，并且没有参数点数及用户数限制（组态软件产品通常限定各版本所支持的最多参数点数或用户数，并以此定价），所以具有较高性能价格比和用户选用率。

（3）监控站嵌入式 Web 发布

随着嵌入式技术的发展，越来越多的工业控制器（PLC，RTU 等）产品具备了嵌入式 Web 发布功能，从而为 SCADA 系统中监控数据的采集、交换与发布提供了新的解决方法与技术标准。

知识拓展

新兴 Web 技术介绍

Web Services 和 Ajax 是近些年发展起来的新兴 Web 技术，在 SCADA 系统领域具有良好的应用效果与发展前景。

1. Web Services 技术

Web Services 是通过标准的 Web 协议编程访问的 Web 组件，用规范的可扩展标记语言（Extensible Markup Language, XML）来描述。作为全面服务的体系结构（SOA, Service-Oriented Architecture）的一种实现手段，Web Services 体系结构包括服务提供者、服务请求者和服务注册中心三种角色及发布、发现和绑定三种基本操作，如图 3.20 所示。服务提供者定义 Web Services 的服务描述并将其发布到服务请求者或服务注册中心。服务请求者使用查找操作来从本地或者服务注册中心检索服务描述，然后使用服务描述与服务提供者进行绑定并调用 Web Services 实现或同它交互。

从体系结构的角度来看，服务提供者是托管访问服务的平台，服务请求者寻找并调用服务或服务应用程序。在静态绑定或动态绑定期间,服务请求者在服务注册中心查找并获得服务的绑定信息。对于静态绑定的服务请求者,服务注册中心是体系结构中的可选角色,服务提供者可以直接把描述发给服务请求者。

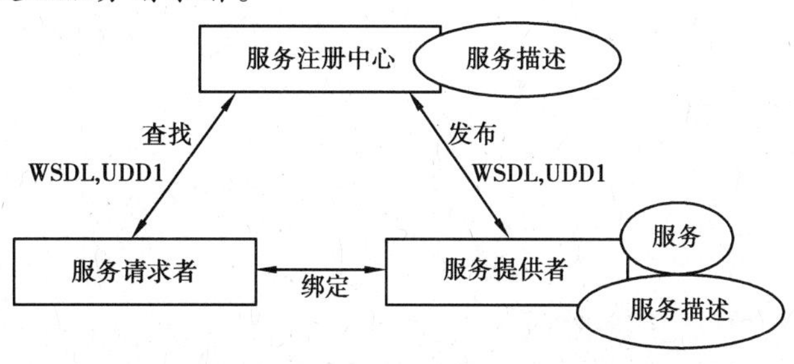

图3.20 Web Services 模型

Web Services 运行过程:

Web 服务提供者可以用任何语言来构建 Web Services,并在 Web 服务注册中心配置和发布服务,Web 服务请求者可以通过查找 Web 服务注册中心发布的注册服务记录来找到需要的 Web 服务,任何语言、任何平台上的客户都可以阅读其 WSDL 文档,客户根据 WSDL 描述文档会生成一个 SOAP 请求消息以调用这个 Web 服务。客户生成的 SOAP 请求被嵌入到一个 HTTP 请求中,发送到 Web 服务器。Web 服务器再把这些请求转发给 Web 服务请求处理器。请求处理器解析收到的 SOAP 请求,调用相应的 Web 服务,然后再生成相应的 SOAP 应答。Web 服务器得到 SOAP 应答后再通过 HTTP 应答的方式把它送回到客户端。Web 服务请求者绑定服务提供者并使用可用的 Web 服务。

技术关键点:

Web Services 描述了一种全新的分布式计算范式,并不倾向于特定的编程语言、编程模型以及系统软件,具有平台无关性、开放性和松散耦合性,并在业界得到了广泛的支持。Web Services 的主要目标是在现有的各种异构平台的基础上构筑一个通用的与平台无关、语言无关的技术层,各种不同平台之上的应用依靠这个技术层来实施彼此的连接和集成,能够更好地解决分布式异构环境下的互操作性问题。Web Services 中的关键技术如下:

- 可扩展标记语言(XML, Extensible Markup Language)作为一种新的 Internet 上的数据交换标准,是一种自然描述的数据共享机制。与 HTML 使用标签来描述外观和数据不同,XML 严格地定义了可移植的结构化数据。它可以作为定义数据描述语言的语言,如标记语法或词汇、交换格式和通信协议。XML 不仅可以满足迅速增长的网络应用需求,还能够确保网络进行交互操作时具有良好的可靠性和互操作性。

• 简单对象访问协议(Simple Object Access Protocol, SOAP)是一组基于 XML 的无状态、单向、轻量级的消息传递协议,为在一个松散的、分布的环境中使用 XML 对等地交换结构化和类型化的数据提供了一种简单的机制。SOAP 本身并不定义任何语义,它只是定义了一种简单的机制,通过一个模块化的包装模型和对模块中特定格式编码数据的重编码机制来表示应用语义。

• Web 服务描述语言(Web Services Description Language, WSDL)是把 Web services 抽象地用 XML 描述为一组包含在面向文档或面向过程信息的消息上执行操作的端点的集合,即提供了一个基于 XML 的简单语汇表,用来描述 Web Services 功能、位置以及调用方法。这些服务本身使用 SOAP,HTTP,SMTP 或其他方式进行通信,而 WSDL 为用户提供设置这些通信所需的元数据。WSDL 本身不规定如何发布或公布这些服务描述,而是将这些任务留给其他规范。

• 统一描述、发现与集成规范(Universal Description, Discovery & Integration, UDDI)是一个基于 Web 的、分布式的、Web Services 信息注册中心的实现标准规范,同时也包含一组使企业能够将自身提供的 Web Services 注册,以使其他企业能够发现的访问协议的实现目标。UDDI 是一个公开的标准,以结构化的方式注册、管理企业信息以及相关的服务信息。通过 UDDI,Web Services 提供者可以发布 Web 服务,Web Services 使用者可以搜索、发现 Web 服务信息,从而实现资源共享与集成。

2. Ajax 技术

Ajax(Asynchronous Javascript and XML)是一种开发交互 Web 应用的技术,实现了对 HTML,CSS,DOM,XML,JAVA 等很多通用、成熟技术的组合,并通过组合实现了强大的功能。

为了满足 SCADA 系统的实时性需求,系统中的 Web 应用界面需要不断地刷新数据,而传统 B/S 结构采用的是“请求-响应”的交互模式,数据通信的实时性较差,带宽消耗较大,这已成为 B/S 结构应用于工业监控软件的瓶颈。Ajax 技术是近来兴起的一种创建交互式网页应用的网页开发新技术。Ajax 应用与传统的 Web 应用的区别如下:

• 不必刷新整个页面,在页面内与服务器通信;

• 使用异步方式与服务器通信,不需要打断用户的操作,具有更加迅速的响应能力;

• 应用仅由少量页面组成,大部分交互在页面之内完成,不需要切换整个页面。

通过对 Ajax 技术的集成,可以实现对 Web 应用实时性的极大提高。使用 Ajax 后,在客户端加入了一个 Ajax 引擎,客户端通过 Javascript 调用

Ajax 引擎向服务器端发出 HTTP 请求后,并不等待请求的响应,当服务端的数据以 XML 形式返回时,Ajax 引擎接收数据并指定 Javascript 函数来完成对响应的处理或页面的更新。图 3.21 是两种 Web 模式的处理过程示意图。采用 Ajax 交互过程,当在服务端数据没有返回时,用户可以继续浏览或交互,而不必等待。

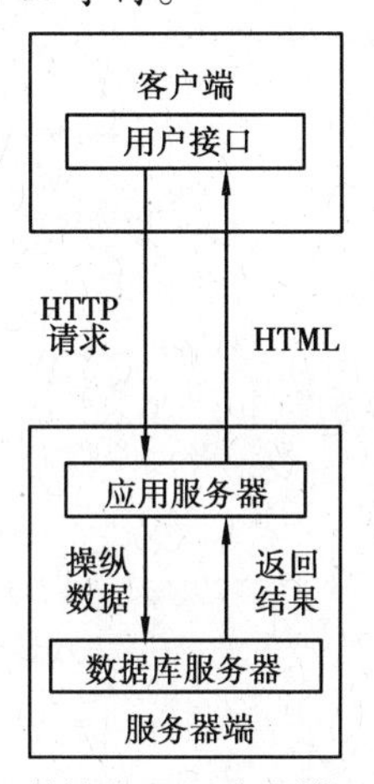

(a) 传统的 Web 应用模型

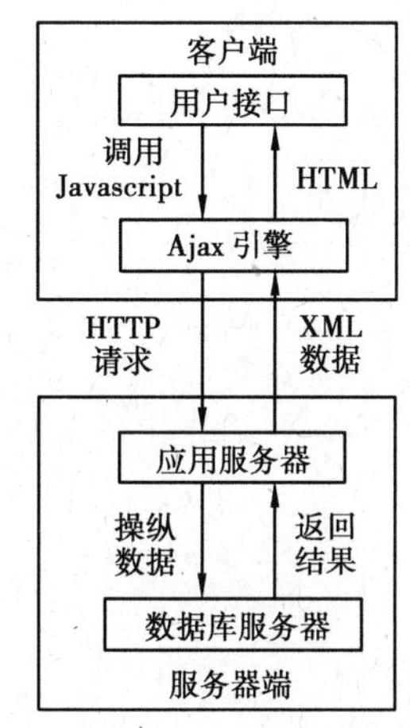

(b) 基于 Ajax 的 Web 应用模型

图 3.21　传统 Web 应用模式与 Ajax 模式的比较

Ajax 模式中所谓的"Ajax 引擎",其实是对多种技术的综合应用,包括了 Javascript,XHTML,CSS,DOM,XML 和 XSTL,HttpRequest 等。其中,XHTML 和 CSS 用于标准化呈现,DOM 用于实现动态显示和交互,XML 和 XSTL 用于数据交换与处理,XMLHttpRequest 对象用于对异步数据读取,Javascript 用于绑定和处理所有数据。

3. 集成 Ajax 技术的 Web 系统结构

监控数据 Web 发布系统采用多层 B/S 模式软件体系结构,应用 Ajax 技术实现 Web 页面数据的动态实时刷新。基于该模式的实时 Web 系统结构如图 3.22 所示。

系统开发环境选择如下:

- Web 服务器基于 Web Services 平台开发,采用 Microsoft 的 Visual Studio. NET 的 ASP. NET 服务器编程技术。
- Ajax 客户端的开发采用 Javascript 编写脚本。

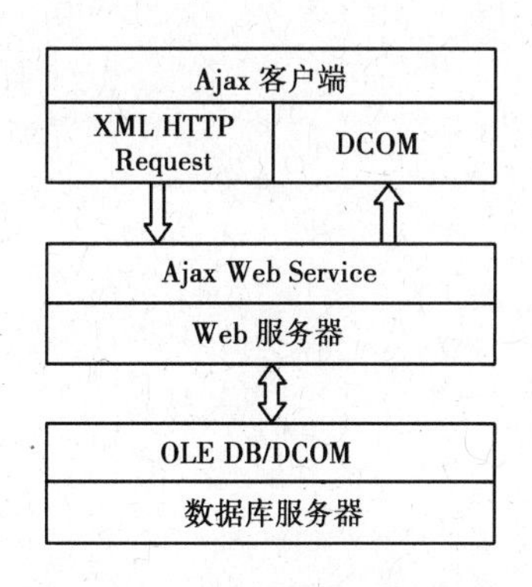

图 3.22　应用 Ajax 技术的实时信息门户系统结构图

学习鉴定

1. 填空题

(1)中心站是SCADA系统的核心,承担着________、________、________等功能,应具有良好的实时性、灵活性和可扩展性。

(2)SCADA系统常用的体系结构有________、________、________。

(3)SCADA系统常用的网络结构包括________、________。

2. 问答题

(1)请简述并列举至少10项中心站系统的主要功能。

(2)请列举至少5项系统监控组态软件的特点。

(3)请列举至少5项系统的主要硬件,并简述其作用。

第 4 章　SCADA 系统监控对象

核心知识

- 监控对象
- 监控仪表相关知识
- 流量计量相关知识
- SCADA 综合调试注意事项

学习目标

- 了解监控对象的分类及相关概念
- 掌握监控仪表的工作原理及相关应用
- 掌握流量测量方法及仪表原理
- 了解 SCADA 系统调试步骤及相关注意事项

在天然气输配过程中,SCADA 系统对"物质流"信息进行检测,以达到监控的目的。所谓"物质流"信息是指生产过程中所要了解的物理参量和状态参量。

监控对象即监测内容和控制主体。监和控有时是分离的:监视发现问题,经过人的判断找出问题原因,决定解决问题的办法,通过远程对现场设备的控制而达到解决问题的目的。这种管理方式通常用于分散监控点和过程控制要求一般的现场。监和控有时又是紧密相连的:监控系统根据过程控制需要,由编程人员进行程序设计和编制,监控系统实时对关联参数进行检测,由程序对参数进行判断并对现场设备进行控制或调节。这种控制方式被称为闭环控制。另外还有顺序控制系统等,这些方式通常用于输配厂区的生产过程管理。

4.1 测量及测量仪表

4.1.1 测量的基本概念

1)测量过程

参数的测量过程是被测参数信号能量形式的一次或多次不断变换和传送,并将被测参数与其相对应的测量单位进行比较的过程。

2)仪表

仪表是在测量过程中实现变换和比较的工具。

3)测量链

测量链是指测量仪表或测量系统的系列单元,构成测量信号输入到输出的通道。仪表通常由三部分组成:输入部分、中间变换部分、输出部分。通过测量链的分析可以加深对仪表的测量原理和性能的理解,并更好地使用仪表。

4)传感器

传感器是指测量仪表或测量链中直接受到测量作用的元件,如热电偶、压力传感器等,按测量原理分为电阻式、电容式、电感式、热电式、压电式、光电式等。输出量为标准信号的传感器叫变送器,如压力变送器、温度变送器等。

5)仪表常数

仪表常数是指为给出被测量的指示值或用于计算被测量的指示值,必须与测量仪表直接示值相乘的系数。如测量电阻欧姆,需要根据标准电阻不同的挡位进行相乘,×1、×10、×100、×1000(或1 k)就是仪表常数。

6)响应时间

响应时间是指激励受到规定的变化瞬时与响应达到并保持其最终稳定值,两者之间的时间差。响应时间短表示指示灵敏快捷,有利于快速测量和调节控制。

7)漂移

漂移是指测量仪表计量特性的慢变化。如有的仪表零点漂移,有的仪表发生量程漂移。产生漂移的原因主要是仪表本身性能的不稳定和环境温度、压力、湿度等变化或发生振动等,还有一些是随时间的进程化学性质的变化产生的漂移。

4.1.2　测量仪表的性能

1)线性度

线性度又称为非线性误差,它是指仪表的静态特性曲线对参考直线的最大偏差与满量程的百分比(图4.1)。

$$e_f = \frac{|y_{i1} - y_{i2}|_{max}}{y_{max}} \times 100\% \tag{4.1}$$

式中　e_f——仪表的线性度,%;

y_{i1}——与输入量 x_i 相对应的输出量;

y_{i2}——与输入量 x_i 相对应的参考直线上的量;

y_{max}——仪表满量程的值。

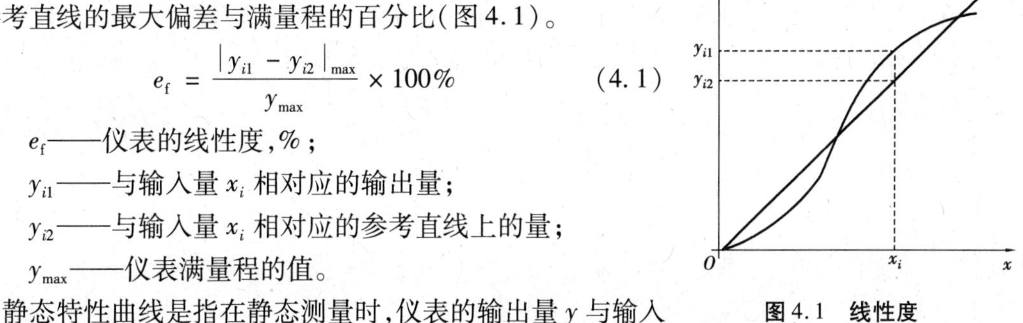

图4.1　线性度

静态特性曲线是指在静态测量时,仪表的输出量 y 与输入量 x 之间的关系曲线。当特性曲线为直线时,则表明输出量与输入量成线性关系。

2)灵敏度

在稳定状态下,测量系统输出与输入两信号的变化量之比值称为测量系统的灵敏度。它反映仪表对所测量参数变化的灵敏程度。用 K 表示:

$$K = \frac{\Delta y_i}{\Delta x_i} \tag{4.2}$$

式中　K——灵敏度;

Δx_i——输入信号的变化量;

Δy_i——输出信号的变化量。

从式(4.1)可以看出,灵敏度就是仪表特性曲线上相对应点的斜率。若特性曲线是一条直线,则 K 值为一常数。

灵敏度越高,越容易受到外界的干扰,因此,提高测量系统的灵敏度是要在一定范围内进行的。

3)变差

在测量过程中,对同一输入信号正行程(输入量由小逐渐增大)与反行程(输入量由大变小)所对应的输出信号的差称为变差(图 4.2)。仪表变差大的原因是由传动机构的间隙、摩擦和弹性元件滞后等造成的,有:

$$e_t = \frac{|y_{if} - y_{iz}|_{max}}{y_{max}} \times 100\% \tag{4.3}$$

式中 e_t——仪表的变差。

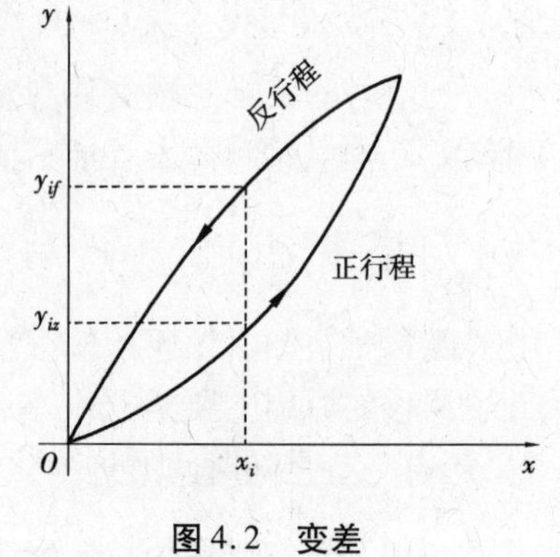

图 4.2 变差

4)分辨率

使测量仪表的示值发生变化的最小输入量的变化值称为分辨率,它表明仪表能够检测最小变化量的能力。分辨率越高,仪器的准确性越高。

5)稳定性

稳定性是测量仪表保持其计量特性随时间恒定的能力。测量仪表的稳定性是特别重要的性能指标,测量仪表不稳定的原因可能是由于元器件的老化,零部件的磨损、维护不当所造成的。

6)迁移

迁移是指仪表零位的人为调整。零位调整是在输入信号为零的情况下,对输出不为零的调整;与零位调整是不同的,零点的正负迁移是在仪表输入不为零的情况下,将仪表输出调整为零。

7)负载特性

负载特性是仪表的电气特性,是指电源电压与负载电阻的关系,电源电压越高,负载电阻越大。流量仪表或变送器一般都会给出负载特性图。

8)阻尼时间

阻尼时间是指输出由 0 上升到最大值的 63.2% 时的时间。由于变送器与被测介质直接接触,各种参数是动态变化的,导致采集的数据由于变化太快不能读数或曲线波动成宽带无法取数,因此变送器一般都设有阻尼装置。阻尼时间可以通过调节装置进行延长或缩短,电动变送器一般为 0.2 ~2 s。

4.2 监控对象

监控对象通常是生产过程中存在的物理状态和位置状态。监控对象按性质划分可分为物理量和形态量，按参量离散性划分可分为模拟量和开关量。模拟量为有范围的连续可变量，开关量为两个或几个确定的状态量。

4.2.1 监测部分

监测部分所包含的参量有：温度、压力、差压、流量、浓度、气体组分、液位、阀门状态、失电、门禁等；此外还有安防视频、生产过程视频等。

监测参量可分为模拟量和开关量。

1）城镇燃气监测模拟量

（1）温度

环境温度——监视燃气管线设备工作的外在温度；

燃气温度——监视燃气管线设备工作的介质温度。

通过温度的检测可了解燃气设备是否工作在规定的工作范围内。对流量计量系统而言，温度的检测还可对燃气体积量进行温度部分修正，也属于介质温度的测量。

（2）压力

压力测量可分为相对压力测量和绝对压力测量。相对压力是指管线中燃气压力与实时大气压力差；绝对压力是指管线中燃气压力与绝对真空的压力差。相对压力的检测是我们在燃气输配过程中所关心的重要参数。对流量计量系统而言，绝对压力的检测是为燃气体积量进行压力部分的修正。

（3）差压

测量两点之间的压力差，如过滤器两端的压力差。通过对差压的检测，监视燃气过滤装置积尘程度：每个过滤器的过滤原理不甚相同，滤芯的目数不尽相同，故清理滤芯的差压参数值也有所不同。根据过滤器厂家的参数值，通过软件可在计算机系统中设定差压报警值。当报警出现时，表示应对过滤器进行及时的清洗。对流量计量而言，孔板流量计即是通过测量节流装置两端的压力差来实现流量计量。

（4）浓度

监视封闭环境的燃气泄漏情况（定性）和程度（定量），定性的状态值和定量的参数值都可通过监控系统进行上传。有些场所也在露天安装浓度检测探头，这些场所通常是高压或大管径设备安装的场所，当有较大泄漏发生时可迅速确定位置。

(5)液位

液位的测量在燃气行业实际应用如下:湿式储气柜的柜高度测量,加臭剂储罐中加臭剂的液位状况(如发现液位偏低时,实时报警,以便及时补充加臭剂)等。

(6)阀门开度

通过阀门开度变送器,可了解阀门打开的程度,这是一个模拟量参数,分度值通常为0~100%。这一测量通常用于电动或手动调节阀。调节阀的应用能起到对燃气流量的控制作用。

(7)流量计量

天然气流量计量可分为贸易计量和过程计量。贸易计量是指用于贸易结算的计量。贸易结算通常按燃气的标况累计量进行,此外还有按重量和热量计量两种。过程计量是考量燃气管网某一区间的负荷情况,过程计量更关心的是燃气的标准状况瞬时流量。相对于工况参数,所有标况参数都是由温度、压力和压缩因子等参量计算修正得来。标准状况是指参考温度和标准气压条件,也被称为参比条件。由于国家和地域的不同参比条件也有一定差异。

(8)加臭剂含量检测

为了城市居民的用气安全,在燃气泄漏的情况下能及时被人发现,通常在燃气进入城市的第一站即门站进行加臭,加臭剂为THT(四氰噻吩)。对燃气中加臭剂含量的检测,是为了了解燃气中加臭量是否符合要求,以便及时调整门站加臭量,以保证安全用气。

(9)天然气气质分析

天然气的组分分析一般采用气相色谱分析仪,天然气气质通常有C1~C5、C6+、二氧化碳、氮气等,其用途有:流量计压缩因子的计算,相对密度计算,热值的计算。天然气组分分析是燃气质量控制的一组重要数据。随着全球性碳排放控制,这一组数据越来越被人们所重视。此外还有天然气硫化氢含量分析和水含量分析。

2)城镇燃气监测开关量

(1)阀门开关状态

截止阀的开、关状态采集属于开关量的测量,由于截止阀的阀口设计原因,在进行开关截止阀操作时不允许阀门长时间处于中间状态,要么全部打开,要么全部关闭。所以监测截止阀的开闭状态是很有必要的。如果发现截止阀没有开、关到位,可及时提醒操作人员进行修正操作。

(2)液位报警位置状态

阀门井的液位检测可监测井下水位的情况,如井下积水水位超限可及时获得报警提示。

(3)供电电源失电报警

现场监控装置供电电源失电状态采集。发现失电时可及时派员到现场处理,防止现场监控装置工作中断。

(4)门禁

工作间门状态采集,可记录现场工作间门的开、闭时间,了解运行情况。

4.2.2　控制部分

对现场设备的控制通常由执行器来完成。执行器接受调节器输出的控制信号,控制截止阀或调节阀的动作,要么禁止介质的流动,要么改变介质的流量,把被调节量控制在所需范围内。

控制部分所包含的对象有:截止阀的阀门开关控制、调节阀的开度控制、加臭控制、调压控制、计量管理控制和限流控制。

(1)阀门控制

阀门控制可分为两种情况:一种是电动截止阀的远程控制,这种控制方式可切断或恢复燃气的供应;另一种为电动调节阀远程控制,这种控制方式通常用于管线中燃气流量的调节控制。

(2)加臭控制

向门站的加臭装置提供实时的过站标况瞬时流量,加臭装置依此参量计算加臭量,并控制加臭装置实施加臭操作。在有条件的情况下应将所对应门站用户端加臭剂量检测信息反馈至门站加臭装置,用以实现加臭的闭环调节。

(3)调压控制

在实际应用中大部分调压过程是采用自立式调压装置,除出口压力设定外,不用人员干预。但有些情况则采用电动调节阀通过程序控制来实现。

(4)流量计量管理控制

设计总流量大于单路流量计量量程的站,采用多路流量计计量方式。为了保证每台流量计始终工作在量程范围内,需对流量计工作台数进行调整控制,这一过程可通过远程计算机控制实现。这样既可保证流量计量精度又可保证计量设备不被损坏。

(5)限流控制

在某些特定情况下,如城市天然气气源不足或极端气候等情况,为保证城镇居民生活用气,势必要限制那些用气量较大的工业用户用气量,通常采用限流装置来实现,除远程手动控制外,限流装置还可按人们输入的参数进行自动的压力调节以达到限制流量的目的。在与用户充分沟通的基础上确定相关控制参数,以免造成用户生产设备和设施的损坏。

4.3 现场仪表种类

4.3.1　温度测量

测量温度的方法有很多,按照测量体是否与被测介质接触,可分为接触式测温法和非接触式测温法两大类。

接触式测温法的特点是测温元件直接与被测对象接触,两者之间进行充分的热交换,最后达到热平衡,这时感温元件的某一物理参数的量值就代表了被测对象的温度值。这种方法的优点是直观可靠;缺点是感温元件影响被测温度场的分布,接触不良等都会带来测量误差,另外温度太高和腐蚀性介质对感温元件的性能和寿命会产生不利影响。

非接触式测温法的特点是感温元件不与被测对象相接触,而是通过辐射进行热交换,故可以避免接触式测温法的缺点,具有较高的测温上限。此外,非接触式测温法热惯性小,可达 1/1000 S,故便于测量运动物体的温度和快速变化的温度。由于受物体的发射率、被测对象到仪表之间的距离以及烟尘、水蒸气等其他介质的影响,这种方法一般测温误差较大。

常见接触式温度测量仪表有如下几种:

1)膨胀式温度计

利用固体或液体热胀冷缩的特性测量温度。如日常测量体温的体温表,就是液体膨胀式温度计。

双金属温度计也是一种膨胀式温度计,而且这种温度计在燃气工业中被广泛用于就地直读温度的测量。其原理是采用温度膨胀系数不同的两种金属片,叠焊在一起制成螺旋形感温元件,并置于金属保护套中,一端(固定端)固定在套管底部,另一端(自由端)连接在一根细轴上。当温度发生变化时,膨胀系数大的金属片伸长较多,金属片将向膨胀系数较小的金属片弯曲,温度越高,弯曲越大,造成自由端相对于固定端转动,从而带动与自由端连接的指针转动,指示出相应的温度值。其结构如图 4.3 所示。

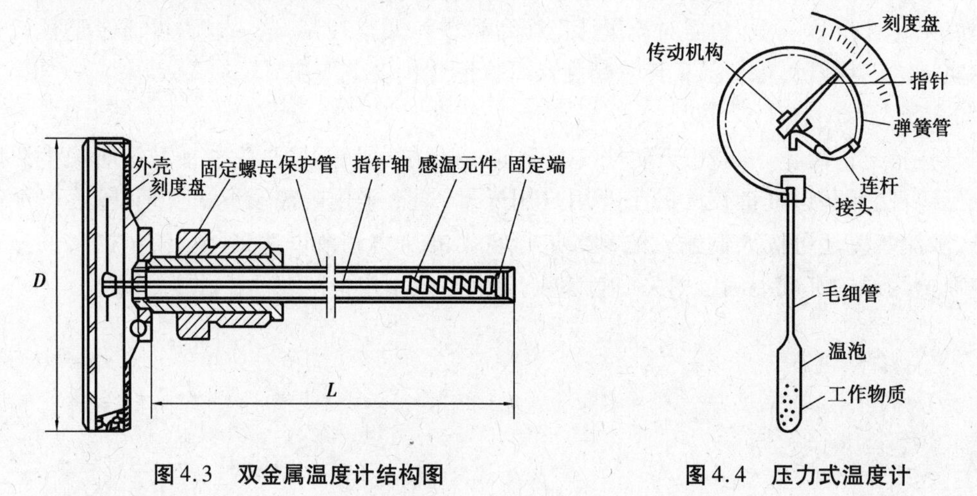

图 4.3　双金属温度计结构图

图 4.4　压力式温度计

双金属温度计的特点是结构简单、刻度清晰、使用方便、耐振动、经久耐用;缺点是测量精度不高、使用范围有限。

2)压力式温度计

压力式温度计是基于放在一定密封容器内的工作物质随温度而发生体积或压力变化的原理制成的。它由温泡、毛细管、弹簧管、连杆、传动齿轮、刻度盘和指针组成,其结构如图4.4

所示。

压力式温度计测温原理是：将温泡置于被测介质中，当被测介质的温度升高时，温泡内的感温物质体积膨胀，压力升高，通过毛细管将压力传递到弹簧管，弹簧管发生伸直变形，其自由端产生位移，通过传动机构带动指针指示出温度值。压力式温度计的毛细管长度可达到60 m，从而利用它可以实现远距离测量和温度显示。

压力式温度计的工作介质可以是液体（如水银）、气体（例如氮气）和蒸气（例如氯甲烷、丙酮）。它具有结构简单、传输距离长（即测温点与显示单元距离较远）、读数方便等优点，缺点是准确性低。

3）热电偶温度计

热电偶温度计的测温元件是两种不同成分的热电偶丝（热电极），这两种不同成分的均质导体形成回路，直接测温端叫测量端，接线端子端叫参比端，当两端存在温差时，就会在回路中产生电流，那么两端之间就会存在Seebeck热电势，即塞贝克效应。热电势的大小只与热电偶导体材质以及两端温差有关，与热电偶导体的长度、直径无关。

4）电阻式温度计

电阻式温度计利用金属或半导体电阻随温度变化的特性测量温度。铂电阻是目前广为采用的温度传感器，铂电阻的表示符号为Pt，根据测量精度和范围的不同可分为Pt100，Pt1000，Pt100的测量范围较宽，Pt1000的测量精度较高，我们通常采用的是Pt100型铂电阻。

温度变送器是将电阻物理量等变换成国际标准电流量的设备。采用铂电阻为传感器的温度变送器如图4.5所示。

图4.5 温度变送器

4.3.2 压力测量

1）常用压力表示方法

压力为一个物体垂直作用于另一物体表面的力。压力垂直于受力物体表面，并指向受力物体。压力的表示方法有很多种，燃气工业现场常用表示方法有：

①绝对零压力：在理想状态下，一切分子从容器内移出，则将造成完全真空，且无压力作用于器壁，这种理想状态下确定零压力的条件就称为绝对零压力，简称绝对压力。

②绝对压力：绝对压力是以绝对零点压力为起点计算的压强，单位为Pa，它的计量数值应该是绝对大于0。

③大气压力：其定义是从观测高度到大气上界上单位面积上（横截面积1 cm^2）垂直空气柱的重量为大气压强，简称气压。地面的气压值在980～1040 hPa变动，平均为1013 hPa。气压有日变化和年变化，还有非周期变化。气压非周期变化常与大气环流和天气系统有关，且变化幅度大。气压随海拔高度的变化与气温和气压条件有关。在气压相同条件下，气柱

温度越高，单位气压高度差越大，气压垂直梯度越小；在气温相同条件下，气压越高，单位气压高度差越小，气压垂直梯度越大。

④标准大气压：标准大气压（QNE）是指在标准大气条件下海平面的气压。其值为101.325 kPa（或760 mmHg高或29.92 inHg高或10.336 mH_2O）。1标准大气压 = 1013.25 hPa，这一数值被用于天然气体积修正的压力参比条件。

⑤表压：以大气压为基准的流体指示压力可用压力计测得，称为表压。绝对压力 - 大气压 = 表压。

⑥真空度：当被测量系统的绝对压强小于当时当地的大气压强时，所测量的空间为真空。所测量的空间的压强叫真空度，它的计量数值应该是0~1的一个小数，单位Pa（帕斯卡）。真空度和绝对压力都是绝对单位，而表压是相对单位。真空度 = 大气压力 - 绝对压力

⑦差压：两个压力之间的差值叫差压。

2）压力的表示单位

1 MPa（兆帕）= 145 psi（磅/英寸^2）= 10.2 kg/cm^2（千克/厘米^2）= 10 bar（巴）= 9.8 atm（标准大气压）

1 psi（磅/英寸^2）= 0.006895 MPa（兆帕）= 0.0703 kg/cm^2（千克/厘米^2）= 0.0689 bar（巴）= 0.068 atm（标准大气压）

1 bar（巴）= 0.1 MPa（兆帕）= 14.503 psi（磅/英寸^2）= 1.0197 kg/cm^2（千克/厘米^2）= 0.987 atm（标准大气压）

1 atm（标准大气压）= 0.101325 MPa（兆帕）= 14.696 psi（磅/英寸^2）= 1.0333 kg/cm^2（千克/厘米^2）= 1.0133 bar（巴）

3）压力变送器

压力变送器是一种将压力变量转换为可传送的输出标准信号的仪表，且输出信号与压力变量之间有一定的连续函数关系，通常是线性关系。

①按变量可分为：绝压变送器、表压变送器、差压变送器、正负压变送器。

②按信号可分为：

- 电动变送器：输出0~10 mA或4~20 mA（1~5 V）的直流信号，目前广泛采用4~20 mA信号输出；
- 气动变送器：输出20~100 kPa的气体压力；
- 压力变送器：主要用于测量气体、液体和蒸汽的压力、负压和绝对压力等参数，然后将其转换成4~20 mA. DC信号输出。压力变送器包括GP型（表压力）和AP型（绝对压力）两种类型。GP和AP型与智能放大板结合，可构成智能型压力变送器，它可以通过符合HART协议的手操器相互通讯进行设定和监控。GP型压力变送器的δ室，一侧接受被测压力信号，另一侧则与大气压力贯通，因此可用于测量表压力或负压；AP型绝对压力变送器的δ室一侧接受被测绝对压力信号，另一侧被封闭成高真空基准室。

知识拓展

1. 常用压力变送器的原理及其应用

(1) 应变片压力变送器

力学传感器的种类繁多，如电阻应变片压力变送器、半导体应变片压力变送器、压阻式压力变送器、电感式压力变送器、电容式压力变送器、谐振式压力变送器及电容式加速度传感器等。但应用最为广泛的是压阻式压力变送器，它具有极低的价格和较高的精度以及较好的线性特性。下面主要介绍这类传感器。

在了解压阻式压力变送器时，首先认识一下电阻应变片这种元件。电阻应变片是一种将被测件上的应变变化转换成为某种电信号的敏感器件，它是压阻式应变变送器的主要组成部分之一。电阻应变片应用最多的是金属电阻应变片和半导体应变片。金属电阻应变片又有丝状应变片和金属箔状应变片两种。通常是将应变片通过特殊的粘和剂紧密的粘合在产生力学应变基体上，当基体受力发生应力变化时，电阻应变片也一起产生形变，使应变片的阻值发生改变，从而使加在电阻上的电压发生变化。这种应变片在受力时产生的阻值变化较小，其通常都组成应变电桥，并通过后续的仪表放大器进行放大，再传输给处理电路(通常是 A/D 转换和 CPU)显示或执行机构。

电阻应变片由基体材料、金属应变丝或应变箔、绝缘保护片和引出线等部分组成。根据不同的用途，电阻应变片的阻值可以由设计者设计，通常为几十欧至几十千欧。

金属电阻应变片的工作原理是吸附在基体材料上应变电阻随机械形变而产生阻值变化的现象，俗称为电阻应变效应。以金属丝应变电阻为例，当金属丝受外力作用时，其长度和截面积都会发生变化，其电阻值即会发生改变。假如金属丝受外力作用而伸长时，其长度增加而截面积减少，电阻值便会增大；当金属丝受外力作用而压缩时，长度减小而截面增加，电阻值则会减小。只要测出加在电阻的变化(通常是测量电阻两端的电压)，即可获得应变金属丝的应变情况。

(2) 陶瓷压力变送器

陶瓷压力变送器的工作原理：压力直接作用在陶瓷膜片的前表面，使膜片产生微小的形变，厚膜电阻印刷在陶瓷膜片的背面，连接成一个惠斯通电桥(闭桥)，由于压敏电阻的压阻效应，使电桥产生一个与压力成正比的高度线性，与激励电压也成正比的电压信号，标准的信号根据压力量程的不同标定为 2.0 / 3.0 / 3.3 mV/V 等，可以和应变式传感器相兼容。通过激光标定，传感器具有很高的温度稳定性和时间稳定性，传感器自带温度补偿 0 ~70 ℃，并可以和绝大多数介质直接接触。

陶瓷是一种公认的高弹性、抗腐蚀、抗磨损、抗冲击和振动的材料。陶瓷的热稳定特性及它的厚膜电阻可以使它的工作温度范围高达 -40 ~ 135 ℃，而且具有测量的高精度、高稳定性。陶瓷传感器电气绝缘程度 >2 kV，输出信号强、长期稳定性好。高特性、低价格的陶瓷传感器将是压力变送器的发展方向，在欧美国家有全面替代其他类型传感器的趋势，在中国也有越来越多的用户使用陶瓷传感器替代扩散硅压力变送器。

(3)扩散硅压力变送器

扩散硅压力变送器的工作原理:被测介质的压力直接作用于传感器的膜片上(不锈钢或陶瓷),使膜片产生与介质压力成正比的微位移,使传感器的电阻值发生变化,利用电子线路检测这一变化,并转换输出一个对应于这一压力的标准测量信号。

(4)蓝宝石压力变送器

利用应变电阻式的工作原理:采用硅-蓝宝石作为半导体敏感元件,具有无与伦比的计量特性。蓝宝石系由单晶体绝缘体元素组成,不会发生滞后、疲劳和蠕变现象;蓝宝石比硅要坚固,硬度更高,不怕形变;蓝宝石有着非常好的弹性和绝缘特性,抗辐射特性极强。利用硅-蓝宝石制造的半导体敏感元件,对温度变化不敏感,即使在高温条件下,也有着很好的工作特性。

用硅-蓝宝石半导体敏感元件制造的压力传感器和变送器,可在最恶劣的工作条件下正常工作,并且可靠性高、精度好、温度误差极小、性价比高。

表压(相对压力)压力传感器和压力变送器由钛合金测量膜片、钛合金接收膜片、双膜片构成。印刷有异质外延性应变灵敏电桥电路的蓝宝石薄片被焊接在钛合金测量膜片上,被测压力传送到接收膜片上(接收膜片与测量膜片之间用拉杆坚固的连接在一起)。在压力作用下,钛合金接收膜片产生形变,该形变被硅-蓝宝石敏感元件感知后,其电桥输出会发生变化,变化的幅度与被测压力成正比。

传感器的电路能够保证应变电桥电路的供电,并将应变电桥的失衡信号转换为统一的电信号输出(1 ~5 V,4 ~20 mA 或 0 ~5 V)。在绝压压力传感器和压力变送器中,蓝宝石薄片与陶瓷基极玻璃焊料连接在一起,起到了弹性元件的作用,将被测压力转换为应变片形变,从而达到压力测量的目的。

2. 差压变送器

差压变送器通常采用电容式压力变送器。电容式变送器是利用电容转换技术测量压力的,由测量和转换两部分组成,具有精度高、体积小、工作稳定、维护方便、调整简单、单向过载能力强和保护特性好等特点。

(1)测量部分

测量部分包括电容膜盒,高、地压室和法兰组件等。其测量原理是:利用电容敏感元件的电容量随被测压力的变化而变化的特性而制作的,其结构如图4.6所示。电容膜盒又称δ室,它由固定电极、球面电极、绝缘体等组成。球面电极采用圆形金属薄膜或镀金金属薄膜作为活动电极。当薄膜受压时,它将产生弹性变形(最大位移为0.1 mm),造成薄膜与固定电极之间形成的电容量发生变化,通过转换电路输出4 ~20 mA 的直流电流信号。

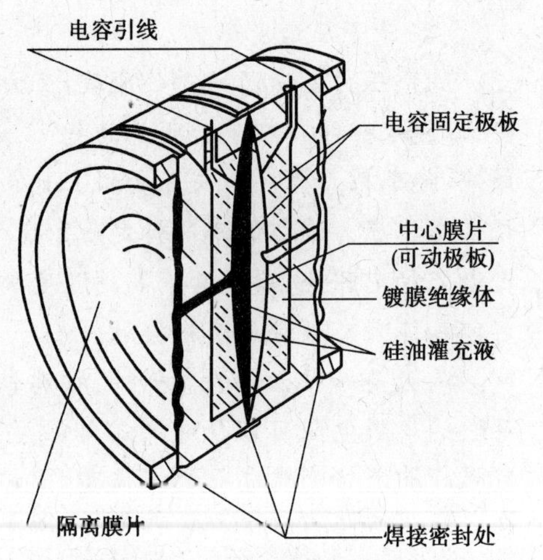

图4.6 电容膜合的结构

(2)转换部分

转换部分由震荡电路、解调电路、调零电路、放大电路等组成，其作用是将测量部分所得的差动电容的变化转换成标准电流输出信号，同时完成零点调整、量程调整、正负迁移、阻尼调整等功能，其工作原理如图4.7所示。震荡电路为电容回路提供激励电源；震荡控制器用于保证输出电流的稳定；解调电路用于将电容变化转换成电流的变化；放大电路用于放大电流信号；调零电路用于调整放大器的输入电平的偏离；调量程电路用于调整反馈量的大小。

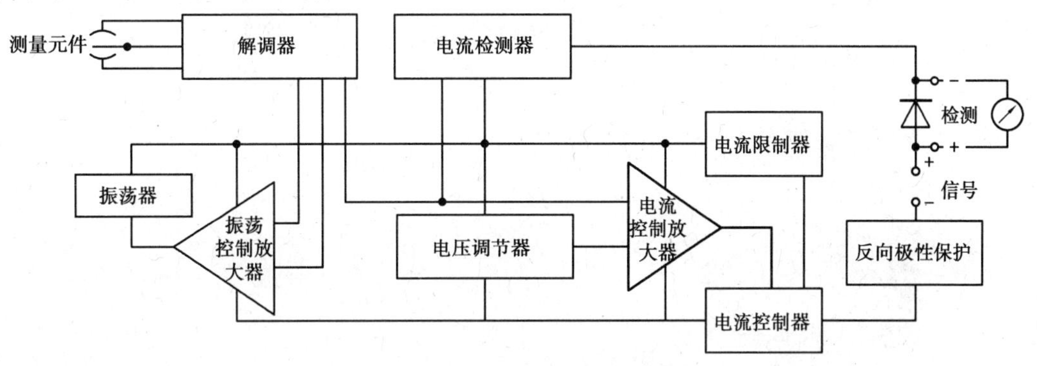

图4.7　变送器转换部分电路方框图

4）本地压力直读表

本地压力直读表常采用弹簧管压力表，俗称弹簧压力表。弹簧管压力表是最常见的压力测量仪表，它由弹簧管、拉杆、扇形齿轮、中心齿轮、面板、指针、游丝、调整螺钉、接头等组成，如图4.8所示。

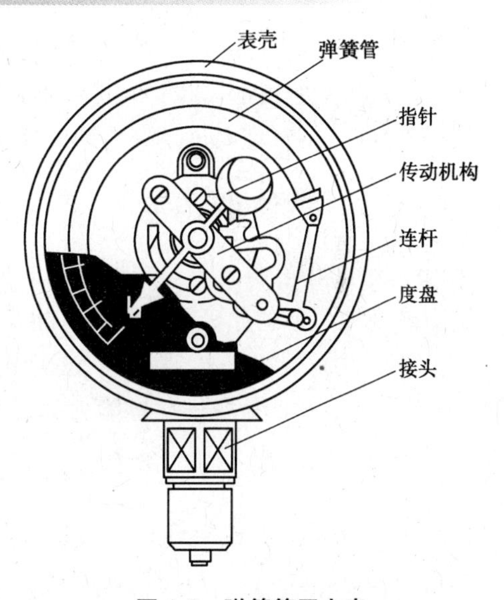

图4.8　弹簧管压力表

弹簧管压力表的工作原理：当弹簧管的固定端通入被测流体后，其椭圆形界面在流体压力作用下趋于圆形，圆弧形的弹簧管产生伸直的倾向，使弹簧管的自由端产生位移，通过拉杆、齿轮等传动放大机构，带动指针指示出压力，弹簧管的自由端位移与被测压力成正比，是线性关系，压力越大，位移越大。

4.3.3　燃气泄漏检测探头、变送器及采集装置

浓度变送器也是将物理量等变换成国际标准信号输出的装置。浓度探头（传感器）常和变送器做成一体。

浓度探头有多种形式，如催化燃烧式、半导体式和红外式。天然气工业经常采用甲烷型催化燃烧式高抗硫探头。催化燃烧式探头气体选择性好，但容易产生时间零点漂移和温度

零点漂移等问题(简称时漂和温漂),且寿命较短(一般3～5年,如探头长期工作在含有天然气的环境中,其寿命还将缩短)。半导体式探头,可燃气体检测范围宽,不易产生漂移且寿命较长,但气体选择性较差。随着技术的进步,变送器具有一定的智能性,在一定范围内对时漂和温漂具有抑制和调校的作用,其外形如图4.9所示。

燃气泄漏采集装置为电器处理设备,每台可带4探头、8探头或16探头,如图4.10所示。采集装置除收集现场信号外,可将信号处理后进行上位远传,其中包括燃气浓度值和报警参量。

图4.9 浓度探头

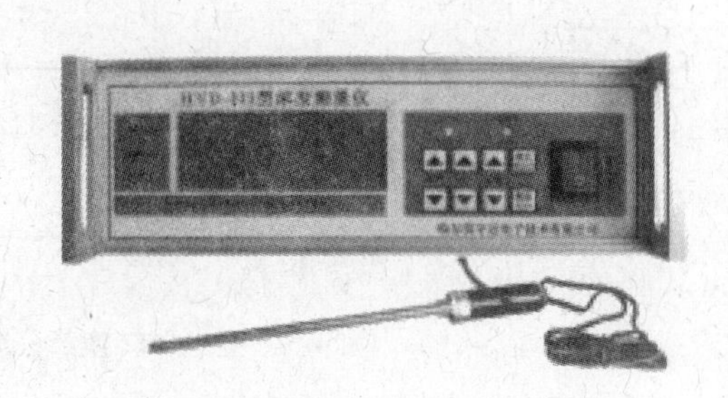

图4.10 浓度采集箱

无人职守站站内燃气泄漏采集系统中应含有风机联动控制装置,它的作用是接收浓度采集装置发出的浓度超限报警信号,自动启动站内排风风机,排出可燃气体,降低密闭空间内的燃气浓度,待管理人员赶到现场处理险情。

4.3.4 液位变送器

液位变送器是对压力变送器技术的延伸和发展,根据不同比重的液体在不同高度所产生压力成线性关系的原理,实现对水、油及糊状物的体积、液高、重量的准确测量和传送。

液位变送器有投入式、直杆式、法兰式、螺纹式、电感式、旋入式、浮球式,并有防阻塞型设计,安装简单、使用方便、互换能力强。高品质液位传感器能准确反映流动或静态液面的细微变化,测量准确度高。

1)投入式液位变送器

投入式液位变送器是基于所测液体静压与该液体高度成正比的原理,采用扩散硅或陶瓷敏感元件的压阻效应,将静压转成电信号,经过温度补偿和线性校正,转换成4～20 mA标准电流信号输出。投入式液位变送器的传感器部分可直接投入到液体中,变送器部分可用法兰或支架固定,安装使用极为方便。

其特点是:稳定性好,精度高;投入式液位变送器直接投入到被测介质中,安装使用相当方便;固态结构,无可动部件,高可靠性,使用寿命长,从水、油到黏度较大的糊状都可以进行高精度测量,不受被测介质起泡、沉积、电气特性的影响,宽范围的温度补偿。具有电源反相极性保护及过载限流保护。

2) 法兰液位变送器

法兰液位变送器是将被测介质的液位通入高、低两压力室,作用在 δ 元件(即敏感元件)的两侧隔离膜片上,通过隔离片和元件内的填充液传送到测量膜片两侧。法兰液位变送器是由测量膜片与两侧绝缘片上的电极各组成一个电容器,当两侧压力不一致时,致使测量膜片产生位移,其位移量和压力差成正比,故两侧电容量就不等,通过振荡和解调环节,转换成与压力成正比的 4 ~ 20 mA 信号的输出。

法兰液位变送器适用于工业生产过程中各种贮槽、容器中贮料物位的连续测量。仪表输出 0 ~ 10 mA 或 4 ~ 20 mA 标准直流信号,供给显示、多点巡检、记录、控制、调节等仪表或 PLC、DCS、FCS 系统,以实现对物位的自动记录和调节。仪表与物料接触部分具有良好的耐腐性,适用于冶金、化工、环保、电站、造纸、制药、印染、食品、市政等行业的液位、料位、油水界面、泡沫界面的连续监测。法兰液位变送器在燃气行业应用于加臭剂罐液位的检测。

4.3.5　阀门开度检测

通过阀门开度变送器,可了解阀门的开启度,这是一个模拟量参数,分度值通常为 0 ~ 100%。这一测量在电动调节阀中用于阀门开启状态的指示,还用于电动调节阀控制的反馈信号,用于手动调节阀时可监视阀门的开启状态。调节阀的应用能起到对燃气流量的控制和调节作用。

4.3.6　流量计量

流量计量在燃气工业中是一项非常重要的工作。燃气流量计量通常分为贸易计量和过程计量。贸易计量应严格遵守国家计量方面相关法规,其计量精确度要求较高,应保证不间断地进行计量;过程计量可为燃气输配调度提供管网各区域负荷参量,为调度管理提供科学的依据。

天然气流量计量通常分为体积计量、质量计量和能量计量。传统的天然气计量是以体积为单位,我国目前天然气贸易计量是在法制的质量指标下的体积流量。由于体积计量受到压力、温度、压缩因子等诸多方面的影响,人们希望用质量流量计直接测量天然气流量;此外,由于天然气是热能资源,为了真正反映天然气的品质和真实价值,国外已发展到使用天然气能量计量进行贸易结算。我国已开始推广天然气能量计量。

1) 流量仪表特性

①流量范围:流量范围是指流量计可测的最大流量与最小流量的范围。正常使用条件下,在该范围内的测量误差不能超过允许值。

②量程和量程比:流量范围内最大流量与最小流量值之差称为流量计的量程。最大流量与最小流量的比值称为流量计的量程比,如超声波流量计的量程比为 100:1,涡轮流量计的量程比通常为 20:1。

③压力损失:流量计的压力损失是指流体流过流量计及与其配套安装的其他阻力件时

所引起的不可恢复的压力值。压力损失的大小是衡量一台流量计测量成本高低的一个重要指标。压力损失小,流体能量消耗小,输送流体动力需求小,测量成本就低;反之,流体能量消耗大,输送流体动力需求大,测量成本就高。

2)流量测量方法

流量测量方法多种多样,按测量原理可分为差压式、速度式、容积式和质量式测量四大类。

①差压式测量:在流体中安装节流元件产生差压,通过测量差压来间接确定流体流量。如孔板流量计、文丘利流量计和转子流量计。

②速度式测量:利用测量管道内部流体速度的大小来测量流量的流量计统称为速度式流量计。其特点是直接测量流体的流速,计算公式比较简单,输出为脉冲频率信号,便于总量计量和与计算机连接,测量范围较宽,结构简单,维护方便。如涡轮、涡街和超声流量计。

③容积式测量:利用一个标准小容积连续地定排量测量,根据标准容积的容积值和连续测量的累计次数,求得累积流量。常见的有罗茨流量计、膜式家用燃气表等。

④质量式测量:直接或单一测量读出质量流量的流量计,分为直接式、间接式、补偿式三类。直接式质量流量计有热式、双孔板、双涡轮、科里奥利等;间接式质量流量计是通过测量流体的流速和密度,由运算器得到质量流量;补偿式质量流量计是利用流体与温度、压力的关系,用补偿方式消除流体密度变化的影响,进而得到质量流量。

流量测量方法的选用应遵循实用和够用的原则,在计量准确度满足需要的前提下要考虑成本、管理和维护等方面因素。

3)常用流量计的工作原理

(1)孔板流量计

天然气流量测量中所使用的孔板流量计的主要部件是节流装置。节流装置的作用是在气流通过时产生与流量准确对应的差压信号,通过计算得出体积量。

标准孔板流量计是由以标准孔板为节流器件的节流装置、信号引线和二次仪表系统所组成的流量计。如图4.11所示,天然气流量测量系统有孔板及孔板夹持器、测量管、差压变

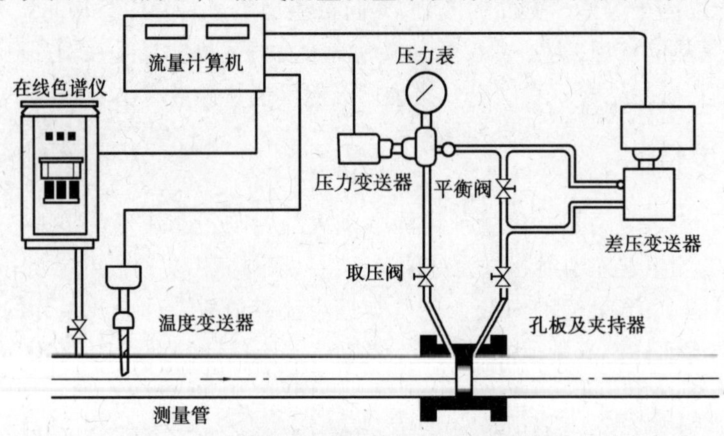

图4.11 天然气流量测量系统(孔板流量计)

送器、压力变送器和温度变送器、在线色谱仪、流量计算机等组成。通过测量仪表在线检测压力、温度、差压、天然气组分以及发热量等即可根据流量计算公式算出天然气的瞬时流量和累积流量。

(2)涡轮流量计

涡轮流量计为速度式流量计。速度式流量计是直接测量封闭管道中满管流流动速度的流量计。涡轮流量计是靠气流冲击叶轮旋转来感受流体的平均流速,通过测量叶轮的转动次数来确定气体的流量。涡轮流量计具有测量准确度高、复现性好、结构简单、压力损失小、量程比宽等优点。

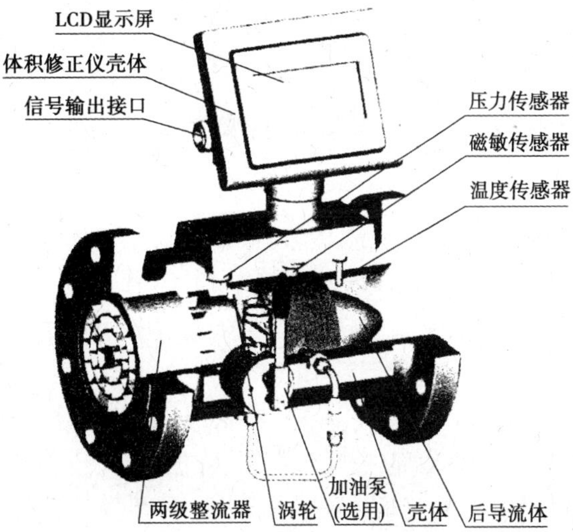

图4.12 涡轮流量计结构图

涡轮流量计结构图如图4.12所示,工作原理如图4.13所示:当气流进入流量计时,首先经过特殊结构的前导流体并加速,在流体的作用下,由于涡轮叶片与流体流向呈一定的角度,气流对涡轮产生转动力矩,在涡轮克服阻力矩和摩擦力矩后开始转动,当各种力矩达到平衡时,涡轮的转速处于稳定状态。涡轮的转动角速度与流量呈线性关系。信号检测单元利用电磁感应原理,通过旋转的涡轮叶片顶

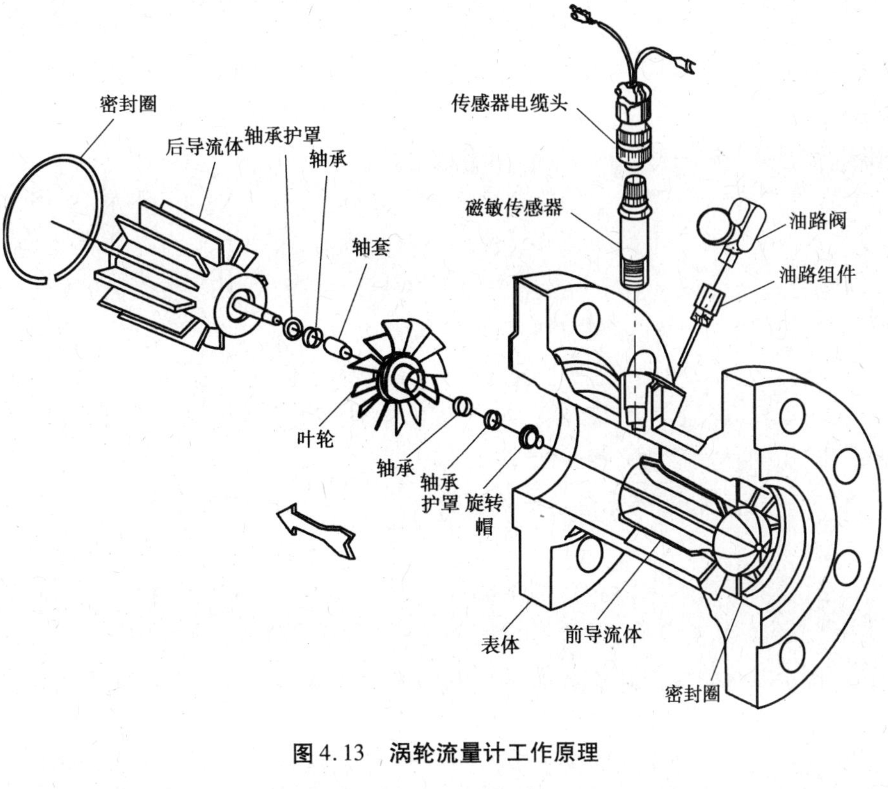

图4.13 涡轮流量计工作原理

端导磁体周期性的改变磁阻，使磁场发生相应的变化，从而在线圈两端感应出脉冲信号，该信号经前置放大器放大、整形后，与压力、温度传感器的信号同时输入流量积算仪进行处理，直接显示体积流量和累计流量。流量计算公式为：

$$Q_v = \frac{f}{K} \tag{4.4}$$

式中　Q_v——工况体积流量，m^3/s；

f——涡轮转动的频率，Hz；

K——流量计仪表系数，脉冲数，如 $1/m^3$ 等。

(3) 涡街流量计

涡街流量计是基于卡门涡街原理制成的一种流体振荡性速度流量计。它具有量程比宽、无可移动部件、运行可靠、维护简单、压损小等优点，可用于液体、蒸汽和气体的流量测量。

①涡街流量计的工作原理：在流体中插入一个与流动方向垂直的柱状阻挡体（可以是圆柱或三角柱体），当流速达到一定值时，流体不再沿柱状表面附着流量，而是从柱状体分离开来，使速度局部增加，压力局部降低，部分流体返回旋转形成旋涡，在柱状体的下游就会交替产生两列内旋的旋涡列，即卡门涡街（图 4.14）。

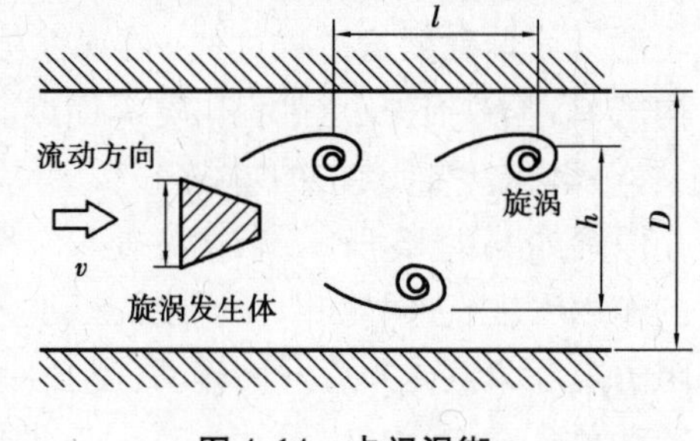

图 4.14　卡门涡街

②旋涡检测器：旋涡检测器用于检测卡门涡街的频率，目前主要采用压电式和差动电容式两类。

压电式：由于旋涡发生体的两侧交替产生旋涡，在发生体两侧就产生压力脉动，使用检测体感受交变应力，其内的压电晶体在交变应力作用下产生与旋涡频率相同的信号。其特点是成本低、信号强、响应速度快，但抗振动性差。

差动电容式：安装在流量计中的电容检测元件类似于一个悬臂梁，外壳是一个圆形振动管，管内安装了两个圆弧形电极，每个电极与振动管形成一个电容。当在外壳发生变形时就构成了差动电容。当旋涡产生时，在旋涡发生体两侧产生微小的压差，使振动管绕支点产生微小的形变，从而导致一个电容间隙减小，电容量增大，另一个电容变化相反，使用差分电路就可检测出电容差量。如果管路产生振动或扰动，振动产生的惯性力同时作用于振动体与电容电极上，产生同方向的形变量，不产生差分电容，从而大大地提高了抗干扰能力。

③涡街流量计的结构组成（图 4.15）：

壳体：它是一段直管，按与管道的连接形式可将流量计分为法兰连接式、法兰卡装式、插入式三种。

旋涡发生体：用于产生卡门涡街的阻流件，分单旋涡发生体和多旋涡发生体；截面形状有圆形、方形、三角形和 T 字形，但常用的是三角柱形旋涡发生体（图 4.16）。

转换器：用于将检测元件转换出的微弱电信号进行放大、滤波、整形处理得到与流量成正比的脉冲信号，并将信号传给室内的流量积算仪。

体积修正：体积修正是将工况流量转换为标准参比条件下流量值，即标况值。此项工作是由流量积算仪负责完成。关于积算仪后面将会详细介绍。

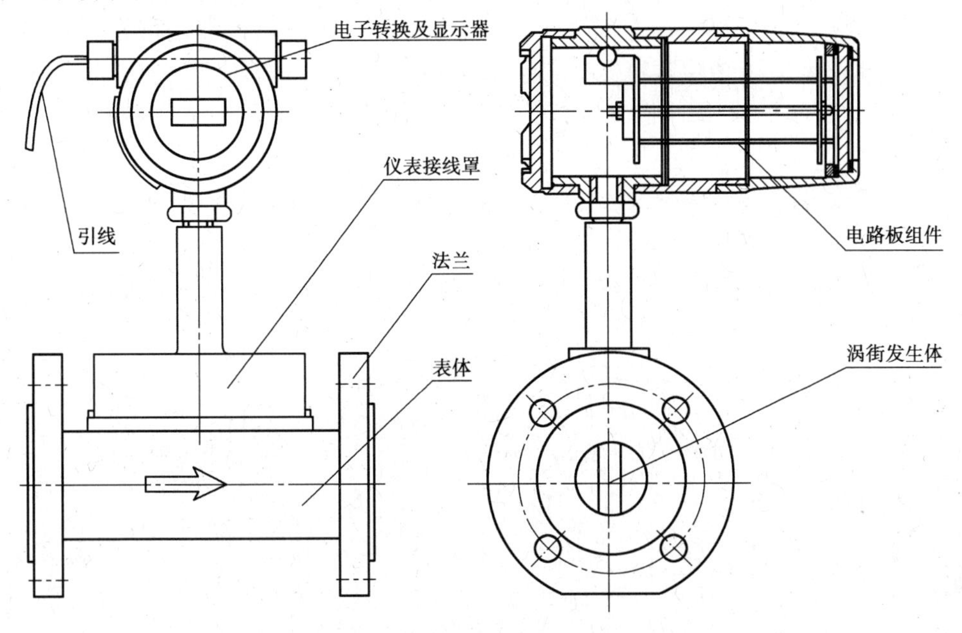

图 4.15　涡街流量计结构

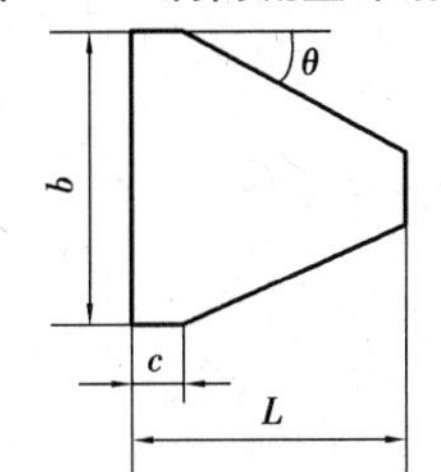

其尺寸为：$b=(0.2\sim0.3)D$；$c=(0.1\sim0.2)b$；$L=(1\sim1.5)b$；$\theta=15^\circ\sim65^\circ$

图 4.16　三角柱旋涡发声体

(4) 旋进旋涡流量计

旋进旋涡流量计是一种速度式的新型气体流量计，也是一种简易的自动计量组合仪表。它已从简单的旋涡频率测量发展到了智能流量测量，具有体积小、部件少、计算方便、功耗低、量程范围宽等优点，常用于油气计量和城市燃气计量。

①流量计的工作原理：旋进旋涡流量计的工作部件是一个旋涡发生器，当沿着轴向流动的流体进入流量传感器入口时，螺旋形叶片强迫流体进行旋转运动，于是在旋涡发生体中心产生旋涡流。该旋涡流在文丘利管中旋进，当到达收缩管段突然节流使旋涡流加速，旋涡流进入扩散管段后，因回流作用强迫进行旋进式二次旋转。此时旋涡流的旋转频率与介质流速成正比，并为线性。两个压电传感器检测的微弱电荷信号同时经前置放大器进行信号放大、滤波、整形后变成两路频率与流速成正比的脉冲信号，积算仪中的处理电路对两路脉冲信号进行相位比较和判别，剔除干扰信号，而对正常的流量信号进行计数，经过流量积算仪的运算处理后，采用液晶显示屏显示计算结果。

②流量计分类：

普通型：只包括流量传感器，普通型显示的工况流量不能作为标况流量结算。

智能型：增加了压力传感器和温度传感器，采用硅压阻式压力传感器测量壳体内的气体压力，采用热电阻(PT100)测量温度，从而实现流量体积的压力、温度自动补偿，显示出的流量为标况流量。

双探头智能型：采用双压电晶体传感技术和电路处理技术，有效的抑制压力波动和管道振动对流量计的测量结果的影响，提高了系统的稳定性和准确性。

③旋进旋涡流量计结构组成(图4.17)：旋进旋涡流量传感器由以下部分组成。

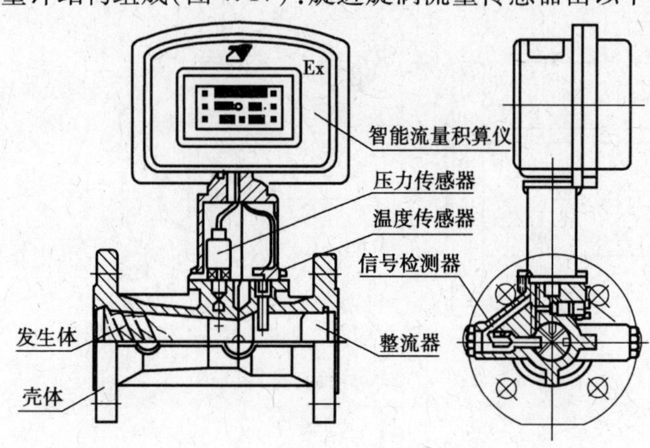

图4.17 流量计原理结构图

旋涡发生体：一个螺旋叶片(圆锥角为9°)，安装在流量计的入口处，用于产生旋涡流，当旋涡体磨损后可以更换，检定后继续使用。

壳体：一个类似文丘利管的通道，入口管径为 D，前为渐缩管(锥角为9°)，经过一段直径为 $0.7D$ 的喉部进入渐扩管段(扩张角为60°)，出口为一段可以安装整流器的直管段。

旋涡信号检测器：安装在靠近扩张段的喉部，使用电压、应变、电容或热敏检测元件检测出旋涡进动的脉冲信号。

整流器：用直叶片做成的辐射状的整流器，安装在流量计的出口，用于消除旋涡流，减少对下游仪表测量的干扰和影响。

压力传感器：用于测量流体的工作压力。

温度传感器：用于测量通过流量计的流体温度。

智能流量积算仪：用于脉冲信号的处理和流量计算，包括外壳、温度接口、压力接口、显示接口和输出接口等。

(5)罗茨流量计

罗茨流量计属于容积式计量仪表，容积式流量计是用机械测量元件把流体连续不断地分割成单个已知的固定体积部分，根据固定体积和进排次数来测量流体体积的总量。准确度为0.5%左右，其流量计算公式为：

$$V = N\nu \tag{4.5}$$

式中 V——累积流量，m^3；

N——吸入排出次数;

v——固定小体积,m^3。

罗茨流量计又称腰轮流量计,其主要特点是测量准确度不受流体流动状态的影响,流量计不需要直管段,对气质条件要求较高,在最大流量下压力损失小,振动和噪声小,维护方便,运行可靠,测量准确度高,可作为标准流量计使用。图4.18为气体罗茨流量计的外形图。

图4.18 B3系列德莱赛 天信气体罗茨流量计

罗茨流量计由计量室、驱动齿轮、腰转子、转子轴、减速齿轮和积算机构等组成。它的工作原理如图4.19所示:当气流进入流量计时,经过一对共轭转子形成的计量室后由出口流出,共轭转子在动能作用下,使转子受力不平衡,发生转动,将气体排出。排出的容积与转子和流量计腔体的容积相关,这样可以通过测量转子的转数来测量流量。转子带动减速齿轮积算机构就地显示流量,也可通过信号采集器进行远距离传送。

图4.19从左到右分别为位置1、位置2、位置3、位置4。

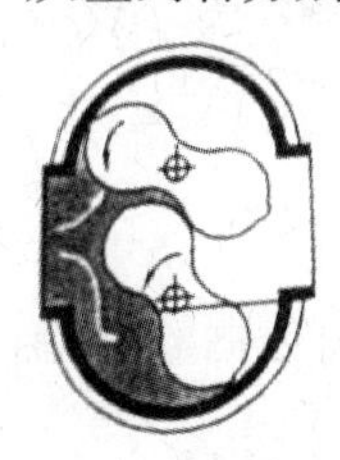
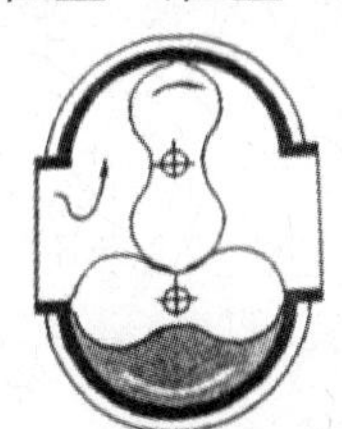
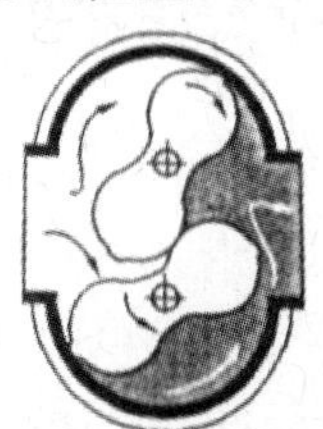
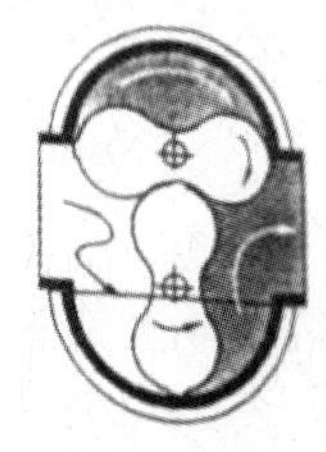

图4.19 罗茨流量计工作原理

位置1:当下转子以反时针方向转到水平位置时,气体进入壳体和转子的空间;

位置2:下转子在水平位置,底部室内存有一个固定体积的气体;

位置3:当上下转子继续旋转时,底部计量室内气体被排出;

位置4:与上述过程同时,上转子以顺时针旋转至水平位置,仪表上部计量室存有与底部计量室相同体积的气体。每对转子旋转一周,排出等体积气体4次。

罗茨流量计的特性:罗茨流量计正常运行寿命长达15年。转子经精密加工和平衡、高强度表面处理、无磨损转动、无接触密封、自洁功能以及对轴承良好润滑,确保流量计长寿命工作;量程比宽可达23:1~124:1;准确度高,坚固而不变的计量室,确保永久的非调整的高精度,而且精度不受介质压力和流量变化的影响,准确度为1级;始动流量和停止流量极低($0.02 \sim 0.03\ m^3/h$);压力损失小,通常小于0.3 kPa;使用中要注意卡表问题,当仪表腰轮被杂质卡住时,将引起供气的中断。

(6)膜式流量计

膜式流量计俗称皮膜表,是作为民用的一种小型流量计。膜式流量计由上壳、下壳、皮膜、皮膜盒、气门座、气门盖、计数机构和管线接头等组成。其工作原理(图 4.20)为:共有两对皮膜盒,每一个皮膜盒中安装了一个皮膜,两个皮膜将皮膜盒分成 4 个计量室,通过气门切换将使 4 个计量室周期性充气和排气进行气体流量分割,天然气从表的入口进入流量计的壳腔内,充满整个表内空间,经过开放的阀座孔进入计量室依靠薄膜两面的气体压力差推动计量室的薄膜运动,使另一计量室的气体通过气门盖从出口流出。当薄膜运行到端点时,依靠传动机构的惯性作用使气门盖作相反方向的运动,薄膜往返运动一次,完成一个回转。气门带动传动机构使计数器将流量显示在刻度盘上,再由人工定期进行读数,膜式流量计的累计流量就是一回转的流量与回转数的乘积。

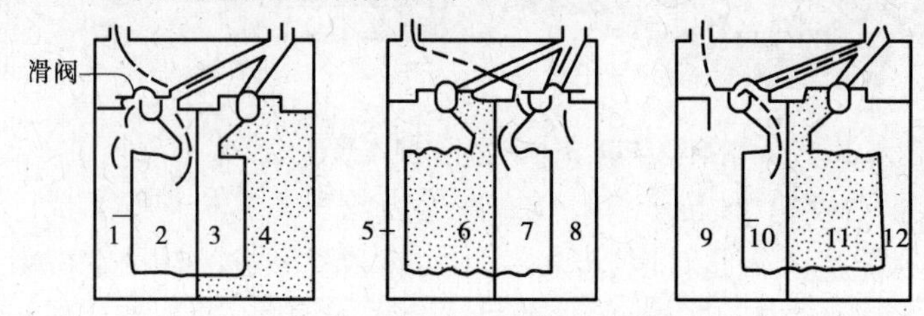

图 4.20　膜式气体流量计工作原理

1—室排气;2—室充气;3—室排气结束;4—室充气结束;5—室排气结束;6—室充气结束;7—室充气;8—室排气;9—室充气;10—室排气;11—室充气结束;12—室排气结束;13—室充气结束;14—室排气结束;15—室排气;16—室充气

(7)IC 卡燃气表

①IC 卡预付费计量仪表简介:

IC 卡又称集成电路卡或智能卡,它是将集成电路芯片镶嵌于塑料基片中,封装成卡的形式。IC 卡的核心技术是卡用芯片技术。IC 卡具有存储数据和输出数据的能力并且体积小、信息存储量大、安全性高、功耗低、使用方便。

根据 IC 卡中所镶嵌的集成电路不同,可将 IC 卡分成 4 类:

- 存储器卡:卡中的集成电路为 EEPROM(可用电擦除的可编程只读存储器);
- 逻辑加密卡:卡中的集成电路具有加密逻辑和 EEPROM;
- CPU 卡:卡中的集成电路包括 CPU、EEPROM、随机存储器 RAM 以及固化的只读存储器 ROM 中的片内操作系统 COS;
- 射频卡:在 CPU 卡的基础上增加了射频收发电路。非接触式读写,大量用于交通行业。

IC 卡预付费计量仪表如水表、电表、燃气表等是近几十年发展起来的新型预付费计量仪表,其设计原理基本相同,只是不同用途的仪表其传感器以及阀门、开关有所区别。IC 卡预付费计量仪表主要由以下几部分组成:

- 基表:燃气行业常用的膜式流量计、热能、水量、电能等原始计量仪表;
- 控制阀:通过信号控制阀门的关闭与开启;
- 控制器:包括 CPU、读写卡接口、显示、计数等辅助部件,是 IC 卡预付费计量仪表的核心设备，具有控制、显示、报警等功能；

- IC卡卡片：记录购买量，传递数据信息。

销售管理系统：包括计算机、打印机、读写卡器、系统软件、应用软件等，完整的售气管理系统，可以实现缴费、售气管理、数据查询和用户管理等。

通过IC卡实现信息传递，控制器通过对基表的流量信号检测来控制阀门的动作，以达到用户预付费使用的目的。建立起用户的IC卡预付费计量仪表与管理公司的联系，实现预付费管理，典型IC卡计量仪表工作原理如图4.21所示。

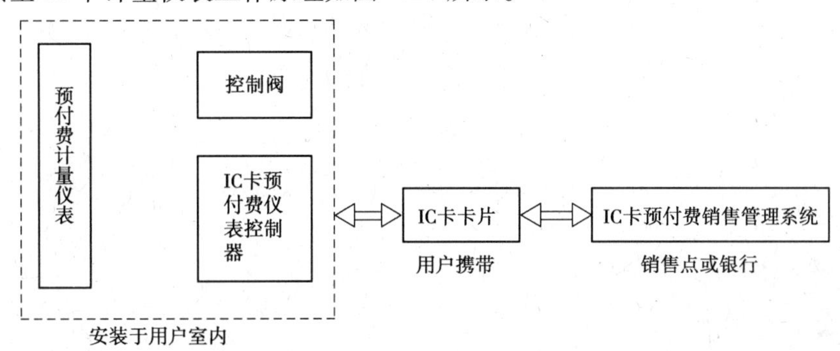

图4.21　IC卡计量仪表系统工作原理

IC卡技术的推广应用解决了供需双方的诸多问题。对燃气企业来说，一方面解决了入户抄表难的问题，另一方面是解决了催费收费难的问题，还解决了企业和用户间与计费相关的一些纠纷；对用户来讲，既消除了抄表人员的打扰和时间预约问题，还消除了地方性收费方式的约束限制，使得用气更为自由。目前，如何解决好燃气调价和阶梯气价等问题，将使IC卡技术得到更加完善的应用。

②IC卡燃气表的工作原理和结构(图4.22)：

IC卡燃气表由计量传感器电路、微功耗单片机、微功耗阀门、电压测试电路、防窃气电路、流量监测等部分组成，具有精确计数、功能卡传输媒介、阀门自动处理功能，并具有非法操作处理、掉电处理、欠压处理、数据显示与声音提示等功能。

图4.22　IC卡燃气表

IC卡燃气表是在膜式燃气表的基础上加上控制部分、阀门、信号获取装置、电源、显示装置等部件，通过卡座与IC卡交互而得到相应的控制信息，在控制信息的基础上，微处理器做相应的处理。当一个计量单位(通常是0.01 m^3 或0.1 m^3)的燃气经过后，磁敏元件就发出一个脉冲信号给主控制电路用以计数。IC卡燃气表通过主控制电路对燃气表进气阀门进行开关控制，从而达到控制用户用气的目的。如果燃气表内剩余量为零时，主控制电路就关闭阀门，燃气就不能通过，这时需要用户到燃气管理部门进行购气，燃气部门通过销售系统软件对IC卡进行操作，将一定气量信息写入卡内，用户再将卡插入IC卡燃气表内，燃气表卡内信息读入表内存储器中，主控电路就会打开阀门，燃气就可以通过，IC卡燃气表的信息(如气存量、开关闭状态、电池状态等)可通过液晶显示，用户可以通过液晶屏信息提示了解燃气表状态。

(8)超声波流量计

气体超声波流量计是目前在天然气计量中最有应用前景的速度式流量计,由于在气体流量测量中有许多独到的特点,加上气体流态对其测量结果影响较小,在天然气大流量贸易计量中必将得到广泛的应用。

超声流量计的工作原理为:气体超声流量计是安装在流动气体管道上,并采用超声原理测量气体流量的流量计。它既能产生超声信号,在受到流动气体影响后还可接收超声信号,且所检测到的结果能用于气体流量测量。与其他流量计相比,具有测量范围宽、准确度高、测量管径大、重复性好、能双向计量、适用于脉动流计量、无压力损失、安装使用费用低等特点。

知识窗

1.超声波

声波是指振动在弹性介质中(固体、液体或空气)的传播过程,其传播遵循波的反射和折射定律,并在一定条件下发生波的干涉和衍射现象。

$$C = \frac{\lambda}{T} = \lambda f \tag{4.6}$$

式中 T——周期:声波每往复一次的时间间隔,s;

f——频率:每秒钟振动的次数,Hz;

λ——波长:两个振动位相相同点之间的最小距离,m;

C——声速:声波在介质中的传播速度,m/s。

如果介质中的质点振动方向与波的传播方向相平行,称为纵波;如果介质中的质点振动方向与波的传播方向相垂直,称为横波。声音在气体中是按纵波的形式传播,声速一般不随频率而变化。

2.声谱

声波按频率高低分为次声、可听声、超声和特超声,其范围如图4.23所示。

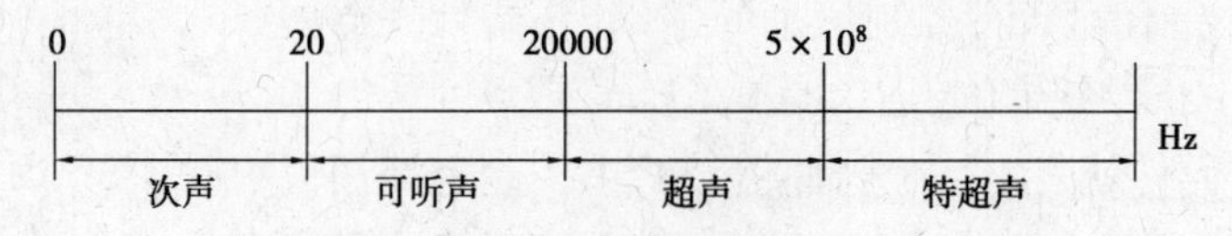

图4.23 声谱简图

次声:低于人们听觉范围的声波。由于次声的波长很长,大气对其的吸收很小,次声可以把自然信息(如火山爆发,地震等)传播到几千公里外,可用于气象探测、地震预报等。

可听声:人耳可以听见的声波。

超声：声波频率超过人耳听觉范围的频率极限，人们无法感到声波的存在。它可用于测量、加工、清洗、探伤和生物工程等方面。

特超声：是指高于超声频率上限的超高频波，可用于探索物质的微观结构。

3. 超声波的传播特性

由于超声波的波长短，超声波射线和光线一样，能够被反射、折射、聚焦，且遵守几何光学上的定律，即超声波射线从一个物质表面反射时，入射角等于反射角，当射线透过一种物质进入另一种密度不同的物质时就会产生折射，两种物质的密度差别越大，则产生的折射也越大。其特性参数有：

声压：在有声波传播的介质中，某点在某瞬间所具有的压强与没有声波存在时该点的静压强之差称为声压。声波振动引起附加压力现象叫声压作用。

声强：在垂直于声波传播方向上，在单位时间内单位面积上所通过的声能量称为声强。

声特性阻抗：表示声波在介质中传播时受到的阻滞作用。在同一声压下，特性阻抗越小，质点振动的速度越大。

声衰减：在声波的传播过程中，随着传播距离的增大、杂质散射以及介质对声波的吸收等造成单位面积上的声压随距离的增大而减弱，这种现象称为声衰减。

4. 超声波的应用

超声波的应用有无损探伤检测、超声清洗、医学上的超声诊断、超声加工和超声测量等。超声波流量计就是超声测量的一个应用实例，是利用超声波的一些特性对流体速度进行测量。为什么要使用超声波来进行流量测量呢？这是因为超声波能定向发射、可聚焦、有很强的穿透能力，在介质中传播能反射和折射，并能避开管道的干扰频率(60 Hz)。

知识拓展

1. 超声测速方法

超声波流量计可按传播时间差法、多普勒效应法、波束偏移法和噪声法等原理进行工作，气体超声波流量计大都基于传播时间差法进行工作。

传播时间差法：在流动气体中的相同行程内，用顺流和逆流传播的两个超声信号的传播时间差来确定沿声道的气体平均流速所进行的气体流量测量方法。两种超声脉冲传播的时间差越大流量也越大。如图 4.24 所示，测量管道内径为 D，在 A，B 两点安装了两个超声换能器，换能器是把声能转化成电信号和反过来把电信号转换成声能的元件。

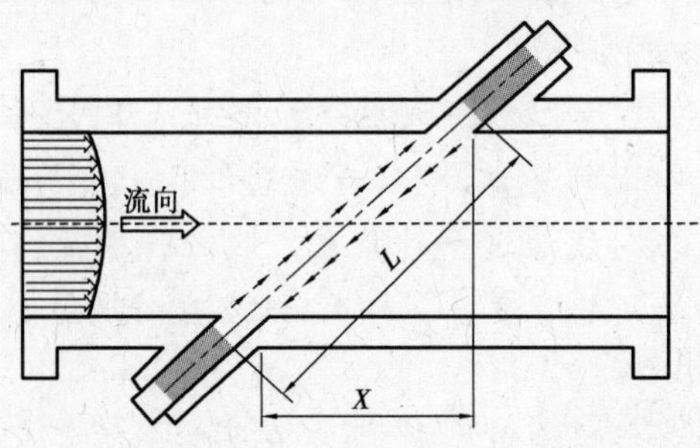

图 4.24　气体超声流量计简化几何关系图

两个超声换能器之间的超生信号，在发射和接收的实际路径称为声道，在几毫米内两个探头轮流发射和接收声脉冲。其中，两个换能器端面之间的直线长度称为声道长度(L)，声道长度在管线轴线的平行线上的投影长度称为声道距离(X)，声道与管线轴线的夹角称为倾斜角(φ)(典型的倾斜角为60°)。

平均速度的求法：测量管道中的流量首先需要知道流体的平均速度，其定义为体积流量与测量横截面面积之比称为气体轴向平均流速。先考虑气体沿声道的平均流速即在声道和流动方向所决定的平面内的气体流速。超声脉冲穿过管道如同渡船渡过河流，如果管道气体没有流动，声波将以同样速度向两个方向传播；当管道中的气体流速不为零时，沿气流方向顺流传播的脉冲将加快速度，而逆流传播的脉冲将减慢速度。因此，相对于没有气流的情况，顺流传播的时间 t_d 将缩短，逆流传播的时间 t_u 将增长。这两个传播时间由电子电路进行准确测量。根据这两个传播时间，可以计算得到流速。

$$t_C = \frac{L}{C + V\cos\varphi} \tag{4.7}$$

$$t_u = \frac{L}{C - V\cos\varphi} \tag{4.8}$$

式中　C——声速，m/s；

V——气体的平均流速，m/s；

t_d——顺流传播的时间，s；

t_u——逆流传播的时间，s；

φ——声道与管中心轴的夹角；

L——声道长度，m；

X——声道距离，m。

$$V = \frac{L}{2\cos\varphi}\left(\frac{1}{t_d} - \frac{1}{t_u}\right) = \frac{L^2}{2X}\left(\frac{1}{t_d} - \frac{1}{t_u}\right) \tag{4.9}$$

从式(4.9)中可以看出，气体流速的测量与介质声速无关，也就是说与气体的性质如气体压力、温度和气体组分无关，有式(4.9)和式(4.8)联立求解还可求得声速：

$$C = \frac{L}{2}\frac{(t_u + t_d)}{t_d t_u} \tag{4.10}$$

由式(4.10)看出，通过气体超声流量计实际测试的声速与理论计算的声速进行比较，可以判断流量计是否工作正常。

2. 速度分布不均匀时的校正

传播时间差法所计算的流速是声道上的线平均流速，如果管道在整个截面内的气体流速都相同，那么计算流量就简单容易了，但实际情况并非如此。流体的流速分布形态直接影响超声波束穿过流体的时间差，而流量测量需要流量计处的流体平均速度。从线速度到体速度的换算方法有两种选择：一种是切实掌握流速的实际分布形态；另一种是选用多路通道使流速分布形态不影响流量计量，即多声道超声波流量计。

采用多通道超声波是将流体通过的截面积分成几个区域，在某一时刻代表该区域的声道所测得的速度可能不一样，根据每个声道位置的权重等因素，确定流速分布校正系数，从而计算出通过截面的平均流速，从而提高了计量精度。

3. 流量方程式

工况流量：当求出流体在管道中的体速度，就可计算出工况流量，它是轴向平均流速(V)与流通面积(A)的乘积：

$$q_f = VA \tag{4.11}$$

标况流量：气体超声流量计测出的工作条件下的气体体积流量需要换算，在标准参比条件下的流量可以用式(4.12)进行计算：

$$q_n = q_f \frac{P_f}{P_n}\frac{T_n}{T_f}\frac{Z_n}{Z_f} \tag{4.12}$$

式中 q_n——标准参比条件下的瞬时流量，Nm^3/s；

q_f——工作条件下的瞬时流量，m^3/s；

P_n——标准参比条件下的绝对压力，MPa；

P_f——工作条件下的绝对压力，MPa；

T_n——标准参比条件下的热力学温度，K；

T_f——工作条件下的热力学温度，K；

Z_n——标准参比条件下的压缩因子；

Z_f——工作条件下的压缩因子。

累计流量：标准参比条件下的累计流量按式(4.13)计算。

$$Q_n = \int_0^t q_n \, dt \tag{4.13}$$

式中 Q_n——累计流量,m^3;

t——时间周期,h(或日)。

超声波流量计的基本组成:气体超声流量计一般由流量计表体、超声传感器、信号检测单元、流量计算机等组成,其功能如图 4.25 所示。流量计表体实际就是两端带法兰的直管段。它是承压部件,要求有一定的抗腐蚀能力,其内径与上下游带法兰的管段内径相同,相差不能超过 ±1%。信号检测单元接受超声换能器信号,具有处理、显示、输出和记录测量结果的能力,它由电源、微处理器、信号处理组件和超声换能器激振电路等组成。流量计算机用于流量计的控制、显示和存储,具有对信号处理单元进行就地遥控组态和监控流量计运行的能力,其上位机(工控机或 SCADA 系统)用于显示累计流量、平均流速、平均声速、历史曲线,以及检测和控制支路阀门、超压报警或完成站场其他管理和控制的任务。

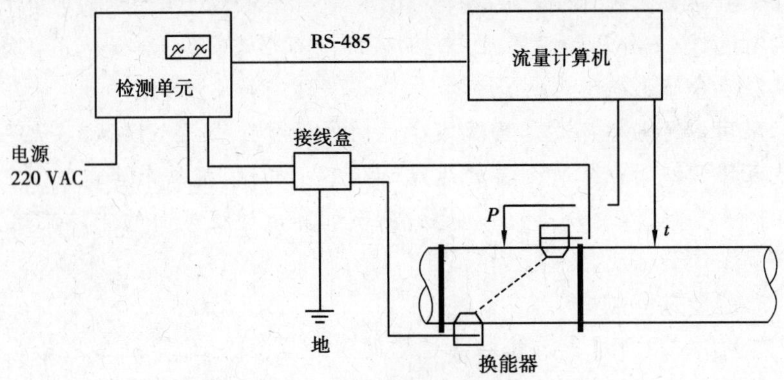

图 4.25 气体超声流量计组成

气体超声流量计通常分为普通型和高级型两类:

• 普通型气体超声波流量计的测量通道与管道轴线成一定角度,两个通道互成直角,分别与垂线成 45°角,每条通道有两个换能器,交替作为超声信号的发送器和接收器。通过仪表壳体反射超声信号,从而简化了仪表构造并减少了管道残渣干扰的影响,得到了较长的通道长度,减少了仪表尺寸,并可减轻大的旋涡流对测量结果的影响。

• 高级型气体超声波流量计采用多声道的方法,通过分别测量在 4 个平行的测量通道上的超声在气体中的传播时间差,来准确确定气体的平均流速。4 个通道均与管道成 45°角分布,并且使换能器成 X 形分布,有利于旋涡流的流量测量。某一通道出现故障,其他三个通道仍能准确测量流量,并进行报警。运用数字化技术和自动增益控制电路来提高信号的保真度和流量计的准确度。

高级型与普通型的性能比较见表 4.1。

表4.1 高级型与普通型性能比较表

类 型	高级型	普通型
通道形式	4个平行通道	2个反射式通道
基本部件	1个表体8个换能器	1个表体2个或4个换能器
电子处理装置	Mark Ⅲ电子模块	Mark Ⅲ电子模块
准确度等级	优于0.5%,并可免实流标定	1%

(9)流量积算仪

流量积算仪(体积修正仪)由温度和压力检测模拟通道、流量检测数字通道以及微处理单元、液晶驱动单元和其他辅助电路组成,并配有输出信号接口,从各传感器送来的多路信号经转换处理后由微处理器按照式(4.14)运算,以实现就地显示和多种信号远传。

$$q_{vn} = \frac{f}{K} \cdot \frac{P}{P_n} \cdot \frac{T}{T_n} \cdot \frac{Z_n}{Z} \tag{4.14}$$

式中 q_{vn}——标况流量,m^3/s;

P——工作压力(绝压),MPa;

P_n——标准参比条件压力,MPa;

T_n——标准参比条件温度,K;

T——工作温度,K;

Z_n——标准参比条件下的压缩因子;

Z——工作状态下的压缩因子。

流量积算仪通常有4种信号输出:

- 工况脉冲信号:直接将流量传感器检测的工况脉冲信号放大输出,传输距离小于或等于50 m,由外电源供电工作。
- 标况流量脉冲输出:以脉冲信号串方式输出,常态为低电平,传输距离小于20 m。每个脉冲所代表的权重在积算仪上可进行设置。
- RS-485接口信号:直接与上位机相连,可远传被测介质的温度、压力、瞬时流量、标准体积总量、仪表有关参数、故障代码、运行状态等。

(10)流量计算机

流量计算机是指计算、指示和存储标准参比条件下的流量参数的装置,它是孔板流量计、涡轮流量计、超声波流量计等计量系统的数据采集和输出流量结果的重要设备。

流量计算机具有以下特点:可计算如体积流量、质量流量和能量流量;计算可遵循国际标准如AGA3(API12530),ISO5167,AGA5,AGA8等;可配不同测量原理的流量计;计算精度高,此外可接收色谱分析仪的实时组分参数,从而计算出实时的工况压缩因子,进一步提高了计算精度;一台流量计算机可管理多台流量计;参数完整,实时性好;存储量大;安全性好;留有电脑接口,配置方便,截取数据方便。

4.3.7 天然气加臭剂含量检测

民用天然气,应使用户有判断天然气泄漏的手段,往往将无臭味或臭味不足的天然气加臭。加臭剂的选择应考虑无毒、气味浓烈、易挥发、可燃烧,对管道无腐蚀和燃烧后不产生有害气体等因素。加臭剂可采用四氰噻吩、硫醇、硫醚或其他含硫化合物的配制品,加入的最小量应符合当天然气泄漏到空气中,达到爆炸下限的20%的浓度时,正常人的嗅觉能正确加以辨别的量。

通常采用注塞泵进行加臭。加臭控制系统根据总过站标况瞬时流量和加臭量标准,控制注塞泵的工作频率,实现实时加臭控制,使天然气中的臭剂含量相对均匀。

有条件时应在管网末端或用户端定期进行天然气臭剂含量检测,以便对加臭量进行调整。理想情况应采用工业在线臭剂含量分析仪,并将所测得的臭剂含量值及时传送给加臭装置,实现加臭过程的闭环控制。

4.3.8 气质分析

1)天然气组分的分析

由于天然气计量需将工况值转换为标况值,而天然气计量体积修正中的一个重要参数压缩因子与天然气中各组分含量和性质有关,需要使用工业在线气相色谱分析仪表进行组分分析,从而监测供气质量,检测热值的变化,为计算压缩因子提供准确的组分参数。

工业气相色谱分析仪用于研究物质结构、测量物质的组成或特性的仪表,一般分为实验室分析仪、在线分析仪和便携式分析仪,可以定量测量天然气的组分含量,从而计算出天然气计量所需的压缩因子、密度、黏度、露点和沸点等参量。与压力、温度和流量测量仪表不同的是,工业分析仪表具有以下特殊性:

- 设置采样系统:用于抑制压力、温度及含尘量对测量产生的影响,使进入仪表的样品气条件一致,不含有妨碍被测组分的气体和腐蚀性的杂质。
- 选择性问题:当被测样品气中含有多种成分时,就需要依据被测物质中特定组分的物理化学性质有选择地检测出被测成分。
- 温度、压力影响:许多分析仪要求被测样品的温度、压力维持恒定,传感器采用恒温或进行温度补偿,从而减少温度或压力对测量结果的附加不确定度。
- 标准物质校准:一般电气仪表采用标准仪表进行校准,而分析仪表是采用标准物质进行校准。

2)气相色谱的原理

测定天然气组成的常用方法是气相色谱法。天然气是多种组分的混合物,如果需要对各个组分进行定性和定量分析,就必须首先将组分进行分离。例如,过滤就是使液体通过滤纸将固体物质留在滤纸上,离心分离是利用物质的密度不同来分离液体中的杂质,而对于气体则需要根据气体的特性来进行组分分离。

气相色谱是利用物质的沸点、极性和吸附性质的差异来实现混合物的分离,它是一种高效分离技术,首先利用载气将各组分引入色谱柱依次分别从混合物中分离出来,然后进入检测器,根据响应时间进行定性,根据响应值大小进行定量。气相色谱仪的原理如图4.26所示,主要由气路系统、采样系统、分离系统、检测系统和记录系统等组成。

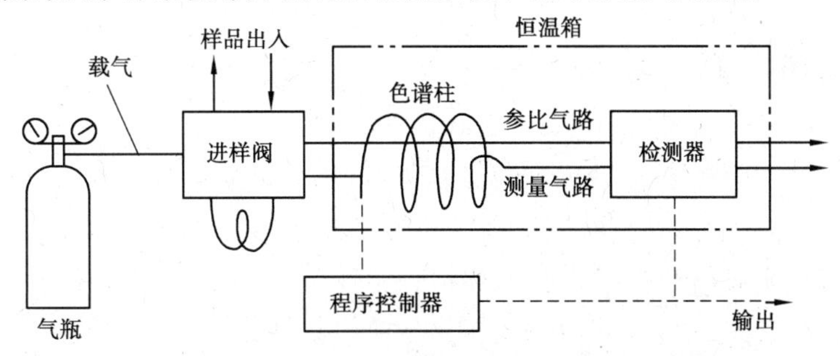

图4.26 气相色谱原理图

气路系统将被测样气从进气阀采入,随载气一起进入色谱柱,色谱柱内充填一些很大表面积的固定相(如分子筛),利用固定相对不同的物质有不同的吸附能力的特性来分离混合物。携带天然气与样品的载气作为通过或沿着固定相作相对移动的流动相,流动相在移动的过程中,各组分在两相中的分配比例不同,使得流动速度不同,经过多次反复的分配,使混合物的不同组分进入检测器的时间不一样,检测器根据各组分到达的先后次序测量各组分的浓度信号。

采样系统由对气体组分呈惰性的材料组成,一般为不锈钢。载气作为流动相,对其纯度要求较高,一般采用纯度为99.99%的氦气或氢气作为载气。

检测系统采用TCD即热导检测器,它是根据混合气体中待测组分含量的变化引起导热系数变化的特性而采用热敏电阻来感测电阻值的变化,从而测出待测组分的含量(图4.27)。

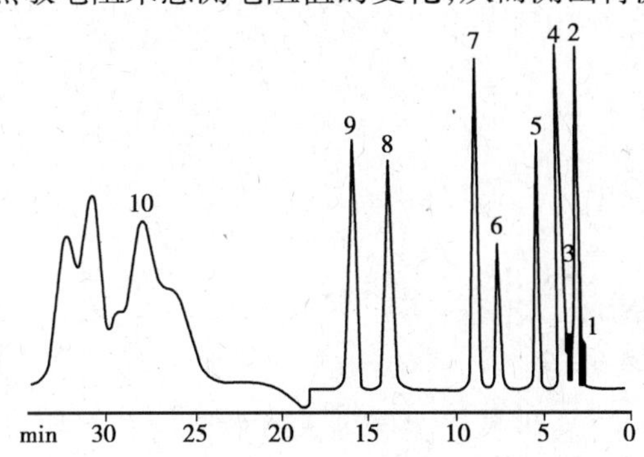

图4.27 天然气的典型色谱图

1—空气;2—甲烷;3—二氧化碳;4—乙烷;5—丙烷;6—异丁烷;

7—正丁烷;8—异戊烷;9—正戊烷;10—己烷及更重组分

记录系统用于检测并记录组分的响应值,一般为记录器、电子积分仪或微型计算机。

4.3.9 硫化氢分析仪和微量水分析仪

硫化氢分析仪:硫化氢分析仪用于分析天然气中硫化氢的含量。限制硫化氢含量主要有两个作用，一是减少对人体的危害，二是控制对管道、仪器、仪表和燃气设备的腐蚀。

微量水分析仪：用以分析天然气中的含水量。由于天然气是从地下开采出来的，往往含有一定的水蒸气，天然气的含水量与天然气的压力、温度和组分等条件有关，含水量可以用湿度和露点温度来表示。

4.3.10 开关量参数的检测

①阀门状态检测：这里所指的阀门为截止阀，截止阀（无论手动截止阀还是电动截止阀）只有两个状态，"开"状态和"关"状态。用于检测的设备叫阀位开关。电动截止阀的阀位开关集成在电动执行器内。燃气系统所用的阀位开关属隔爆型，阀位开关内安装有两个干触点开关，阀门操作时在阀门开关行程的两端将分别触发对应干触点，并使开关闭合，从而发出状态信号。

②安全切断阀：安全切断阀具有超压切断的功能，当压力达到启动压力时，释放机构使阀口关闭，同时触发一个干触点开关，将安全阀启动信号发出，触点开关闭合时的状态对应安全阀启动状态。

③门禁：常采用接近式感应开关，由于发出的信号不是一个开关信号，通常采用一个具有安全栅功能的整形器，将信号整形为开关量信号后发送至远传装置。

④液位：井下液位的检测采用的是液位信号器。信号器由一个金属浮球和穿过浮球的金属杆组成，浮球可沿金属杆上下自由移动，工作时浮球浮在水面上。在杆内的适当位置上安装一个干簧管，浮球内安装有一个磁体，当浮球随水面移动，磁体和干簧管重合时，干簧管内的开关受磁力作用闭合，从而发出水位报警信号。

⑤失电报警：失电报警是由一个220 VAC继电器的常闭触点发出，即失电情况下该触点闭合。这一信号将发送至远传装置，并向上位系统传送。

4.4 现场仪器仪表安装、测试、校准及标定

仪器仪表的安装是否正确，将直接关系到未来的使用和产品寿命。除了需要遵从厂家特定仪表安装要求外，安装过程还应严格按照国家标准进行。燃气行业的仪表安装更有着其特殊性，时时处处都要有防爆意识，每一个环节都要遵循防爆安装标准（只能高于这一标准，但决不能低于这个标准）。寒冷地区的仪表安装还应考虑仪表的保温，以保证仪表的正常运行，降低仪表的损坏风险。

仪器仪表的测试、校准和标定（调校）要定期进行。国家规定强制检定的仪器仪表，要按照国家的检定规程进行；对于那些非强制检定的设备要定期进行校准工作。

4.5 SCADA 系统综合调试

任何一个监控系统的建设过程都包含用户需求的征集、系统设计、系统集成、系统调试、系统测试、试运行和系统验收。系统综合调试是系统建设过程中的一个重要环节，就是要使所建系统符合用户的使用功能要求，调试的过程通常要考虑系统的各种使用状态和极端使用情况，特别要测试在极限状态下系统的安全稳定运行状况。

在监控系统组装工作完成后，对设备进行出厂前全面的测试和检验，以验证软、硬件是否合乎要求。终端站的调试前及调试过程中，应注意以下事项：

①调试场地是否整洁。

②调试现场供电是否保证，严禁现场配电走线混乱的情况，紧急情况下应能够迅速切断调试总电源。

③以下调试工具、设备是否准备齐全：

- 接线工具；
- 测线工具；
- 信号发生装置（信号发生器、电阻等）；
- 编程电缆；
- 安装了测试软件的计算机；
- 测试通讯系统的设备；
- 专用电缆、网线等；
- 其他工具（数字多用表等）。

④测试各硬件单元的内部接线是否符合设计图纸，这里主要是进行导通测试。

⑤设备的连接：

- 将各硬件单元通信电缆按设计要求连接；
- 将信号发生装置与各硬件单元相应的模块连接；
- 将通讯系统设备仿照现场通讯环境接到被测硬件单元中；
- 将各测试单元电源线与规定电源连接（注意用电安全）；
- 连接其他需要连接的电线、电缆。

⑥检查内部各电源输入输出正负极、火零线未出现短路等不正常现象；检查外接信号线路有无正负极接反、信号供电正极与接地短路现象。

⑦系统上电：

- 将各个测试单元的总开关逐一打开；
- 将各个测试单元的其他分系统开关逐一打开；

• 上电过程中注意电源指示灯状态、异味、设备冒烟、PLC 模块 ERR 灯(Alarm 灯)等不正常现象,遇到问题马上断电检查。

⑧配置通讯系统模块参数:

• 根据相应通信模块的配置方法将计划测试的参数写入模块;

• 通信模块是否能登入临时用于测试的上位机。

⑨写入进行测试的终端站程序:

• 将设计好的终端站程序写入控制器(RTU、PLC);

• 在线监控终端站状态是否正常(应将其置为运行状态、时间日期置为当前);

• 观察在下传程序后,RTU、PLC 上有无故障或异常情况出现。

⑩监控系统测试:

• 在线监控各个信号采集上来的数值是否正确,数据精度是否达到设计要求;

• 测试设计的逻辑程序是否正确;

• 对于测试过程中出现的问题,应及时分析原因、解决。

⑪老化测试:

• 系统连续不间断运行,根据调试要求每隔一段时间执行一次以上的调试过程,将所得结果记录在《系统老化测试记录》中;

• 对于老化测试中出现的故障,应记录,并分析原因及时解决。

4.6 现场仪表的运行及维护

仪器仪表设备的维护要依照仪表的工作原理、工作环境和生产厂家建议的维护周期进行,而且日常的运行维护也是必不可少的。

设备的维修保障是一项复杂的系统工程,维修保障能力也是一个多属性的问题。维修工作的好坏、维修保障能力的高低不仅对企业的生产有着直接影响,甚至对企业经济起着重要作用。因此,设备维修保障,对于客观反映设备维修保障中的问题与不足,加强设备科学管理,提高设备维修保障能力具有重要的意义。

学习鉴定

1. 选择题

(1)以下选项中不能作为仪表组成部分的是(　　)。

A. 输入部分　　B. 输出部分

C. 中间变换部分　　D. 中间计算部分

(2)以下关于仪表灵敏度的描述不正确的是(　　)。

A.灵敏度反映仪表对所测量参数变化的灵敏程度

B.仪表的灵敏度越高越好

C.仪表灵敏度K有可能为一常数

D.灵敏度越高仪表越容易受到外界的干扰

(3)以下关于压力测量描述正确的是(　　)。

A.压力测量属于燃气监测中的开关量监测

B.对计量系统而言,相对压力的测量是为燃气体积量进行压力部分的修正

C.压力测量可分为相对压力的测量和绝对压力的测量

D.绝对压力是指管线中燃气压力与实时大气的压力差

(4)以下关于流量计量正确的说法是(　　)。

A.贸易计量更关心的是燃气的标况瞬时流量

B.贸易结算通常按照燃气的标况累计量进行

C.贸易结算通常按照燃气的工况累计量进行

D.天然气流量计量可分为贸易计量,过程计量和热量计量

(5)以下不属于燃气监测中的开关量的是(　　)。

A.阀门开关状态　　B.供电电源失电报警

C.压力　　D.门禁

(6)以下关于温度测量的描述正确的是(　　)。

A.温度测量可分为接触式测量和非接触式测量两大类

B.接触式测量直观可靠,无明显缺点

C.非接触式测量方法误差较小

D.双金属温度计具有结构简单,方便使用,测量精度高等特点

(7)以下不属于压力表示单位的是(　　)。

A.兆帕　　B.巴(bar)

C.标准大气压　　D.磅/英寸

(8)以下部件不属于IC卡表组成部分的是(　　)。

A.传感器电路　　B.微功耗单片机

C.电压测试电路　　D.阀门控制电路

(9)天然气流量计量方式不包括(　　)。

A.体积测量　　B.质量测量

C.压力测量　　D.能量测量

2.问答题

(1)简述差压变送器的结构。

(2)简述超声流量计的工作原理及特点。

(3)简述流量计算机的特点。

(4)现场仪表安装应注意的问题是什么?

(5)SCADA 系统终端站在调试前及调试过程中应注意的问题是什么?

第 5 章　数据采集/控制终端站

核心知识

- PLC/RTU 模块
- 低压配电基础知识
- 雷击和浪涌防护
- 数字量信号

学习目标

- 了解 RTU/PLC 通信及 I/O 模块
- 掌握燃气现场电压等级区分
- 熟悉燃气现场后备电源系统
- 掌握现场防雷击及防浪涌措施
- 了解现场通讯及 RS232、RS485 接口的使用

5.1 概 述

站控系统(SCS)作为SCADA系统的现场控制单元,除完成对所处厂站的监控任务外,同时负责将有关信息传送给主调度控制中心并接受和执行其下达的命令。其主要功能(不限于此)有:

- 对现场的工艺变量进行数据采集和处理;
- 经通信接口与第三方的监控系统或智能设备交换信息;
- 监控各种工艺设备的运行状态;
- 对电力设备及其相关变量的监控;
- 站场可燃气体的监视和报警;
- 消防系统的监控;
- 显示动态工艺流程;
- 提供人机对话的窗口;
- 显示各种工艺参数和其他有关参数;
- 显示报警一览表;
- 数据存储及处理;
- 显示实时趋势曲线和历史曲线;
- 流量计算;
- 逻辑控制;
- 连锁保护;
- 紧急停车(ESD);
- 打印报警和事件报告;
- 打印生产报表;
- 数据通信管理;
- 为主调度控制中心提供有关数据;
- 接受并执行主调度控制中心下达的命令等;
- 视频监控。

5.2 终端站系统组成

5.2.1　结构和组成

控制终端站是SCADA系统的重要组成部分，现场数据都是通过控制终端站进行采集并上传至调度中心的。控制终端站主要由现场信号检测设备、数据采集和控制设备（PLC/RTU）、通信系统（将在第6章详细叙述）、视频安防系统（将在第10章详细叙述）、本地上位监控站及软件、配电系统、防雷与接地系统等构成，如图5.1所示。

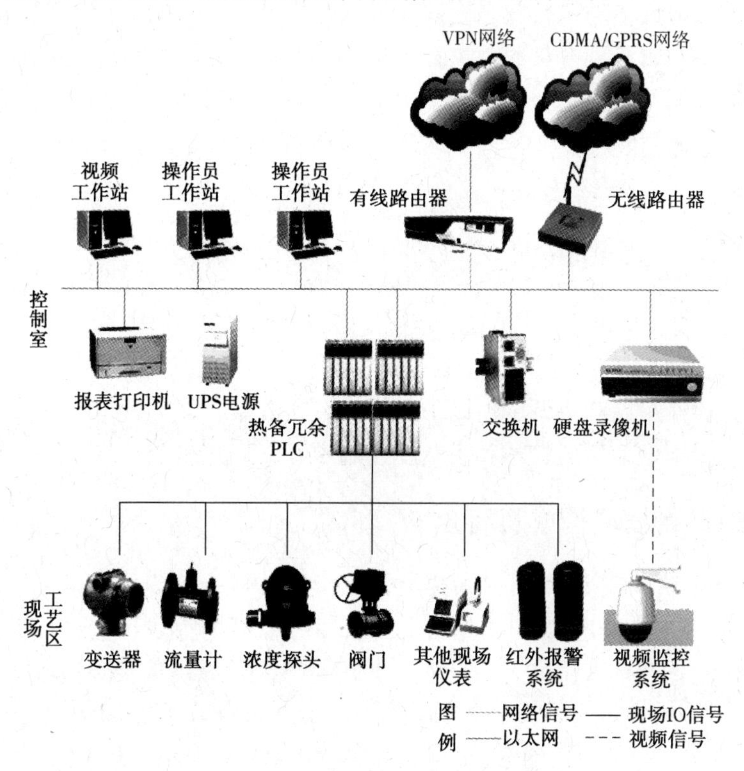

图5.1　门站站控系统拓扑结构图

5.2.2　PLC/RTU 现场信号采集、控制设备

1) PLC/RTU 概述

可编程逻辑控制器PLC（Programmable Logic Controller）和远程终端装置RTU（Remote

Terminal Unit)是燃气现场数据采集和控制的常见设备。目前,能够生产 PLC/RTU 设备的厂家众多,品种也不尽相同。PLC/RTU 广泛应用于汽车、石油化工、矿山、公用事业(热网、水处理、路灯控制)等各个行业。

PLC 在国际电工委员会(IEC)的定义是:可编程序控制器是一种数字运算操作的电子系统,专为在工业环境下应用而设计。采用可编程序的存储器,用来存储程序、执行逻辑运算、顺序控制、定时、计数和算术运算等操作指令,并通过数字或模拟的输入/输出,控制各种类型的机械或生产过程。

现场信号数据采集和控制设备(PLC/RTU)作为 SCADA 系统的现场控制单元,除完成对所处厂站的监控任务外,同时负责将有关信息传送给主调度控制中心并接受和执行其下达的命令。其主要功能(不限于此)有:

- 对现场的工艺变量进行数据采集和处理;
- 经通信接口与第三方的监控系统或智能设备交换信息;
- 监控各种工艺设备的运行状态;
- 对电力设备及其相关变量的监控;
- 站场可燃气体的监视和报警;
- 消防系统的监控;
- 流量计算;
- 逻辑控制;
- 连锁保护;
- 紧急停车(ESD);
- 数据通信管理;
- 为本地上位监控站和主调度控制中心提供有关数据;
- 接受并执行本地上位监控站和主调度控制中心下达的命令等。

2)PLC/RTU 各模块构成及简介

PLC/RTU 从模块构成上看,可分为两类,即固定 I/O(In/Out)及端口式、模块式。

固定 I/O 及端口式的 PLC/RTU 包括电源、CPU 主板、内存块、集成通讯口、集成 I/O 采集板、显示面板等,这些部分构成了一个不可拆卸的整体。模块本身一般不具有可扩展性或扩展性非常有限。从现有市场上的固定 I/O 及端口式 PLC/RTU 来看,I/O 采集通道和通信端口数一般都比较少,如果想采集很多现场参数,只能用多台固定 I/O 及端口式 PLC/RTU,然后用总线方式将各台 PLC/RTU 连接起来才能实现。

模块式 PLC/RTU 包括电源模块、CPU 模块、内存块、通讯模块、I/O 模块、底板或机架等。模块式 PLC/RTU 的各种模块一般都有多种类型作为可选项,使用者根据现场特点和自身需要,可在一定规则范围内(规则范围即不同的 CPU 模块,可以带 I/O 模块点数和通信模块端口数有限制,同时也受底板或机架槽位数限制)选用不同的组合方式。模块式 PLC/RTU 的 I/O 采集通道和通信端口只要有底板或机架槽位,在一定规则范围内可扩展出的模块数量很多，适用于现场参数和通信设备很多、控制逻辑和现场工艺复杂的厂站。

（1）PLC/RTU 电源

PLC/RTU 电源主要用于为 PLC/RTU 各模块提供工作电源。有些厂家生产的产品，还为输入输出电路提供 24VDC 或 12VDC 的电源。电源模块的输入类型有交流电源、直流电源两种，交流电源采用 220VC 或 110VAC，直流电源采用 24VDC（最常见）、12VDC、5VDC 等。

（2）CPU 模块及构成

CPU 模块是现场信号数据采集和控制设备的核心，每套 PLC/RTU 都至少有一个 CPU 模块。近年来，为了保证大型或重要设备的稳定运行，提高运转 CPU 的可靠性，还出现了 CPU 冗余系统和 CPU 表决系统。即使在系统中有一块 CPU 不能正常工作，依靠其他 CPU 的正常运行，依旧不影响整个现场 PLC/RTU 控制设备的使用。在冗余系统的 CPU 配置中会在一套 PLC/RTU 中出现两个 CPU 模块，两块同时运行时采用一主一从方式，其中一块故障另一块完好时，完好的 CPU 根据配置和程序的设定变为主 CPU；表决式系统在一套 PLC/RTU 中有三个 CPU 模块，在表决式系统的三块 CPU 出现分歧时，采取 2∶1 的方式，执行多数 CPU 的决定。

CPU 的速度和内存容量（有些品牌的 CPU 具有内存扩展插槽，内存不够使用时可进行内存扩展，加大 CPU 整体内存）是 PLC/RTU 的重要参数，决定着 PLC/RTU 的工作速度、I/O 数量、通讯端口数量及程序容量等（这就是本节上述的"一定规则范围"），因而 CPU 限制着系统参数点规模的大小。CPU 按 PLC/RTU 内系统配置和程序的设定，接收并存储程序员的程序和数据，程序按照周期循环扫描的方式，接收现场经采集输入模块传来的数据和状态，存入预先约定好的寄存器地址中，并根据程序中的指令和控制逻辑，经输出模块控制现场设备，完成现场设备的工艺控制流程。

（3）通信模块、PLC/RTU 通讯网络及常用协议

通讯模块是 PLC/RTU 设备连接现场通讯仪表与本地上位监控站和主调度控制中心数据通讯的必不可少的环节。PLC/RTU 的通讯，IEC 规定了多种现场总线标准，PLC/RTU 厂家均有所采用，但不同厂家的设备从现状来看互通和互操作性不强。燃气现场 PLC/RTU 设备经常使用的接口有 RS232、RS485、以太网等。本地上位监控站和主调度控制中心对 PLC/RTU 设备数据通讯常使用的协议有 MODBUS RTU、MODBUS TCP/IP、DNP3、PROFINET 等；PLC/RTU 设备对现场通讯仪表常使用的协议有 MODBUS RTU、ASCII 码（自编协议）、PROFIBUS-DP 等。

PLC/RTU 通讯模块采用的通讯模式常见的有两种：主从轮巡模式和从站主动上报模式。主从轮巡模式，即主站设备按程序设定周期时间，定时根据协议规约向从站设备发出要数指令，从站设备在收到要数命令后，判断要数命令是否符合协议规约，若符合则按协议规约回复给主站要取的从站数据，若不符合则向主站报错或不回复。有的系统中从站设备对主站设备采取从站主动上报模式，从站设备根据程序设定，定时或根据条件触发，按与主站约定好的协议规约，向主站传输从站数据。

（4）I/O 模块

PLC/RTU 是通过 I/O 模块，通过电气回路采集现场数据，控制现场设备的。I/O 模块通过输入暂存器记录输入信号状态，输出信号则反映了输出锁存器状态。I/O 模块有很多种，

主要有模拟量输入(AI)、模拟量输出(AO)、开关量输入(DI)、开关量输出(DO)等。输入模块是将电信号转换成数字量信号供PLC/RTU解读;输出模块是将PLC/RTU根据程序逻辑生成的数字量信号转换成电信号,控制现场设备。

开关量信号即只有“开”(1)和“关”(0)两种状态的量。开关量按输入或输出回路电压等级分,可分为220VAC、110VAC、24VDC、12VDC等不同类型。开关量还可以按隔离方式分为继电器隔离和晶体管隔离两种方式。需要注意的是,继电器隔离方式的开关量模块存在着继电器触点使用寿命的问题,当继电器触点吸合达到一定次数的时候(一般在500万至1000万次左右),可能会出现继电器工作不正常的情况。所以应尽量避免采用继电器隔离方式的开关量模块采集低频脉冲输入或输出低频脉冲。

(5)底板和机架

绝大多数的PLC/RTU采用底板和机架的连接方式。这种连接方式的作用是:通过电气连接,使CPU能访问底板上所有的模块,并通过电源模块给底板上所有的模块主板统一供电;通过集中连接的方式,使各个模块成为一个整体,便于安装接线。

知识拓展

PLC/RTU编程语言

PLC/RTU的程序是设计人员根据控制系统的工艺控制要求,通过PLC/RTU编程语言的编制设计的。根据国际电工委员会制定的工业控制编程语言标准(IEC61131-3),PLC/RTU的编程语言包括以下5种:梯形图语言(LD)、指令表语言(IL)、功能模块图语言(FBD)、顺序功能流程图语言(SFC)及结构化文本语言(ST)。

不同型号的PLC编程软件对以上5种编程语言的支持种类是不同的,早期的PLC/RTU仅仅支持梯形图编程语言和指令表编程语言。

(1)梯形图语言(LD)

梯形图语言是PLC/RTU程序设计中最常用的编程语言,是与继电器线路类似的一种编程语言。它采用因果关系来描述事件发生的条件和触发的结果,通过梯级的方式描述每个因果关系。在梯级中,最右侧为事件触发的结果,除去最右侧以外的所有左侧梯形图图形符号均为事件发生的条件。由于电气设计人员对继电器控制较为熟悉,因此,梯形图编程语言得到了广泛的欢迎和应用。

梯形图编程语言的特点是:与电气操作原理图相对应,具有直观性和对应性;与原有继电器控制相一致,电气设计人员易于掌握;梯形图编程语言与原有的继电器控制的不同在于梯形图中的能流不是实际意义的电流,内部的继电器也不是实际存在的继电器,应用时,需要与原有继电器控制的概念区别对待;梯形图语言与指令表语言有一一对应关系,便于相互转换和程序检查。

(2)指令表语言(IL)(也叫布尔助记符语言)

指令表编程语言是与汇编语言类似的一种助记符编程语言,和汇编语言一样由操作码和操作数组成。在无计算机的情况下,适合采用PLC/RTU手持编程器对用户程序进行编制。

指令表表编程语言的特点是:采用助记符来表示操作功能,容易记忆,便于掌握;在手持编程器的键盘上采用助记符表示,便于操作,可在无计算机的场合进行编程设计;与梯形图编程语言有一一对应关系,在PLC/RTU编程软件下可以相互转换。

(3)功能模块图语言(FB)

功能模块图语言是与数字逻辑电路类似的一种PLC/RTU编程语言。采用功能模块图的形式来表示模块所具有的功能,不同的功能模块有不同的功能。它有若干个输入端和输出端,通过软连接的方式,连接到所需的其他端子上,完成所需的运算和控制功能。

功能模块图程序设计语言的特点是:以功能模块为单位,分析理解控制方案简单容易;功能模块是用图形的形式表达功能,直观性强,对于具有数字逻辑电路基础的设计人员很容易掌握;对规模大、控制逻辑关系复杂的控制系统,由于功能模块图能够清楚表达功能关系,使编程调试时间大大减少;由于每种功能块都要占用一定的程序内存,在程序中功能块的执行都需要一定的执行时间,所以这种语言通常只用于大中型PLC/RTU或集散控制系统中。

(4)顺序功能流程图语言(SFC)

顺序功能流程图语言是为了满足顺序逻辑控制而设计的编程语言。编程时将顺序流程动作的过程分成步和转换条件,根据转换条件对控制系统的功能流程顺序进行分配,一步一步地按照顺序动作。每一步代表一个控制功能任务,用方框表示。在方框内含有用于完成相应控制功能任务的梯形图逻辑。这种编程语言使程序结构清晰,易于阅读及维护,大大减少了编程的工作量,缩短编程和调试时间,用于系统的规模校大,程序关系较复杂的场合。

顺序功能流程图编程语言的特点:以功能为主线,按照功能流程的顺序分配,条理清楚,便于对用户程序理解;避免梯形图或其他语言不能顺序动作的缺陷,同时也避免了用梯形图语言对顺序动作编程时,由于机械互锁造成用户程序结构复杂、难以理解的缺陷;只有活动步的命令和操作被执行时,才对活动步后的转换进行描述,因此,用户程序扫描时间也大大缩短。

(5)结构化文本语言(ST)

结构化文本语言是用结构化的描述文本来描述程序的一种编程语言,是类似于高级语言的一种编程语言。在大中型的 PLC/RTU 系统中,常采用结构化文本来描述控制系统中各个变量的关系。主要用于其他编程语言较难实现的用户程序编制。

结构化文本编程语言采用计算机的描述方式来描述系统中各种变量之间的各种运算关系,完成所需的功能或操作。大多数 PLC/RTU 制造商采用的结构化文本编程语言与 BASIC 语言、PASCAL 语言或 C 语言等高级语言相类似,但为了应用方便,在语句的表达方法及语句的种类等方面都进行了简化。

结构化文本编程语言的特点:采用高级语言进行编程,可以完成较复杂的控制运算;需要有一定的计算机高级语言的知识和编程技巧,对工程设计人员要求较高;直观性和操作性较差。

5.2.3 本地监控

燃气现场的本地监控系统(图 5.2),通常只有在比较重要的站点才有,其功能主要有以下 10 个方面。

图 5.2 门站站控系统设备

(1)控制权限管理分配功能

站点本地监控系统分为两级:操作员站、本地 PLC/RTU。

站内设备的管理、控制分三级权限:调度中心远程控制;上位监控计算机本地控制;PLC/RTU 本地控制。

(2)控制功能

具有授权的操作人员可以对站场进行控制,这种控制通过操作员站界面操作即可实现。控制功能包括设备控制和站点控制。

(3)编程组态功能

系统工程师可以对系统的软硬件进行再组态开发,系统具有开放性,支持用户开发、补充和完善应用功能。

(4)系统安全维护功能

系统具有安全维护的性能,包括用户权限的设置功能、系统故障恢复功能和系统访问记录的功能。

(5)流量计算和补偿功能

系统可以安装流量计算公式进行流量计算和补偿,补偿修改也可以人工进行。

(6)实时数据采集和处理

操作员站实时与PLC/RTU进行通信,接收参数数据。采集的实时数据动态地显示在参数列表上、趋势图上和工艺流程图上。

参数一览表分类显示了站场所有的压力、温度、流量信息,以及所有的阀状态、报警信息等。

参数曲线是调度系统的一个重要组成部分,分为历史曲线与实时曲线,曲线的采样周期与系统的采样周期保持同步。历史曲线记录了系统中所有参数自系统正式运行开始后所有值的变化。

工艺图配有相应设备的状态显示或工艺参数的数据显示。压力、温度、瞬时流量等重要参数在工艺图界面上直接显示,电动阀门通过颜色来区分开关状态,天然气、放散、排污管线按颜色区分显示,操作员通过直观的工艺图界面可一览整个站区的工作情况,进行更加有效的监控管理。

(7)报警处理

操作员站具备报警及事故处理功能,当设备参数超出预定范围或当过程控制发生某种故障时,提供报警信息:

- 在报警列表中显示报警信息;
- 在事件日志中记录报警信息;
- 自动或手动地打印报警信息;
- 根据报警信息提示用户执行定义好的动作。

报警信息来源可分为:

- PLC/RTU产生的报警;
- 操作员站监控软件通过判断条件产生的报警。

(8)用户操作记录

操作记录功能记录了自系统运行之日起,操作员进行的所有操作。系统管理员通过权限认证后即可查询过去任何一个时间段的操作记录。

(9)在线帮助功能

系统具有在线帮助的功能,方便用户的使用。

站控系统通常由以下设备组成:

- 工程师/操作员工作站:完成对站场的实时监控的人机界面,以友好直观的界面完成监控数据的表现和控制命令的人工下达。

图 5.3 站控系统信号采集设备

• 视频工作站:完成对站场视频设备实时监控的人机界面,与调度中心视频工作站、本地硬盘录像机形成三级监控。

• 打印机:完成报表、报警、曲线等信息的自动和手动打印。

• 通讯设备:包括工业以太网交换机、路由器及无线路由器,完成站控系统与调度中心以及站控系统内部各网络设备之间的通信连接。

• PLC/RTU:完成站场的自动控制,连接测控仪表,上传参数数据,接收控制命令并下达执行。

• UPS 及 24VDC 稳压开关电源:UPS 保证站控系统的后备供电;24VDC 稳压开关电源满足站内各种设备的供电需求。

• 防浪涌设备和安全栅:防浪涌设备一般为供电、信号以及通信三方面的防雷击保护;安全栅作为安全区与危险区之间的隔离设备,保证系统的安全可靠稳定运行。

• 视频监控及红外安防设备:为站控系统的安防提供有力的保证。

• 变送器、电动阀、浓度报警器、流量计算机等智能仪表。

• 站控系统相关软件:包括工作站的操作系统、SCADA 监控软件、PLC 编程软件及视频系统监控软件。

5.2.4 配电系统

1)燃气现场低压配电系统

电力的高、低压是以其额定电压的大、小来区分的,1 kV及以上电压等级为中压和高压,1 kV以下的电压等级为低压。

在我国,燃气现场使用的低压配电电压等级主要有单相220(230)/三相380(400)VAC。低压配电网现在采用三相四线制,单相和三相混合系统。由于我国各地区电网情况和质量不同,造成在实际使用中单相和三相电压跟标准电压有或高或低的出入,通常在±5%以内的电压均认为可以正常使用。

低压电力网:指配电变压器低压侧或从直配发电机母线,经监测、控制、保护、计量等电器至各用户受电设备组成的电力网络。它主要由配电线路、配电装置和用电设备组成。

配电装置:指由母线、开关电器、仪表、互感器等按照一定的技术要求装配起来,用来接收、分配和控制电能的设备。

配电装置制造:指在已经制造好的屏架上进行电器元件的安装、母线连接、二次配线、产品调试及产品包装的全过程。

低压配电装置的主要功能是在正常运行状态下接受和分配电能,故障时迅速切除故障电路。它在电力系统中起着联系电力网(电源侧)和用户(负荷侧)的作用,是实现电能传递的过渡性环节。低压配电装置由各种低压开关电器、控制电器、保护电器、指示仪表以及载流导体等组成。

①低压开关电器:用于接通或断开电路的低压电器,如低压断路器、负荷开关、组合开关、熔断器、刀开关等。

②保护电器:用于限制电流和防御过电压的电器,如限流电阻、低压进雷器及接地极(网)等。

③控制电器:用于控制受电设备,使其达到预期要求的工作状态的电器,如接触器、控制继电器、主令电器、起动器、控制器等。

④指示仪表:包括仪用互感器、仪表等。

⑤载流导体:包括用于汇集和分配电流的母线、电缆以及设备、器件之间的连接导线等。

低压配电装置按组装方式的不同分为装配式配电装置和成套式配电装置。装配式配电装置是将电气设备、元器件等在低压配电室内按照电气技术要求及电路接线图,依次进行现场组装,构成完整电路;成套式配电装置又称低压成套配电装置,是在制造厂按照各种不同电路接线图,选择电气设备,组成不同电路,分别置于金属屏(柜)中,用户可根据配电的需要,选择有关电路的屏(柜),运至现场拼装连接成所需的电路。由于成套低压配电装置体积小,安全距离合理,有利于现场拼装,工期短,已成为低压配电装置里的主要形式。低压配电装置应满足以下要求:

①正确选择电气设备的容量并保证有足够的开断能力。电气设备的容量一般应按正常运行条件选择,并按三相短路状态校验其动稳定和热稳定。

②电气设备之间应具有足够的电气安全距离。

③设备应按单列或双列对称的紧凑布置,便于运行;应设有维护走道和操作走道,便于巡视、操作和检修。

④在满足电气安全可靠的前提下,既应考虑设备的先进性,又要注意设备和材料的节约,以降低成本和投资。

⑤用于动力的裸硬母线应涂漆着色,以利于散热和识别相序。涂漆的颜色规定为 A 相(U 相)着黄色,B 相(V 相)着绿色,C 相(W 相)着红色。

2)燃气现场常用后备电源

①电力系统独立双路供电方式:由电力系统的两个独立变电所向用户供电,其中一个作为后备电源;由电力系统的两个独立的线路供电,其中一个作为后备电源。

②自备发电机组:当设置自备发电机组比独立双路供电方式更经济合理的时候,可以采用自备发电机组。发电机组可产生单相或三相交流电,功率从几千瓦到几百千瓦均有。

③静态变换式 UPS 后备电源:一般来说,静态变换式 UPS 主要有两种工作状态,分别工作于不同的市电环境下。当市电正常时,由市电通过 UPS 给负载供电。UPS 对市电进行滤波、稳压和稳频调整后,提供给负载更加稳定和洁净的电源。同时,UPS 通过充电器把电能转变为化学能储存在电池中。当 UPS 侦测到市电异常时,切换到电池供电,通过逆变器(INVERTER)把化学能转变为交流电能供给负载,以保证对负载的不间断电力供应。这种 UPS 还有一种旁路(BYPASS)工作状态,它在刚开机或机器故障时,可以把输入经高频滤波后直接输出,保障对负载的供电。静态式 UPS 主要用于计算机、通信、自控设备等对供电连续性和供电质量有严格要求的现场。与后备发电机组相比,UPS 具有体积小、效率高、安装方便、无噪声、维护费用少、维护方便等优点。

UPS 从工作原理上可分为后备式(OFF LINE)和在线式(ON LINE)两种。从原理上看,在线式 UPS 同后备式 UPS 的主要区别在于:后备式 UPS 在有市电时仅对市电进行稳压,逆变器不工作,处于等待状态,当市电异常时,后备式 UPS 会迅速切换到逆变状态,将电池电能逆变成为交流电对负载继续供电,因此后备式 UPS 在由市电转逆工作时会有一段转换时间,一般小于 10 ms;而在线式 UPS 开机后逆变器始终处于工作状态,因此在市电异常转电池放电时没有中断时间,即 0 中断。

除了以上两种类型外,还有一种称为在线互动式(Line-Interactive)UPS。在线互动式 UPS 是指在输入市电正常时,UPS 的逆变器处于反向工作给电池组充电,在市电异常时逆变器立刻投入逆变工作,将电池组电压转换为交流电输出,因此在线互动式 UPS 也有转换时间。同后备式 UPS 相比,在线互动 UPS 的保护功能较强,逆变器输出电压波形较好,一般为正弦波,而其最大的优点是具有较强的软件功能,可以方便地上网进行 UPS 的远程控制和智能化管理。

UPS 根据后备时间可分为标准机和长效机。标准机用内置电池,后备供电时间较短,一般在 5 ~15 分钟。长效机则可根据用户需要,增大电池容量配置,延长后备时间。但这要求更大的充电器来满足电池充电电流和充电时间性的需要,因此厂商在设计时会放大充电器容量或加装并联的充电器。

5.2.5　防雷与接地

1) 防雷

(1) 雷击对电子设备的危害及相应防护

雷击是每年频发的严重自然灾害之一。随着我国现代化建设的不断提高,通信、控制等弱电设备越来越多,规模越来越大。一方面大型电子计算机网络、程控交换机组等系统设备耐过电流、耐雷电压的水平越来越低;另一方面由于信号来源路径增多,系统较以前更容易遭受雷电波的侵入。

知识窗

雷击一般分为直接雷击和感应雷击:

直接雷击:雷电直接击在建筑物、构架、树木、动植物上,由于电效应、热效应和机械效应等混合力作用,直接摧毁建筑物、构筑物以及引起人员伤亡等。由于直击雷的电效应,有可能使微电子设备遭受浪涌过电压的危害。

感应雷击(又称二次雷击):雷云之间或雷云对地之间的放电在附近的架空线路、埋地线路、金属管线或类似的传导上产生感应电压,该电压通过传导体传送至设备,间接摧毁微电子设备。感应雷击对微电子设备,特别是通信设备和电子计算机网络系统的危害最大,据资料显示,微电子设备遭雷击损坏,80%以上是由感应雷引起的。

另外,还有操作过电压,即是指当电流在导体上流动时,会产生磁场储存能量,当负载(特别是电感性大的负载)电器设备开关时,会产生瞬时过电压,操作过电压同感应雷击一样,可以间接损坏微电子设备。

雷电对电子设备的损害途径主要有三种:

①直击雷经过接闪器(如避雷针、避雷带、避雷网等)而直放入地,导致地网地电位上升。高电压由设备接地线引入电子设备造成地电位反击。

②雷电流沿引下线入地时,在引下线周围产生磁场,引下线周围的各种金属管(线)上经感应而产生过电压。

③进出大楼或机房的电源线和通信线等在大楼外受直击雷或感应雷而加载的雷电压及过电流沿线窜入,入侵电子设备。

针对以上三种途径,所采取的防护又有以下三种:

①接闪与接地:大楼通过建筑物主钢筋,上端与接闪器、下端与地网连接,中间与各层均压网或环形均压带连接,对进入建筑物的各种金属管线实施均压等电位连接,具有特殊要求

的各种不同地线进行等电位处理。这样就形成一个法拉第笼式接地系统,它是消除地电位反击的有效措施。

②均压连接与屏蔽:安装均压环,同时通信电缆线槽及地线线槽需用金属屏蔽线槽,且作等电位连接。其布放应尽量远离建筑物立柱或横梁,通信电缆线槽以及地线线槽的设计应尽可能与建筑物立柱或横梁交叉。

③分流:进入建筑物大楼的电源线和通信线应在不同的防雷区交界处,以及终端设备的前端根据《雷电电磁脉冲的防护》标准(IEC61312),安装不同类别的电源类 SPD 以及通信网络类 SPD(SPD 瞬态过电压保护器)。SPD 是用以防护电子设备遭受雷电闪击及其他干扰造成的传导电涌过电压的有效手段。

(2)燃气行业 SCADA 系统的电涌防护基本措施

①屏蔽:通过屏蔽层对雷电波的反射、涡流消耗降等减少对内部导线耦合。一个良好的屏蔽措施理论上对雷电过电压的衰减可达 60% 以上。

②等电位接地处理:通过等电位接地降低设备之间、金属结构间的电位差,避免高电位差产生绝缘击穿或火花放电。

③安装电涌保护器:由于信号 SPD 一般为串联安装(信号通常具有低电压、弱电流的特点,耐压水平极低,若采用并联安装,会导致残压增高),因此,需在测控线路的两端同时安装电涌保护器,才能确保现场仪表与控制室设备的安全。

总体来说,无论是电源供电系统还是通信、信号系统,只要与外界存在联系,就有可能遭受雷击,设备的安全必须通过截断所有可能的引入途径来实现,任何单一途径的防护都无法确保设备安全稳定运行。

(3)常用浪涌保护器、避雷器规格简介

①电源防雷防浪涌系统:通常燃气厂站电源系统防雷必须且至少做到两级保护,同时要求一级电源防雷保护必须采用直接泄放 10/350 μs 雷电流的浪涌保护器,二级电源防雷保护可以采用泄放 8/20 μs 的浪涌保护器。依据对雷击电流逐级分流,降低雷击残留电压,以有效地预防雷电波从电源系统侵入,保护供电、用电设施的原则,在站内 24VDC 供电系统中加入电源三级防雷。

• 电源一级保护。在各站场的电源处应安装 B(第一级)级电源避雷器(图 5.4),其技术参数如下:

最大抗浪涌能力:80 kA,8/20 μs;

限制电压: <1200 V@10 kA;

持续工作电压:320 V;

最大泄露电流: <1 mA;

接入方式:并联;

内置保护,过热保护,过流保护:有;

保护模式:3 +1,全模式。

• 电源第二级保护。220VAC 电源防浪涌保护器其技术参数如下:

适用范围:220VAC;

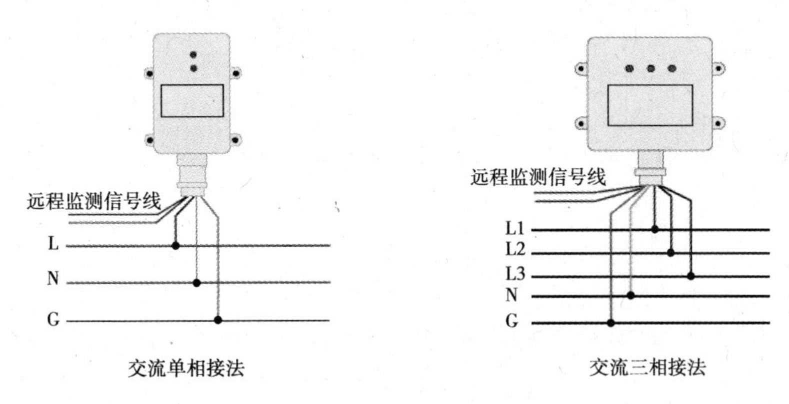

图5.4 电源避雷器安装示意图

最大抗浪涌能力 I_{max}:40 kA(8/20 μs);

标称电流 I_n:20 kA (8/20 μs);

最大连续工作电压 U_c:275VAC;

保护水平:≤1500 V(测试电流,20 kA 8/20 μs);

熔丝保护:有;

反应时间 t_A:25 ns;

最大后备熔丝时短路抑制能力:50 kARms;

TOV 暂态过电压:335 V/5 s;

保护模式:3 +1;

安装位置:安装于控制室配电箱;

抗浪涌能力≥12.5 kA(10/350 μs);

工作温度: -40 ~ +80 ℃。

• 电源第三级即24VDC电源防护。防止沿线路传导的感应浪涌过电压毁坏装置。技术参数如下:

适用范围:24VDC/AC;

IEC 类别:C1,C2,C3,D1;

额定电压 U_n:24VDC/AC;

最大负载电流:1000 mA;

最大工作电压:33VDC/AC;

标称放电电流 I_n:10 kA(8/20 μs);

限制电压保护水平:≤100 V(测试电流,10 kA 8/20 μs);

反应速度 t_A:1 ns;

安装方式:串联安装,DIN Rail,35 mm;

工作温度: -40 ~ +85 ℃。

②现场仪表信号防雷防浪涌系统:应根据线路的工作频率、传输介质、传输速率、传输带宽、工作电压、接口形式、特性阻抗等参数,选用电压驻波比和插入损耗小的适配的浪涌保护器。所有现场仪表的电缆有双屏蔽结构,浪涌保护器为多级保护结构。

对模拟量信号、开关量信号以及 ESD 信号选用信号防雷器，其性能特点如下：

仪表适用范围：I/O 信号线；

IEC 类别：C1，C2，C3，D1；

信号额定电压 U_n：24VDC；

最大负载电流：1000 mA；

最大工作电压：26.8VDC；

标称放电电流 I_n：10 kA(8/20 μs)；

限制电压保护水平：≤100 V（测试电流，10 kA 8/20 μs）；

反应速度 t_A：1 ns；

接入阻抗 R_s：≤1.8 Ω/ line；

工作环境温度：-10 ~ +80 ℃；

安装方式：串联安装，DIN Rail，35 mm；

阻燃等级：V0。

图 5.5 所示为现场仪表防雷防浪涌保护器安装示意图。

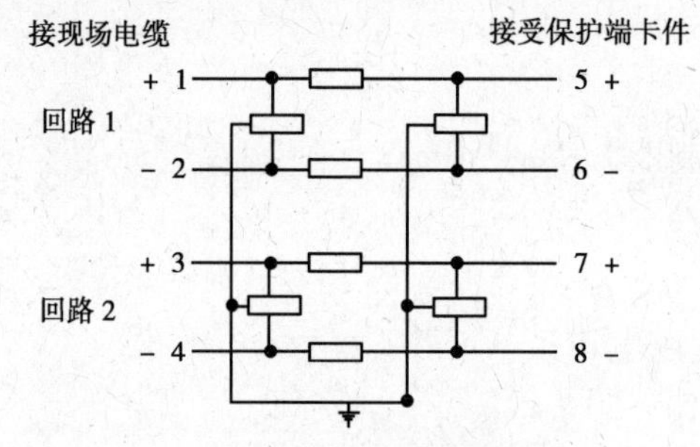

图 5.5　现场仪表防雷防浪涌保护器安装示意图

③RS485 信号防雷防浪涌系统：对于现场流量计算机、修正仪、流量表 RS485 数据线，应选用 RS485 信号防雷器，采用可插拔结构，可以带电插拔，安装维护方便。一般技术参数如下：

仪表适用范围：网络数据线；

IEC 类别：C1，C2，C3，D1；

信号额定电压 U_n：5VDC；

最大负载电流：100 mA；

最大工作电压：6VDC；

标称放电电流 I_n：10 kA(8/20 μs)；

限制电压保护水平：≤50 V(测试电流，10 kA 8/20 μs)；

反应速度：1 ns；

接入阻抗 R_s：≤1.0 Ω/ line；

传输速率 f_g：100 Mbits；

工作环境温度：-40～+80 ℃；

安装方式：串联安装，DIN Rail，35 mm；

阻燃等级：V0。

④安放防雷防浪涌系统：置于户外的摄像机信号控制线输出、输入端口应设置信号线路浪涌保护器。相关的信号控制线包含了RS-485信号线和视频同轴电缆两种，RS-485选用的保护器同上。

对于视频同轴电缆信号线路可选用BNC接口防雷器，可防止过电压从视频同轴电缆侵入并破坏摄像机，一般技术参数如下：

仪表适用范围：摄像头视频信号；

IEC类别：C2，C3；

额定工作电压 U_n：5V；

最大工作电压：8V；

标称放电电流 I_n：2.5 kA（8/20 μs）；

限制电压：≤25 V；

带宽 f_G：300.0 MHz；

工作环境温度：-40～+80 ℃；

接头：BNC；

安装方式：串联连接；

安装位置：安装于控制室或防爆，或防雨接线箱。

2）接地

在电气系统中，接地是用来满足系统运行和保护人身及电气、电子设备安全的一种常用技术，是将电气设备的某部分与"地"之间作良好的电气连接。接地能防止人身遭受电击、设备和线路遭受损坏，能预防火灾和雷击，防止静电损害并保证电气系统正常运行。在电气行业，把电位趋近于零的地方称为电气上的"地"或"大地"。电气设备上的接地部分与零电位"大地"之间的电位差，就称为接地部分的对地电压。

接地是避雷技术最重要的环节，不管是直击雷、感应雷或其他形式的雷，都将通过接地装置导入大地。因此，没有合理而良好的接地装置，就不能有效地防雷。从避雷的角度讲，把接闪器与大地作良好的电气连接的装置称为接地装置。接地装置的作用是把雷电对接闪器闪击的电荷尽快地泄放到大地，使其与大地的异种电荷中和。

目前，国际国内防雷理论和工程界比较流行共用接地和等电位连接：

①共用接地：把同一建筑物内的许多不同性质的接地装置如防雷地、电气安全接地、交流电源工作地、通信及计算机直流地统统地连接在一起，使之成为一个等电位体。

②等电位连接：把建筑物内及附近的所有金属物，如混凝土内的钢筋，自来水管、煤气管及其他金属管道，电力系统的零线等用电气连接的方法连接起来（焊接或者可靠的电气连接），使整座建筑物成为一个良好的等电位体。当雷电来袭时，由于建筑物内部及其附近基本上做到等电位，因此不会发生建筑物内部的设备被高电位反击和人被雷击的事故。

由于采用了等电位连接,对建筑物接地电阻的要求可以放宽。这一点对干旱、沙漠等土壤电阻率高的地区尤为重要。所以,在地网设计时应遵循以下原则:

①尽量采用建筑物地基的钢筋和自然金属接地物统一连接地来作为接地网。

②尽量以自然接地物为基础,辅以人工接地体补充,外形尽可能采用闭合环形。

③应采用统一接地网,用一点接地的方式接地。

地网的效果取决于地网与大地之间的电阻。实践表明,土壤含水量增加时,电阻率急剧下降。当土壤含水量增加到20% ~25%时,土壤电阻率将保持稳定。土壤电阻率与土壤的结构(如黑土、粘土和沙土等)、土质的紧密度、湿度、温度等,以及土壤中含有可溶性的电解质有关。影响土壤电阻率的最重要因素是湿度。另外土壤电阻率也受温度的影响。

接地电阻又称散流电阻,它与接地体的形状、尺寸、安装方法和土壤电阻率有关。在一定范围内,接地体的长度越长,它的接地电阻越小。工程上垂直接地体多选用1.5 ~3 m,并常采用下式作为接地电阻 r 的简易计算公式:

垂直式:
$$r = 0.3\rho \tag{5.1}$$

单根水平式:
$$r = 0.03\rho \tag{5.2}$$

式中　ρ——土壤电阻率。

埋设接地体的地点应选择在潮湿、土壤电阻率较低的地方,这样比较容易满足接地电阻要求。从安全的角度考虑,应尽量放在人们走不到的地方,避免跨步电压的危害。同时还应注意使接地体与金属物或电缆之间保持一定距离,以免发生击穿事故。

接地装置的电阻由以下四部分组成:接地体与接闪器间的连线电阻;接地体本身的电阻;接地体与土壤的接触电阻;当电流流入土壤后,土壤的电阻。

其中第四项为主要部分。当电流从接地体流向土壤并向各方面扩散时,离接地体越近,则电流密度越大、电流梯度越大。

测量接地电阻的方法不一,但大致可分为:电流表电压表法;接地电阻测量仪测量法;电流表电力表法;电桥法。

测量时应当注意:被测接地体、电压辅助地极、电流辅助地极之间的距离应符合相关要求;所用的连接线的截面积一般不小于1.5 mm^2,在应用各种专用仪器时,与被测接地体相联的导线电阻不应大于接地体接地电阻的3%,各种引线应与地绝缘;仪器的电压辅助地极引线与电流辅助地极引线之间的距离不应少于1 m,以免自身发生干扰;应反复在不同的方向测量3 ~4次,取其平均值。

5.3 终端站与现场信号的连接

5.3.1　模拟量信号

模拟量信号是指用连续变化的物理量表示的信息，其信号的幅度，或频率，或相位随时间作连续变化。把表示模拟量的信号称为模拟信号，并把工作在模拟信号下的电路称为模拟电路。声音、温度、压力、速度等都是模拟信号，燃气现场压力变送器、差压变送器、温度变送器、浓度变送器、液位变送器、电控开度阀（状态反馈和开度控制采用模拟量）等设备，通常都采用模拟量信号采集方式。

模拟信号和数字信号之间可以相互转换。模拟信号一般通过PCM脉码调制方法量化为数字信号，即让模拟信号的不同幅度分别对应不同的二进制值（例如，采用8位编码可将模拟信号量化为$2^8=256$个量级，实用中常采取24位或30位编码）；数字信号一般通过对载波进行移相的方法转换为模拟信号。计算机、计算机局域网与城域网中均使用二进制数字信号，目前在计算机广域网中实际传送的既有二进制数字信号，也有由数字信号转换而得的模拟信号。

模拟量按信号类型可以分为电流型和电压型两种。电流型常见的有0～20 mA，4～20 mA等；电压型常见的有0～5VDC，1～5VDC，0～10VDC，2～10VDC，－10～10VDC等。模拟量信号还可以按精度分，有12 bit，14 bit，16 bit等。

5.3.2　开关量信号

触点：即两个点接触在一起。

开关量信号：指触点是“开”或“关”的状态。开关量信号分为：

①有源开关量信号：开或关状态的信号中含有电源的成分，如220VAC，380VAC，24VDC，12VDC等。

②无源开关量信号：开或关状态的信号中不含有电源的成分，只是一个触点的开或关变化，也叫干接点。

燃气现场大多数手动阀门、电控开关阀、行程开关等设备都采用的是开关量信号的触点方式。

5.3.3　脉冲信号

1）描述脉冲的几个名词

①脉冲的上升沿（正边沿）与脉冲的下降沿（负边沿）（对于脉冲的波形而言）：脉冲波形

由低电位跳变到高电位称为脉冲的上升沿;脉冲波形由高电位跳变到低电位称为脉冲的下降沿。

②脉冲的正跳变与负跳变(对于脉冲的变化过程而言):脉冲波形由低电位跳变到高电位的过程称为脉冲的正跳变;脉冲波形由高电位跳变到低电位的过程称为脉冲的负跳变。

③正脉冲与负脉冲(对于脉冲的极性而言):如果脉冲出现时的电位比脉冲出现前后的电位值高,这样的脉冲称为正脉冲;如果脉冲出现时的电位比脉冲出现前后的电位值低,这样的脉冲称为负脉冲。

④脉冲的前沿与脉冲的后沿:脉冲出现称为脉冲的前沿;脉冲消失称为脉冲的后沿。

⑤电平:数字电路中电位的习惯叫法。高电位称为高电平,用 UH 表示;低电位称为低电平,用 UL 表示。

2)脉冲的波形

广义上,一切非正弦的带有突变特点的电压或电流统称为脉冲。最常见的脉冲波型为矩形脉冲。

3)矩形脉冲的主要参数

矩形脉冲的上升沿与下降沿都是陡直的,这样的脉冲称为理想的矩形脉冲。理想的矩形脉冲可以用 3 个参数来描述:

①脉冲的幅度:脉冲的底部到脉冲的顶部之间的变化量称为脉冲的幅度,用 U_m 表示。

②脉冲的宽度:从脉冲出现到脉冲消失所用的时间称为脉冲的宽度,用 t_w 表示。

③脉冲的重复周期:在重复的周期信号中两个相邻脉冲对应点之间的时间间隔称为脉冲的重复周期,用 T 表示。

实际的矩形脉冲往往与理想的矩形脉冲不同,即脉冲的前沿与脉冲的后沿都不是陡直的。

4)燃气现场脉冲信号的使用

燃气现场通常只有涡轮和涡街流量计使用脉冲信号。在这两种流量计中,脉冲信号主要是以工况瞬时流量脉冲输出或标况瞬时流量脉冲输出的方式出现的。采用脉冲方式输出频率信号,适用于总量计算机及与计算机连接,没有零点漂移,抗干扰能力强,可获得低频、中频、高频等不同频率的信号(最高可到 3 ~4 kHz),信号的分辨能力强,计量的准确度较高。

5.3.4 数字量信号

1)数字信号及数字电路的特点

数字信号其物理量的变化在时间上和数值(幅度)上都是不连续(或称为离散)的。把表示数字量的信号称为数字信号,并把工作在数字信号下的电路称为数字电路。十字路口的交通信号灯、数字式电子仪表、自动生产线上产品数量的统计等都是数字信号。

数字电路处理的信号包括反映数值大小的数字量信号和反映事物因果关系的逻辑量信号，它们是在时间和数值上都不连续变化的离散信号，在数字电路中用高、低电平表示，在运算中则用“0”和“1”来表示，因此数字电路具有以下特点：

①数字电路所研究的问题是输入的高、低电平与输出的高、低电平之间的因果关系，称为逻辑关系。

②研究数字电路逻辑关系的主要工具是逻辑代数。在数字电路中，输入信号也称为输入变量，输出信号称为输出变量，也称逻辑函数，它们均为二值量，非“0”即“1”。逻辑函数为二值函数，逻辑代数概括了二值函数的表示方式、运算规律及变换规律。

③由于数字电路的输入和输出变量都只有两种状态，因此组成数字电路的半导体器件绝大多数工作在开关状态。当它们导通时相当于开关闭合，当它们截止时相当于开关断开。

④数字电路不仅可以对信号进行算术运算，而且还能够进行逻辑判断，即具有一定的逻辑运算能力，这就使得它能在数字计算机、数字控制、数据采集和处理及数字通信等领域中获得广泛的应用。

⑤因为数字电路的主要研究对象是电路的输入和输出之间的逻辑关系，所以，数字电路也称为逻辑电路。它的一套分析方法也与模拟电路不同，采用的是逻辑代数、真值表、卡诺图、特性方程、状态转换图和时序波形图等。

随着电子工业的飞速发展，数字电路的集成度越来越高，正以功能齐全、价格低廉、可靠性高而被广泛地应用于国民经济的各个领域。

2)数字通信技术

数字通信是一种用数字信号作为载体来传输信息的通信方式。

数字通信系统通常由用户设备、编码和解码、调制和解调、加密和解密、传输和交换设备等组成。发信端来自信源的模拟信号必须先经过信源编码转变成数字信号，并对这些信号进行加密处理，以提高其保密性；为提高抗干扰能力需再经过信道编码，对数字信号进行调制，变成适合于信道传输的已调载波数字信号并送入信道。在收信端，对接收到的已调载波数字信号经解调得到基带数字信号，然后经信道解码、解密处理和信源解码等恢复为原来的模拟信号，送到信宿。为使数字信号的收发保持一一对应关系，建立数字通信系统时，必须采用相应的数字网同步技术。

数字通信可以传输电报、数据等数字信号，也可传输经过数字化处理的语音和图像等模拟信号。与模拟通信相比，数字通信具有许多突出优点：

①抗干扰能力强。电信号在信道上传送的过程中，不可避免地要受到各种各样的电气干扰。在模拟通信中，这种干扰是很难消除的，使得通信质量变坏。而数字通信在接收端是根据收到的“1”和“0”这两个数码来判别的，只要干扰信号不是大到使“有电脉冲”和“无电脉冲”都分不出来的程度，就不会影响通信质量。

②通信距离远，通信质量受距离的影响小。模拟信号在传送过程中能量会逐渐发生衰减使信号变弱，为了延长通信距离，就要在线路上设立一些增音放大器。但增音放大器会把有用的信号和无用的杂音一起放大，杂音经过一道道放大以后，就会越来越大，甚至会淹没

正常的信号,限制了通信距离。数字通信可采取“整形再生”的办法,把受到干扰的电脉冲再生成原来没有受到干扰的那样,使失真和噪声不易积累。这样,通信距离可以达到很远。

③保密性好。模拟通信传送的电信号,加密比较困难。而数字通信传送的是离散的电信号,很难听清。为了密上加密,还可以方便地进行加密处理。加密的方法是,采用随机性强的密码打乱数字信号的组合,即使窃收到加密后的数字信息,在短时间内也难以破译。

④通信设备的制造和维护简便。数字通信的电路主要由电子开关组成,很容易采用各种集成电路,体积小、耗电少。

⑤能适应各种通信业务的要求。各种信息(电话、电报、图像、数据以及其他通信业务)都可变为统一的数字信号进行传输,而且可与数字交换结合,实现统一的综合业务数字网。

⑥便于实现通信网的计算机管理。数字通信的缺点是数字信号占用的频带比模拟通信要宽。如一路模拟电话占用的频带宽度通常只有 4 kHz,而一路高质量的数字电话所需的频带远大于 4 kHz。但随着光纤等传输媒质的采用,数字信号占用较宽频带的问题将日益淡化。数字通信将向超高速、大容量、长距离方向发展,新的数字化智能终端将产生。

3)燃气现场数字通信技术的使用

燃气现场数字通信技术主要用于智能仪表的数据采集,智能仪表主要有流量计算机、流量修正仪、色谱分析仪、热值分析仪等。通过 RS232,RS485,RS422(使用较少)通信端口将 PLC/RTU 设备与现场的智能仪表相连接,根据已有的通信协议,完成数据的收发,并解析收到的数据,存入 PLC/RTU 设备的寄存器中,供上位数据读取。

知识拓展

燃气现场常用的串行通信接口

串行通信接口按电气标准及协议来分包括 RS-232,RS-422,RS-485,USB 等。RS-232,RS-422 与 RS-485 标准只对接口的电气特性作出规定,不涉及接插件、电缆或协议。USB 是近几年发展起来的新型接口标准,主要应用于高速数据传输领域。

1. RS-232 串行接口

目前 RS-232 是 PC 机与通信工业中应用最广泛的一种串行接口。RS-232 被定义为一种在低速率串行通信中增加通信距离的单端标准。RS-232 采取不平衡传输方式,即所谓单端通信。典型的 RS-232 信号在正负电平之间摆动,在发送数据时,发送端驱动器输出正电平在 +5 ~ +15 V,负电平在 −5 ~ −15 V。当无数据传输时,线上为 TTL 电平,从开始传送数据到结束,线上电平从 TTL 电平到 RS-232 电平再返回 TTL 电平。接收器典型的工作电平在 +3 ~ +12 V 与 −3 ~ −12 V。RS-232 是为点对点(即只用一对收、发设备)通信而设计的,其驱动器负载为 3 ~ 7 kΩ。

由于 RS-232 发送电平与接收电平的差仅为 2～3 V，所以其共模抑制能力差，再加上双绞线上的分布电容，其传送距离最大约为 15 m，最高速率为 20 kbps。所以 RS-232 适合本地设备之间的通信。可以通过测量 DTE 的 Txd（或 DCE 的 Rxd）和 Gnd 之间的电压了解串口的状态，在空载状态下，它们之间应有约 -10 V（-5～-15 V）的电压，否则该串口可能已损坏或驱动能力弱。

（1）管脚定义

RS-232 物理接口标准可分成 25 芯和 9 芯 D 型插座两种，均有针、孔之分。其中 TX（发送数据）、RX（接受数据）和 GND（信号地）是三条最基本的引线，可以实现简单的全双工通信。DTR（数据终端就绪）、DSR（数据准备好）、RTS（请求发送）和 CTS（清除发送）是最常用的硬件联络信号。RS-232 接口中 DB9，DB25 管脚信号定义如表 5.1 所示。

表 5.1　RS-232 接口中 DB9，DB25 管脚信号定义

9 针	25 针	信号名称	信号流向	简　称	信号功能
3	2	发送数据	DTE →DCE	TxD	DTE 发送串行数据
2	3	接收数据	DTE ←DCE	RxD	DTE 接受串行数据
7	4	请求发送	DTE →DCE	RTS	DTE 请求切换到发送方式
8	5	清除发送	DTE ←DCE	CTS	DCE 已切换到准备接受
6	6	数据设备就绪	DTE ←DCE	DSR	DCE 准备就绪可以接受
5	7	信号地		GND	公共信号地
1	8	载波检测	DTE ←DCE	DCD	DCE 已接受到远程载波
4	20	数据终端就绪	DTE →DCE	DTR	DTE 准备就绪可以接受
9	22	振铃指示	DTE ←DCE	RI	通知 DTE，通信线路已接通

按照 RS-232 标准，传输速率一般不超过 20 kbps，传输距离一般不超过 15 m。实际使用时通信速率最高可达 115 200 bps。

（2）RS-232 串行接口基本接线原则

设备之间的串行通信接线方法，取决于设备接口的定义。设备间采用 RS-232 串行电缆连接时有两类连接方式：

直通线：即相同信号（Rxd 对 Rxd，Txd 对 Txd）相连，用于 DTE（数据终端设备）与 DCE（数据通信设备）相连。如计算机与 MODEM（或 DTU）相连。

交叉线：即不同信号（Rxd 对 Txd，Txd 对 Rxd）相连，用于 DTE 与 DTE 相连。如计算机与计算机、计算机与采集器之间相连。

以上两种连接方法可以认为同种设备相连采用交叉线连接，不同种设备相连采用直通线连接。在少数情况下会出现两台具有DCE接口的设备需要串行通信的情况，此时也用交叉方式连接。当一台设备本身是DTE，但它的串行接口按DCE接口定义时，应按DCE接线。如艾默生网络能源有限公司生产的一体化采集器IDA采集模块上的调测接口是按DCE接口定义的，当计算机与IDA采集模块的调测口连接时就要采用直通串行电缆。

(3) RS-232的三种接线方式

三线方式：即两端设备的串口只连接收、发、地三根线。一般情况下，三线方式即可满足要求，如监控主机与采集器及大部分智能设备之间相连。

简易接口方式：两端设备的串口除了连接收、发、地三根线外，另外增加一对握手信号（一般是DSR和DTR）。具体需要哪对握手信号，需查阅设备接口说明。

完全口线方式：两端设备的串口9线全接。

此外，有些设备虽然需要握手信号，当并不需要真正的握手信号，可以采用自握手的方式。

2. RS-422/485串行接口

(1) 平衡传输

RS-422由RS-232发展而来。为改进RS-232通信距离短、速度低的缺点，RS-422定义了一种平衡通信接口，将传输速率提高到10 Mbps，并允许在一条平衡总线上最多连接10个接收器。RS-422是一种单机发送、多机接收的单向、平衡传输规范。

RS-422的数据信号采用差分传输方式，也称为平衡传输。它使用一对双绞线，将其中一线定义为A，另一线定义为B。通常情况下，发送驱动器A，B之间的正电平在+2～+6 V，是一个逻辑状态，负电平在-2～-6 V，是另一个逻辑状态。另有一个信号地C，在RS-485中还有一"使能"端，"使能"端是用于控制发送驱动器与传输线的切断与连接。当"使能"端起作用时，发送驱动器处于高阻状态，称为"第三态"，即它是有别于逻辑"1"与"0"的第三态。

接收器也作与发送端相应的规定，收、发端通过平衡双绞线将AA与BB对应相连，当在收端AB之间有大于+200 mV的电平时，输出正逻辑电平；小于-200 mV时，输出负逻辑电平。接收器接收平衡线上的电平范围通常在200 mV～6 V之间。

(2) RS-422

RS-422标准全称是"平衡电压数字接口电路的电气特性"，它定义了接口电路的特性。实际上还有一根信号地线，共5根线。由于接收器采用高输入阻抗，且发送驱动器比RS-232具有更强的驱动能力，故允许在相同传输线上连接多个接收节点，最多可接10个节点，即一个主设备（Master），其余为从设备（Salve），从设备之间不能通信，所以RS-422支持点对多的双向通信。RS-422四线接口由于采用单独的发送和接收通道，因此不必控制数据方向，各装置之间任何必须的信号交换均可以按软件方式（XON/XOFF握手）或硬件方式（一对单独的双绞线）实现。

RS-422的最大传输距离为4000 ft（约1200 m），最大传输速率为10 Mbps。其平衡双绞线的长度与传输速率成反比，在100 kbps速率以下，才可能达到最大传输距离。只有在很短的距离下才能获得最高速率传输。一般100 m长的双绞线上所能获得的最大传输速率仅为1 Mbps。

RS422接口的定义很复杂，一般只使用4个端子，其针脚定义分别为TX+、TX-、RX+、RX-，其中TX+和TX-为一对数据发送端子，RX+和RX-为一对数据接收端子。RS-422采用平衡差分电路，差分电路可在受干扰的线路上拾取有效信号，由于差分接收器可以分辨0.2 V以上的电位差，因此可大大减弱地线干扰和电磁干扰的影响，有利于抑制共模干扰，传输距离可达1200 m。

另外和RS-232不同的是，在一根RS-422总线上可以挂接多台设备组网，总线上连接的设备RS-422串行接口同名端相接，与上位机则收发交叉，可以实现点到多点的通信。

通过RS-422总线与计算机某一串口通信时，要求各设备的的通信协议相同。为了在总线上区分各设备，各设备需要设置不同的地址。上位机发送的数据所有的设备都能接收到，但只有地址符合上位机要求的设备响应。

（3）RS-485

为扩展应用范围，EIA在RS-422的基础上制订了RS-485标准，增加了多点、双向通信能力，通常在要求通信距离为几十米至上千米时，广泛采用RS-485收发器。

RS-485收发器采用平衡发送和差分接收，即在发送端，驱动器将TTL电平信号转换成差分信号输出；在接收端，接收器将差分信号变成TTL电平，因此具有抑制共模干扰的能力，加上接收器具有高的灵敏度，能检测低达200 mV的电压，故数据传输可达千米以外。

RS-485许多电气规定与RS-422相仿。如都采用平衡传输方式，都需在传输线上接终接电阻等。RS-485可以采用二线与四线方式，二线制可实现真正的多点双向通信。而采用四线连接时，与RS-422一样只能实现点对多的通信，即只能有一个主（Master）设备，其余为从设备，但它比RS-422有改进，无论四线还是二线连接方式总线上可连接多达32个设备，SIPEX公司新推出的SP485R最多可支持400个节点。

RS-485与RS-422的共模输出电压是不同的。RS-485共模输出电压

在 -7 ~ +12 V, RS-422 在 -7 ~ +7 V,RS-485 接收器最小输入阻抗为 12 KΩ;RS-422 是 4 kΩ;RS-485 满足所有 RS-422 的规范,所以 RS-485 的驱动器可以在 RS-422 网络中应用。但 RS-422 的驱动器并不完全适用于 RS-485 网络。

RS-485 与 RS-422 一样,最大传输速率为 10 Mbps。当波特率为 1200 bps 时,最大传输距离理论上可达 15 km。平衡双绞线的长度与传输速率成反比,在 100 kbps 速率以下,才可能使用规定最长的电缆长度。

RS-485 需要两个终接电阻,接在传输总线的两端,其阻值要求等于传输电缆的特性阻抗。在短距离传输时可不需终接电阻,即一般在 300 m 以下不需终接电阻。

RS-485 是 RS-422 的子集,只需要 DATA +(D +)、DATA -(D -)两根线。RS-485 与 RS-422 的不同之处在于 RS-422 为全双工结构,即可以在接收数据的同时发送数据,而 RS-485 为半双工结构,在同一时刻只能接收或发送数据。

RS-485 总线上也可以挂接多台设备用于组网,实现点到多点及多点到多点的通信(多点到多点是指总线上所接的所有设备及上位机任意两台之间均能通信)。

连接在 RS-485 总线上的设备也要求具有相同的通信协议,且地址不能相同。在不通信时,所有的设备处于接收状态,当需要发送数据时,串口才翻转为发送状态,以避免冲突。

5.4 终端站安装、调试

所有设备运抵现场后,在满足现场进场条件后,将进行现场安装及调试,调试工作与现场测试可以同时启动。现场调试主要分 4 个部分:

①单站 PLC/RTU 调试:完成站内监测、监控、与智能仪表通信的功能测试;

②单站软硬件站控系统联调;

③调度中心设备安装调试,与单站 PLC/RTU 的安装调试可同时进行;

④调度中心与各站联调。

学习鉴定

1. 填空题

(1)PLC/RTU 通信模块采用的通信模式常见的有____________模式和____________模式两种。

(2)PLC/RTU I/O 模块有__________、__________、__________、__________4 种。

(3)根据国际电工委员会制定的工业控制编程语言标准(IEC61131-3),PLC/RTU 的编程语言包括以下5种:__________、__________、__________、__________、__________。

(4)站点本地监控系统分__________、__________两级。

(5)电力的高、低压是以其额定电压的大、小来区分的,1 kV 及以上电压等级为__________和__________,1 kV 以下的电压等级为__________。

(6)低压配电裸硬母线涂漆,涂漆的颜色规定为 A 相(U 相)着__________色,B 相(V 相)着__________色,C 相(W 相)着__________色。

(7)燃气现场常用后备电源有如下三种方式,即:__________、__________、__________。

(8)雷击一般分为__________雷击和__________雷击。

(9)燃气行业 SCADA 系统的电涌防护基本措施有如下3种,即:__________、__________、__________。

(10)模拟量按信号类型分,可以分为__________型和__________型两种。

(11)典型的 RS-232 信号在正负电平之间摆动,在发送数据时,发送端驱动器输出正电平在__________,负电平在__________。当无数据传输时,线上为__________电平。RS-232 信号最大传输距离为__________m,其最基本的三条引线是__________、__________、__________。

(12)RS-485 与 RS-422 的不同之处在于 RS-422 为__________结构,即可以在接收数据的同时发送数据,而 RS485 为__________结构,在同一时刻只能接收或发送数据。

2. 问答题

(1) CPU 冗余系统和 CPU 表决系统的工作运行模式是什么？请简述。

(2) 请简述低压配电装置的主要功能及组成。

(3) 请简述后备式与在线式 UPS 的区别。

第 6 章　SCADA 通信系统

核心知识

- 系统本地通信网络
- 系统专用远程通信网络
- 系统公用远程通信网络

学习目标

- 掌握系统监控网络的作用
- 熟悉系统常用的通信与组网方式
- 了解系统通信相关基础技术

燃气管网 SCADA 系统监控网络由本地监控网络和远程监控网络组成。其中本地监控网络主要通过现场总线、工业以太网等技术，实现监控终端站系统对其站内现场运行设备的实时本地监控；远程监控网络主要通过在相应的远程通信网络平台上承载本地监控网络技术，实现对系统中各站点（中心站、终端站）的互连。其利用远程通信网络平台实现对监控网络的延伸与互联，从而突破了现场监控网络的局域性限制，将监控网络扩展到 SCADA 系统所需的监控覆盖范围。

6.1 本地监控网络技术*

6.1.1 现场总线

1）概述

现场总线是现代计算机和通信技术在工业控制领域内的应用。一方面，用户为提高生产效率和经济效益而对生产过程信息化和降低总体运行成本的要求不断加强，迫切需要享受数字化成果；另一方面，随着微电子技术的发展，现场技术日趋数字化、智能化，使得将分散的设备进行数字化相连不但成为可能，而且成为必要。从计算机的角度看，现场总线是一种工业网络平台；从通信角度看，现场总线是一种新型的全数字、串行、双向、多路设备连接的通信方式；从工程角度看，现场总线是一种工厂结构化分布总线。

现场总线技术将专用微处理器植入传统的测量控制设备，使它们具有了数字计算和数字通信能力，采用双绞线等作为总线，把多个测量控制设备连接成网络系统，按公开、规范的通信协议，在位于现场的具有多种测控计算功能的设备之间，以及现场仪表与监控计算机之间，实现数据传输与信息交换，在生产现场形成全分布式自控系统，向系统提供更为丰富的、使人们能更深入了解过程状况的自控设备管理信息。

现场总线是用于过程自动化和制造自动化的最底层现场设备互联的通信网络，是现场通信网络和控制系统的集成。现场总线的节点是现场设备或现场仪表，但不是传统的单一功能仪表，而是具有综合功能的智能仪表。

现场总线系统既是一个开放的数据通信系统、网络系统，又是一个可以由现场设备实现完成监控功能的分布式监控系统。它作为现场设备之间信息沟通交换的联系纽带，把挂在总线上、作为网络节点的设备连接成为实现各种监测控制功能的自动化系统，实现综合的自动化功能。

2）现场总线的含义

根据国际电工委员会 IEC（International Eletrotechnical Commission）标准的定义：现场总

线是连接智能现场设备和自动化系统的数字式、双向传输、多分支结构的通信网络。现场总线的本质含义表现在以下几个方面。

①现场通信网络：现场总线是把通信线一直延伸到生产现场或生产设备，是用于过程自动化和监控系统的现场设备或仪表互连的现场通信网络。现场总线能适应工业生产现场的恶劣环境，实现全数字通信。

②现场设备互连：现场设备或仪表是指传感器、变送器和执行器等，这些设备能通过一对一传输方式互连。传输线可以是双绞线、同轴电缆、光缆和电源线等，并可根据需要因地制宜地选择不同类型的传输介质和通信平台。

③互换性和互操作性：现场设备或仪表种类繁多，没有任何一家制造商可以提供一个工厂所需的全部现场设备，所以把不同制造商的产品进行互连是不可避免的。用户不希望因为所选用的产品不同而在集成上花很大力气，希望依据性能价格比最优的原则将各制造商的产品集成在一起，并对不同品牌的设备进行统一的组态。

④分布式功能块：把整个系统的功能分布在各现场监控站中实现。功能分布在多现场站点中，并支持统一的组态，可以灵活选择各种功能模块，构成所需要的监控系统，实现彻底的分布式监控。

⑤开放式互连网络：现场总线为开放的互连网络，既可与同层网络互连，也可与不同层网络互连。不同制造商的网络互连十分简单。开放式互连网络还体现在网络数据库共享，通过网络对现场设备和功能块进行统一组态，不同制造商的网络及设备融为一体，构成统一的系统。

3)现场总线系统的特点

(1)结构特点

传统模拟监控系统在设备之间采用一对一的连线，而在现场总线系统中，各现场设备分别作为总线上的一个网络节点，设备之间采用网络式连接是现场总线系统在结构上最显著的特征之一。总线在传输多个设备的多种信号，如运行参数、设备状态、故障、调校及维护信息的同时，还可为总线上的设备提供直流供电。现场总线系统省去了传统监控中的模拟/数字、数字/模拟转换卡件，从而为简化系统结构和节约硬件设备、连接电缆、各种安装维护费用创造了条件。

在现场总线系统中，由于设备增强了数字计算能力，所以有条件将各种控制计算功能、输入输出功能放在现场设备中实现。通过现场设备所具备的通信能力，可以直接在现场完成各变送器仪表与阀门执行机构之间的信号传送，从而实现系统现场级的分布式控制。

(2)技术特点

现场总线可以视为监控系统运行的动脉、通信的枢纽，具有以下技术特点。

①系统的开放性：系统的开放性体现在通信协议公开，不同厂商提供的设备之间可以实现网络的互连与信息交互。这里的开放是指相关规范的一致性与公开性，以及对标准的共识与遵守。一个开放的系统，是指其可以与世界上任何制造商提供的、遵守相同标准的其他设备或系统互连互通。用户可以按照自己的需求和考虑，把来自不同供应商的产品组成适

合其监控应用需求的系统。

②互可操作性与互换性:互可操作性是指网络中互连的设备之间可实现数据信息传递与交换。互换性则意味着对系统中不同厂家的性能类似的设备可以进行相互替换。

③通信的实时性与确定性:现场总线系统的基本任务是实现监测与控制。有些监控任务是有严格的时序和实时性要求的,达不到实时性要求或因时间同步等问题影响了网络节点间的动作时序,有时会造成灾难性的后果。这就要求现场总线系统能提供相应的通信机制,提供时间发布与时间管理功能,满足控制系统的实时性要求。现场总线系统中的媒体访问控制机制、通信模式、网络管理与调度方式等都会影响到通信的实时性、有效性与确定性。

④现场设备的智能与功能自治性:这里的智能主要体现在现场设备的数字计算与数字通信能力上。而功能自治性则是指将传感测量、补偿计算、工程量处理、控制计算等功能块分散嵌入现场设备中,借助位于现场的设备即可完成自动控制的基本功能,构成全分布式控制系统,并具备随时诊断设备工作状态的能力。

⑤对现场环境的适应性:现场总线系统工作在生产现场,具有对现场环境的适应性。现场总线控制网络区别于普通计算机网络的主要方面有:在不同的高温、严寒、粉尘环境下能保持正常的工作状态;具有抗震动、抗电磁干扰的能力;在易燃易爆环境下能保证本质安全,有能力支持总线供电等。为了提供对环境的适应性,现场总线系统采取的技术措施有:采用防雨、防潮、防电磁干扰的壳体封装,采用工作温度范围更宽的电子器件,采用屏蔽电缆或光缆作为传输介质,实现总线供电、满足本质安全的防爆要求等。

4)现场总线的优点

(1)节省硬件投资、安装费用与维护开销

现场总线系统中,由于智能现场设备能直接执行多参数测量、控制、报警、累计计算等多种功能,因而可减少变送器的数量,不再需要单独的调节器、计算单元等,节省了信号调理、转换等功能单元以及它们之间复杂的连线,从而实现对系统硬件投资与控制室的占地面积的节约。

现场总线系统在一对双绞线或一条电缆上通常可以挂接多个设备,系统的连线非常简单。当在系统中增加现场控制设备时,无须增设新的电缆,可将设备就近连接在原有的电缆上,既节省了投资,也减少了设计、安装的工作量。

由于现场控制设备具有自诊断和简单故障处理能力,并可通过数字通信将相关的诊断维护信息传到控制室,用户可以查询所有设备的运行诊断维护信息,从而及早分析故障原因并快速排除,缩短系统维护时间。同时系统结构简化、连线简单,也减少了维护所需的工作量。

(2)提高准确性与可靠性

现场总线设备的智能化、数字化,与模拟信号相比,从根本上提高了监测与控制的精确度,减少了传输误差,同时,也可以通过对信号往返传输的减少,提高系统的工作可靠性。另外通过设备标准化、功能模块化可使系统具有设计简单、易于重构等优点。

(3)增强开放性、互操作性、互换性、可集成性

系统具有开放性,不同厂家的产品及设备只要使用统一总线标准,就具有互操作性、互换性,从而具有很好的可集成性。也就是允许不同厂家将其专长的监控技术,如控制算法、工艺流程、配方等集成到通用系统中去,实现面向行业的系统应用。

5)现场总线的标准

为研究开发现场总线技术,国际上出现了各种以推广现场总线技术为目的的组织,如现场总线基金会(Fieldbus Foundation)、PROFIBUS 协会、LonMark 协会、工业以太网协会 IEA (Industrial EtherNet Association)、工业自动化开放网络联盟 IAONA(Industrial Automation Open Network Alliance)等,并形成了各式各样的企业、国家、地区及国际现场总线标准,从而使得现场总线技术面临一个关键问题,即要在自动化行业中形成一个制造商们共同遵守的现场总线通信协议技术标准,制造商们能按照标准生产产品,系统集成商们能够按照标准将不同产品组成系统,这便是现场总线标准的问题。

目前,国际上有各种总线及标准100余种。具有一定影响、已占有一定市场份额的用于SCADA系统的总线主要介绍以下几种:

(1)CAN总线

CAN(Controller Area Network)是控制器局域网的简称,是德国Bosch公司在1986年为解决汽车系统中众多测量控制部件之间的数据交换而开发的一种串行数据通信总线。CAN总线已由ISO/TC22技术委员会批准为国际标准ISO 11898和ISO 11519。尽管CAN总线最初是为汽车电子系统设计的,但由于其在技术与性价比方面具有的独特优势,CAN总线在电梯、机器人、液压系统、数控机床、医疗器械、智能传感器、过程自动化仪表、分散I/O系统等诸多领域也得到了广泛的应用。

(2)HART现场总线

高速可寻址远程变送器HART是Highway Addressable Remote Transducer的简称,最早由Rosemount公司开发,并得到了80余家著名仪表公司的支持,于1993年成立了HART通信基金会。其主要特点是在模拟信号传输线上实现数字信号通信,属于模拟系统向数字系统转变过程中的过渡性产品,因此在当前的过渡时期具有较强的市场竞争力,得到了较快的发展。

HART在4~20 mA模拟信号上叠加频率信号,成功地使模拟信号与数字双向通信能同时进行,而不相互干扰。它还可以在双绞线上以全数字的通信方式支持多达15个现场设备组成的多站网络,用以传送各现场仪表的参数与状态。HART协议采用基于Bell202标准的FSK频移键控信号,在低频的4~20 mA模拟信号上叠加幅度为0.5 mA的音频数字信号进行双向的数字通信,通信速率为1200 bps。多数现有的电缆都可以用于HART通信,但最好采用带屏蔽的直径大于0.51 mm的电缆,使用单台设备时的信号传输距离可达3000 m。

(3)Interbus现场总线

Interbus现场总线于1984年推出,是早期形成的几种总线技术之一,已经成为德国国家标准DIN 19528、欧洲标准EN 50254和IEC 61158的国际现场总线标准子集。Interbus现场总线主要技术开发单位为德国的Phoenix Contact公司,在德、美、英、法、日等多个国家和地区都有独立的 Interbus 组织(Interbus Club)。

Interbus 被广泛地应用于制造业和加工行业,作为推出较早的一种总线,它具有协议简单、帧结构独特、数据传输无仲裁等特点,适用于满足响应速度要求高、传输字节数较少的应用需求。Interbus 协议覆盖物理层、数据链路层和应用层,使用的传输介质有双绞线、光纤等。

(4)LonWorks 总线

LonWorks 现场总线的全称为 LonWorks NetWorks,是一个开放的控制网络平台技术。该技术提供一个控制网络构架,为各种控制网络应用提供端到端的解决方案,广泛应用于工业控制、楼宇自动化、数据采集等领域。

LonWorks 采用分布式的智能设备组建监控网络,同时也支持主从式网络结构,并支持包括双绞线、电力线、光缆等在内的多种通信介质。LonWorks 监控网络的核心部分——LonWork 通信协议已被固化在神经元芯片中,该技术包括一个名为 LNS 网络操作系统的管理平台,该平台为 LonWorks 监控网络提供全面的管理和服务,包括网络安装、配置、监测、诊断等。LonWorks 监控网络又可通过各种连接设备接入 IP 数据网和互联网,与信息技术应用实现无缝结合。LonWorks 技术的另一个重要特点是其开放性和互操作性。符合该标准的设备,无论其来自哪家生产厂商,都可以集成在一起,形成多厂商、多产品的开放系统。

(5)Modbus 总线

Modbus 是 MODICON 公司于 1979 年开发的一种工业总线通信协议,目前是一种在工业领域广为应用的真正开放、标准的网络通信协议。通过此协议,控制器相互之间、控制器经由网络和其他设备之间可以进行通信,不同厂商生产的控制设备和仪器也可连成工业网络,并实现集中监控和管理。Modbus 总线以其通用、成熟的第三方标准测试软件及较低的成本,为用户使用提供了诸多优势。由于 Modbus 是制造业、基础设施环境下真正的开放协议,因此得到了工业界的广泛支持,是事实上的工业标准。还由于其协议简单、容易实施和性能价格比高,得到了全球 400 多个厂家的支持。

Modbus 现场总线适用范围非常广泛,在能源监控、过程自动化、制造业自动化、楼宇自动化方面都有良好的应用。

(6)PROFIBUS 现场总线

PROFIBUS 是 Process Fieldbus 的缩写,是面向工厂自动化和流程自动化的一种国际性的现场总线标准。它是符合德国国家标准 DIN1924S 和欧洲标准 EN50170 第二部分的现场总线,支持主从方式、纯主方式、多主多从通信方式。PROFIBUS 现场总线被广泛应用于制造业自动化、楼宇自动化、交通管理自动化、电子工业和能源输送等行业,并在可编程控制器、传感器、执行器、低压电器开关等设备之间传递数据信息,承担监控网络的各项任务。PROFIBUS 中主要包括 PROFIBUS-DP,PROFIBUS-FMS,PROFIBUS-PA 三个子集。其中,PROFIBUS-DP 是专为监控系统与设备级分散 I/O 之间的通信而设计的,用于分布式监控系统设备间的高速数据传输;PROFIBUS-FMS 适用于承担车间级通用性数据通信,可提供通信大的相关服务,完成中等传输速度的周期性和非周期性通信任务;PROFIBUS-PA 是专为过程自动化而设计的,采用 IEC1158-2 中规定的通信规程,适用于安全性要求高的本质安全应用及需要总线供电的场合。

6)现场总线的体系结构

(1)网络体系结构

网络体系结构(Network Architecture)就是为了完成网络节点间的通信,把网络互联的功能层次化,并明确规定同层实体通信的协议及相邻之间的接口服务。因此网络体系结构是网络系统分层、各层协议、功能和层间接口的集合。不同网络在层的数量、各层的名称、内容和功能以及各相邻层之间的接口方面都是不一样的。然而它们之间也具有共性,就是每一层都为与其邻接的上层提供一定的服务,而且各层之间是相对独立的,高层不必知道低层的实现细节。这样网络体系结构能做到与具体的物理实现无关,只要它们遵守相同的协议就可以实现互联与操作。

(2)开放系统互联参考模型

国际标准化组织开发了开放式系统互联参考模型以促进网络系统的开放互联,开放式互联就是在多个厂家的技术环境中支持互联。该模型为网络系统的开放式通信所需定义的功能层次建立了全球标准。

为开放系统互连所建立的分层模型简称OSI(Open System Interconnection)参考模型,其目的是为通信实体间的互联提供一个共同的基础和标准框架,并为保持相关标准的一致性和兼容性提供共同的参考。OSI将通信会话需要的各种进程划分为7个相对独立的功能层次,这些层次的组织是以在一个通信会话中事件发生的自然顺序为基础的。如图6.1所示,OSI参考模型中7个层次自下而上分别是:物理层、数据链路层、网络层、传输层、会话层、表示层和应用层。其中下三层主要负责通信功能,一般称为通信子层,常以硬件和软件相结合的方式来实现;上三层属于资源子网的功能范畴,称为资源子网层,通常用软件来实现;传输层负责衔接上下三层。具体的网络分层关系如下:

①物理层(Physical Layer):OSI参考模型的第1层,物理层定义了电气、机械、有关程序和功能的技术规范,目的是为了激活、维护终端间的物理连接。

②数据链路层(Data Link Layer):OSI参考模型的第2层,用于提供物理链路上的可靠的数据传输,数据链路层关系物理寻址、网络拓扑结构、线路规程、错误报告、数据帧的传输顺序和流量控制。

③网络层(Network Layer):OSI参考模型的第3层,负责提供终端系统之间的连接和路径选择,网络系统中的路由选择发生在本层。

④传输层(Transport Layer):OSI参考模型的第4层,负责实现终端间的可靠的网络通信。传输层提供机制建立、维护和终止虚电路,并负责传输差错检测和恢复,以及信息流量控制。

⑤会话层(Session Layer):OSI参考模型的第5层,负责建立、管理和停止应用程序的会话管理表示层实体之间的数据交换。

⑥表示层(Presentation Layer):OSI参考模型的第6层,保证某系统应用层发出的信息能被另一系统的应用层读懂。表示层与程序使用的数据结构无关,从而作为应用层处理数据传输的语法。

⑦应用层(Application Layer):OSI参考模型的第7层,为处于OSI模型之外的应用程序提供服务。应用层负责识别并确认与通信合作伙伴的有效性,同步合作的应用程序,并建立关于差错恢复和数据完整性控制步骤的协议。

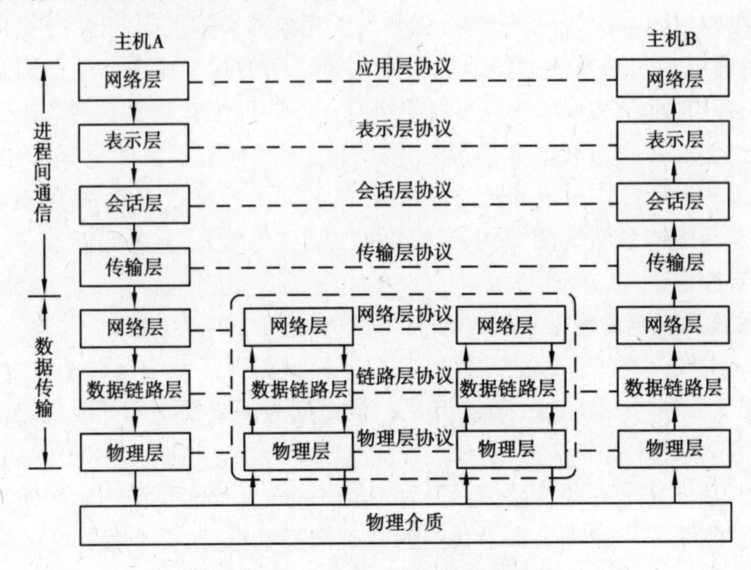

图6.1　OSI参考模型分层结构

OSI参考模型提供了概念性和功能性结构,通过该模型实现将开放系统的通信功能划分为7个层次,在导入新技术或提出新的技术要求时,就可以把由通信功能扩展、更新所带来的影响限制在直接有关的层次内,而不必改动全部协议。

(3)现场总线的体系结构

现场总线体系结构包括:应用层、数据链路层(DLL)以及物理层。根据OSI体系结构的规定,数据链路层包含了逻辑链路控制(LLC)子层和介质访问控制(MAC)子层,DLL为应用层提供正确的通信服务。

如表6.1所示,典型的现场总线协议模型采用OSI模型的三个典型层:物理层、数据链路层、应用层,在省去了3~6层后,考虑到现场通信的特点,设置一个现场总线访问子层。它具

表6.1　现场总线协议的分层体系结构

OSI分层结构	现场总线协议分层机构
7	应用层
3~6	空
2	数据链路层(链路调度)
	数据链路层(访问控制)
	数据链路层(链路成帧)
1	物理层

有结构简单、执行协议直观、价格低廉等优点,也满足工业现场应用的性能要求。它是OSI的简化形式,其流量与差错控制在数据链路层进行。因此与OSI模型不完全保持一致。总之,开放系统互连模型是现场总线的基础,现场总线参考模型既要遵循开放系统集成的原则,又要充分兼顾监控应用的特点和特殊要求。

6.1.2　工业以太网

1)以太网

"以太网"是目前世界上应用最广泛的局域网。它是由美国Xerox公司和Stanford大学联合开发并于1975年推出的,成为世界上第一个局域网工业标准。随着互联网技术的发展和普及,以太网获得了广泛的应用,并于1982年制定成为IEEE802.3标准的第一版本,1990年2月该标准正式成为ISO/IEC8802.3国际标准。

以太网具有传输速度高、低耗、易于安装和兼容性好等方面的优势,由于它支持几乎所有流行的网络协议,所以在商业系统中被广泛采用。以太网的传输速度已发展到万兆,通信速率为100 M,1000 M的以太网应用广泛。传输媒体根据情况可以选择同轴电缆、双绞线、光纤和无线等,网络机理从最早期的共享式发展到盛行的交换式,网络接口的工作方式也从单工方式发展到了全双工方式。

随着网络技术的发展,以太网进入了控制领域,形成了新型的以太网控制网络技术。这主要是由于工业自动化系统向分布化、智能化控制方面发展,开放的、透明的通信协议是必然的要求,同时以太网的TCP/IP协议的开放性使得它在工控领域通信这一关键环节具有很大优势。与目前的现场总线相比,以太网的优势体现在以下4个方面:

遵照网络协议,不同厂商的设备可以很容易实现互联。以太网能实现工业控制网络与企业信息网络的无缝连接,形成企业级管控一体化的全开放网络。由于以太网技术已经非常成熟,支持以太网的软、硬件受到厂商的高度重视和广泛支持,有多种软件开发环境和硬件设备供用户选择,软、硬件成本低廉。几乎每一家企业都有具备以太网维护能力的人员,无须再专门学习一种控制网络,从而使用户成本下降。

以太网的物理层和数据链路层规范

以太网(Ethernet)既是一种计算机接入局域网络的连接标准,又是一种网络互联设备数据共享的通信协议。它采用了IEEE802.3规范所采用的具有冲突检测的载波监听多点接入CSMA/CD技术。IEEE802.3是IEEE802标准系列中的一部分,以太网版本2.0由Digital Equipment Corporation,Intel和Xerox三家公司联合开发,与IEEE802.3规范相互兼容。以太网和IEEE802.3通常由接口卡(网卡)或主电路板上的电路实现。以太网电缆协议规定用收发器将电缆连到网络物理设备上。收发器执行物理层的大部分功能，其中包括冲突检测及收发器电缆将收发器连接到工作站上。在IEEE802.3标准中首先将OSI参考模型中的数据链路层分为两个子层，即LLC层和MAC层。

MAC子层负责控制对网络的访问。除了负责网络访问控制外，MAC层还负责数据进入和离开网络时的有序流动。为此，MAC子层需要负责MAC寻址、帧类型识别、帧控制、帧拷贝和其他类似的与帧有关的功能。

虽然以太网和IEEE802.3在很多方面都非常相似，但是两种规范之间仍然存在一定的区别。以太网所能提供的服务主要对应于OSI参考模型的第1层和第2层，即物理层和逻辑链路层；而IEEE802.3则主要是对物理层和逻辑链路层的通道访问部分进行了规定。此外，IEEE802.3没有定义任何逻辑链路控制协议，但是指定了多种不同的物理层，而以太网只提供了一种物理层协议。

2）工业以太网

（1）概述

工业以太网，一般来讲是指技术上与商用以太网（IEEE802.3标准）兼容，但在产品设计时，在材质的选用、产品的强度、适用性以及实时性、可互操作性、可靠性、抗干扰性和本质安全等方面能满足工业现场的需要。随着互联网技术的发展与普及推广，以太网技术也得到了迅速发展，以太网传输速率的提高和以太网交换技术的发展，给解决以太网通信的非确定性问题带来了希望，并使以太网全面应用于工业控制领域成为可能。

由于工业自动化网络控制系统不仅是一个完成数据传输的通信系统，而且还是一个借助网络完成控制功能的自控系统。它除了完成数据传输之外，往往还需要依靠所传输的数据和指令，执行某些控制计算与操作功能，由多个网络节点协调完成自控任务。因此它需要在应用、用户等高层协议与规范上满足开放系统的要求，满足互操作条件。

①通信实时性和确定性：确定性是指网络中任何节点，在任何负载情况下都能在规定的时间内得到数据发送的机会，任何节点都不能独占传输媒介。而实时性主要是通过响应时间和循环时间来反映。

以太网虽然在商业领域得到了广泛应用，但用标准的UDP或TCP/IP协议与以太网一起来构建实时控制网络是困难的。这主要是因为以太网的媒介访问控制协议——CSMA/CD碰撞检测方式有无法预见的延迟特性。当实时数据与非实时数据在以太网上同时传输时，由于实时数据与非实时数据在源节点的竞争以及与来自其他节点的实时与非实时数据的碰撞，实时数据将有可能经历不可预见的大延时，甚至长时间发不出去的情况。以太网的整个传输体系并没有有效的措施及时发现某一节点故障而加以隔离，从而有可能使故障节点独占总线而导致其他节点传输失效，工业控制响应的实时性问题就不能得到解决。

当今以太网技术的飞速进步，使其工业应用成为可能。首先，以太网的通信速率从10 Mbps，100 Mbps增大到如今的1000 Mbps，10 Gbps，在数据吞吐量相同的情况下，通信速率的提高意味着网络负荷的减轻和网络传输延时的减小,即网络碰撞几率大大下降。其次,采用星形网络拓扑结构,交换机将网络划分为若干个网段。以太网交换机由于具有数据存储、转发的功能,使各端口之间输入和输出的数据帧能够得到缓冲,不再发生碰撞;同时工业以太网交换机还可对网络上传输的数据进行过滤,使每个网段内节点间数据的传输只限在本地网段内进行,而不需经过主干网,也不占用其他网段的宽带,从而降低了所有网段和主干网的网络负荷。再次,全双工通信使得端口间两对双绞线(或两根光纤)上分别同时接收和发送报文帧,也不会发生冲突。因此,采用交换式集线器和全双工通信,可使网络上的冲突域不复存在(全双工通信),或碰撞概率大大降低(半双工),从而使以太网通信确定性和实时性大大提高。

②网络弹性:网络弹性是指以太网应用于工业现场控制时,必须具有较强的网络可用性。工业以太网的网络弹性包括以下几个方面:

可靠性:在基于以太网的控制系统中,网络成为关键性设备,系统和网络的结合使得可靠性成为设计重点。高可靠重负荷设计的工业以太网能最好地满足这种需求。此外,在实际应用中,主干网可采用光纤传输,对于重要的网段还可采用冗余网络技术,以此提高网络的抗干扰能力和可靠性。

可恢复性:当网络系统中任一设备或网段发生故障而不能正常工作时,系统能依靠事先设计的自动恢复程序将断开的网络重新链接起来,并将故障进行隔离,使任一局部故障不会影响整个系统的正常运行。工业以太网通常使用光纤环网作为链路冗余,以此保证系统的不间断运行。

可维护性:工业以太网通过使用网管软件进行故障定位和自动报警,使故障能够得到及时处理,同时网管软件还可以进行性能管理、配置管理、变化管理等内容。工业以太网使用卡轨式安装或模块化来满足维修更换的快速性和便捷性。

网络安全性:工业以太网把传统的三层网络系统(信息层、控制层、设备层)合为一体,使各层网络之间的数据能够“透明”地传输,数据传输的速率更快,实时性更高,同时还可以方便地接入Internet,实现数据共享。在这种情况下,网络安全就显得尤为重要。因此,可采用网络隔离的办法,如采用网关或路由器将内部网络与外部网络分开。

环境适应性:针对工作温度、湿度、干扰、辐射等工业现场环境的不同需要,分别采取相应的措施,生产满足工业现场使用的要求的产品。

(2)实时以太网

通过采用减轻以太网负荷、提高网络速度、采用交换式以太网和全双工通信、采用信息级和流量控制及虚拟局域网等技术,工业以太网的实时响应时间可达5~10 ms。对于响应时间小于5 ms的应用,工业以太网较难胜任。为了满足高实时性应用的需要,各大公司和标准组织纷纷提出各种提升工业以太网实时性的技术解决方案。这些方案建立在IEEE802.3标准的基础上,通过对其和相关标准的实时扩展提高实时性,并且做到与标准以太网的无缝链接,从而产生了实时以太网(Real-Time Ethernet,RTE)。实时以太网是工业以太网针对实时性、确定性问题的解决方案,属于工业以太网的特色与核心技术。从控制网络的角度看,工作在现场控制层的实时以太网,实际上属于一个新类别的现场总线。

知识拓展

1. Ethernet/IP 实时以太网

Ethernet/IP 实时以太网技术是由 ControlNet 国际组织 CI、工业以太网协会 IEA 和开放的 DeviceNet 供应商协会 ODVA 等共同开发的工业网络标准。Ethernet/IP 采用了当前应用广泛的以太网通信芯片以及物理媒体，又在 TCP/IP 之上附加 CIP(Common Industrial Protocol)思想把实时扩展功能,在应用层进行实时数据交换和运行实时应用。CIP 的控制部分用于实时 I/O 报文或隐形报文,CIP 的信息部分用于报文交换,也称为显性报文。ControlNet,DeviceNet 和 Ethernet/IP 都使用该协议通信,三种网络分享相同的对象库,对象和装置行规使得多个供应商的装置能在上述三种网络中实现即插即用。Ethernet/IP 能够用于处理多达每个包 1500 Byte 的大批量数据,它以可预报方式管理大批量数据。

2003 年 ODVA 组织将 IEEE1588 精确时间同步协议用于 Ethernet/IP,制定了 CIPsync 标准以进一步提高 Ethernet/IP 的实时性。该标准要求每秒钟由主控制器广播一个同步化信号到网络上的各个节点,要求所有节点的同步精度标准到微秒级。为此,芯片制造商增加一个"加速"线路到以太网芯片,从而将性能改善到 500 毫微秒的精度。由此可见,CIPsync 是 CIP 的实时扩展。

2. Modbus-IDA 实时以太网

Modbus 组织和 IDA(Interface for Distributed Automation)集团都致力于建立基于 Ethernet/TCP/IP 和 Web 互联网技术的分布式智能自动化系统,为了提高竞争力,2003 年 10 月,两个组织宣布合并,联手开发 Modbus-IDA 实时以太网。

Modbus-IDA 也采用了当前应用广泛的以太网通信芯片以及物理媒体,其实时扩展方案是为以太网建立一个新的实时通信应用层,采用一种新的通信协议 RTPS(Real-Time Publish/Subscribe)实现实时通信,该协议的实现则由一个中间件来完成。Modbus-IDA 通信协议模型建立在面向对象的基础上,这些对象可以通过 API 应用程序接口被应用层调用。通信协议同时提供实时服务和非实时服务:非实时通信基于 TCP/IP 协议,充分采用 IT 成熟技术,如基于网页的诊断和配置(HTTP)、文件传输(FTP)、网络管理(SNMP)、地址管理(BOOTP/DHCP)和邮件通知(SMTP)等;实时通信服务建立在 RTPS 实时发布者/预订者模式和 Modbus 协议之上。RTPS 协议及其应用程序接口 API 由一个对各种设备都一致的中间件来实现,它采用美国 RTI(Real-Time Innovations)公司的 NDDS3.0(Nctwork Data Delivery Service)实时通信系统。RTPS 建立在 Publish/Subscribe 模式基础上,并进行了扩展,增加了设置数据发送截止时间、控制数据流速率和使用多址广播等功能。它可以简化为一个数据发送者和多个数据接收者之间通信编程的工作，极大地减轻网络的负荷。RTPS构建在UDP协议之上，Modbus协议构建在TCP协议之上。

3. PROFINET **实时以太网**

PROFINET实时工业以太网是由Profibus International(PI)组织提出的基于以太网的自动化标准。从2004年开始，PI与Interbus Club(Interbus总线俱乐部)联手，负责合作开发与制定标准。PROFINET构成从I/O级直至协调管理级的基于组件的分布式自动化系统的体系结构方案，PROFIBUS技术和INTERBUS现场总线技术可以在整个系统中无缝地集成。PROFIET已有三个版本，在这些版本中，PROFINET提出了对IEEE802.1D和IEEE1588进行实时扩展的技术方案，并对不同实时要求的信息采用不同的实时通道技术。

PROFINET提供一个标准通信通道和两类实时通信通道。标准通道是使用TCP/IP协议的非实时通信通道，主要用于设备参数化、组态和读取诊断数据。实时通道RT是软实时SRT(SoftWareRT)方案，主要用于过程数据的高性能循环传输、事件控制的信号与报警信号等。旁路通信协议模型的第3层和第4层，提供精确通信能力。为优化通信功能，PROFINET根据IEEE802.1P定义了报文的优先级，最多可用7级。实时通道IRT采用了IRT(Isochronous Real-Time)等时同步实时的ASIC芯片解决方案，以进一步缩短通信栈软件的处理时间，特别适用于高性能传输、过程数据的等时同步传输以及快速的时钟同步运动控制应用，在1ms时间周期内，可实现对100多个轴的控制，而抖动不足1μs。

4. EtherCAT **实时以太网**

EtherCAT(Ethernet for Control Automation Technology)由德国Beckhoff公司开发，并得到ETG(EtherCAT Technol Group)组织的支持。EtherCAT是一个可用于现场级的超高速I/O网络，它使用标准的以太网物理层和常规的以太网卡，介质可为双绞线或光纤。

以太网技术用于现场级的最大问题是通信效率低，用于传送现场数据的Ethernet帧最短为84 Byte(包括分组间隙IPG)。按照理论计算值，以太网的通信效率仅为0.77%，Interbus现场总线的通信效率高达52%。于是，EtherCAT采用了类似Interbus技术的集总帧等时通信的原理。EtherCAT开发了专用ASIC芯片FMMU(Fieldbus Memory Management Unit)用于I/O模块，这样一来，EtherCAT可采用标准以太网帧，并以特定的环状拓扑发送数据，在FMMU现场总线存储器管理单元的控制下，网络上的每个站(或I/O单元)均从以太网帧上取走与该站有关的数据，或者插入该站要输出的数据。EtherCAT还通过内部优化级系统，使实时以太网帧比其他数据帧有较高的优先级。组态数据只在实时数据的传输间隙期间传送或通过专用通道传送。EtherCAT采用IEEE1588时间同步机制实现分布式时钟精确同步,从而使 EtherCAT 可以在 30 μs 内处理 1000 个开关量,或在 50 μs 内处理 200 个 16 位模拟量,其通信能力可以使 100 个伺服轴的控制、位置和状态数据在 100 μs 内更新。

6.2 远程监控网络平台

6.2.1 专用网络平台

1) 数传电台专用网络

(1) 概述

数传电台是无线数据传输电台的简称,是一种通过将数字信号处理、纠错编码、软件无线电、数字调制解调和表面贴片等技术集成而实现的无线通信设备,具有高性能、高可靠的特点。数传电台通常提供标准的 RS-232 数据接口,可以直接与计算机、监控终端机、智能仪表等工业监控设备进行连接。

目前在 SCADA 系统中常用的是采用数字信号处理(DSP, Digital Signal Processing)等技术实现的数字数传电台。

数字数传电台通常可以实现:传输速率可选(在 25 kHz 信道中的速率可达 19 200 bps),误码低于 10^{-6}(-110 dBm 时),发射功率软件调节,任何型号的电台可设置为主站或远程子站使用,适应室内或室外恶劣工作环境,同时兼容数据和语音,工作于单工、半双工、时分双工 TDD 或全双工通信模拟,具有远程诊断、测试、监控功能,从而满足远程监控及调度指挥系统的远程、高速、可靠无线数据传输需求。

知识拓展

数传电台串行通信

在串行通信中,如果用 TX 表示在终端设备串口中进行数据发送的端子,用 RX 表示在终端设备串口中进行数据接收的端子,则在有线连接方式下(图 6.2),终端设备之间可以实现直接的有线连接与串行通信。

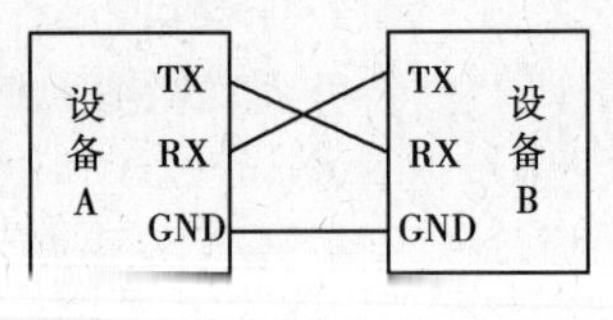

图 6.2　有线方式串行通信

如果终端设备之间要使用串口通过其他方式进行通信,则需要增加一对既可以通过该方式进行通信又可以通过串口与终端设备通信的通信设备。如图6.3所示，可以将成对的通信设备看作上述的串行通信线。

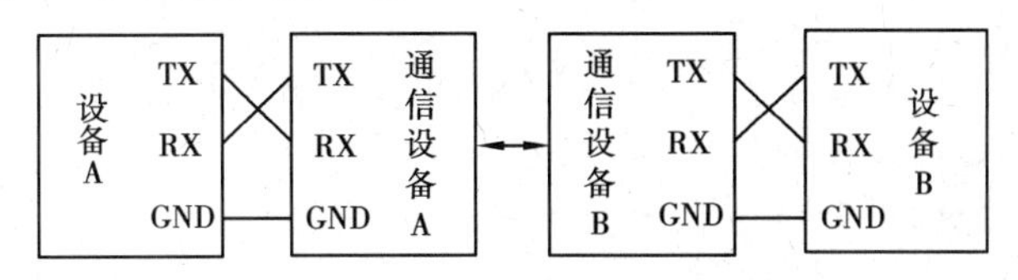

图6.3　其他方式串行通信

在数传电台专网中，电台就成为代替通信线的通信设备。如图6.4所示，电台通过天线收发无线电波实现无线通信，并通过串口与终端设备相连。

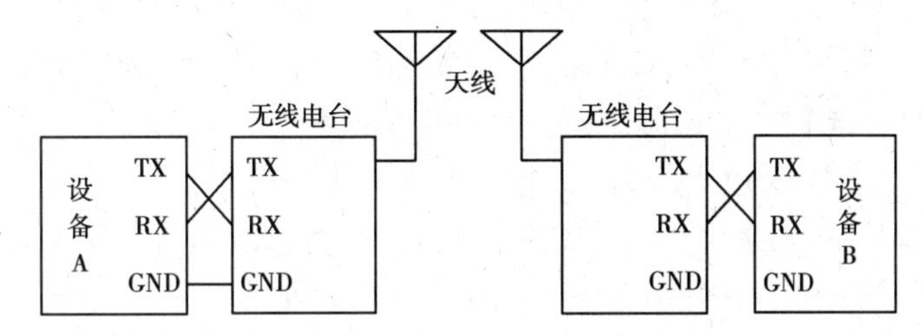

图6.4　数传电台串行通信

(2)影响电台通信能力的要素

①天线高度。无线电波通过电台天线在空中进行收发传播，在SCADA系统应用中，为保证信号的覆盖及传输的稳定可靠，对电台天线的选型及架设高度提有具体要求。

中心站要配置全向天线，以覆盖各方向分布的终端站；终端站可以选用定向天线或全向天线，在选用定向天线时，天线方向须对准中心站天线。在开阔无阻挡的地形情况下，天线架设的高度D可以根据下式确定：

$$D = 4.12 \times (\sqrt{H} + \sqrt{h}) \tag{6.1}$$

式中　H——中心站高度，km；

h——终端站高度，km。

电波从电台发出，经过馈线和天线，通过空中向远方传播，信号受到衰减。电波信号到达接收电台的场强不同，解调输出信号的信噪比亦会不同，从而影响系统的判断和误码率。如果场强太小，即使距离再接近接收电台也接收不到。所以接收场强是决定通信距离的第二因素。

②发射功率。数传电台的最远数据传输距离会随其发射功率的提高而增大。通常情况下，数传电台有发射功率限制，最远传输距离为数十千米，从而决定了数传电台专网的覆盖范围是有限的。根据国家无线电管理委员会的规定，在工业监控及数据传输业务领域内，无线频道的间隔为25 kHz。用于近距离(1 km以内)通信时，电台的发射功率应不大于0.5 W；在城区、近郊区内应用时，发射功率应不大于5 W；在远郊区、野外应用时，发射功率应不大于25 W。

知识拓展

数传电台通信组网

主从式通信是数传电台专网中最基本的通信方式，即把网络中的一个节点制定为主节点（在SCADA系统中通常是中心站），其他节点（SCADA系统终端站）为从节点，由主节点负责控制网络中的通信。为了保证每个节点都有机会传送数据，主节点通常对从节点进行依次逐一轮询（Polling），形成严格的周期性报文传输。主节点周期性地向从节点传送报文，并接收相应从节点的应答报文。在主从式通信中，由主节点对无线信道的占用进行管理与控制，任何时刻都只允许一个节点向主节点发送报文，从而避免了收发频率相同的电台间的发射冲突的问题。

在SCADA系统实际应用中，轮询是中心站对终端站进行实时监控的主要通信方式。使用轮询方式时，轮询周期T(s)或系统终端站容量N(个)取决于单点的数据量D(bit)、电台传输速率S(bps)和电台收发转换时间t(s)，它们的关系公式为：

$$T = N \times \left(\frac{D}{S} + t\right) \tag{6.2}$$

基于主从式的数传电台专网平台有以下几种常用的组网方式：

1.普通式组网

在中心站本地天线架设高度可以满足系统对网络覆盖范围需求的情况下，本方式是最常用的组网方式。以用户拥有一对频点资源（450 MHz/460 MHz）为例，网络结构如图6.5所示，中心站可以通过异频双工的通信模式，实现对各终端站的轮询监控。

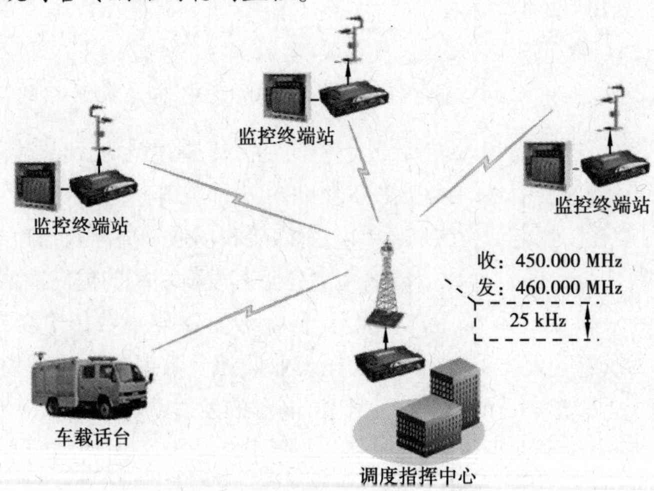

图6.5 普通式组网

2. 中继式组网

对于城市管网SCADA系统,在中心站的电台信号范围无法覆盖全部终端站的情况下,可以通过中继式组网加以解决。继续以上述频点资源为例,如图6.6所示,中继站的天线选取安装在足够高的位置,中继站系统通常配置两部电台,双电台之间通过串口互连,组建"背靠背"的模式,从而通过中继站系统对数据的中继转发功能,实现电台专网对全SCADA系统的覆盖。

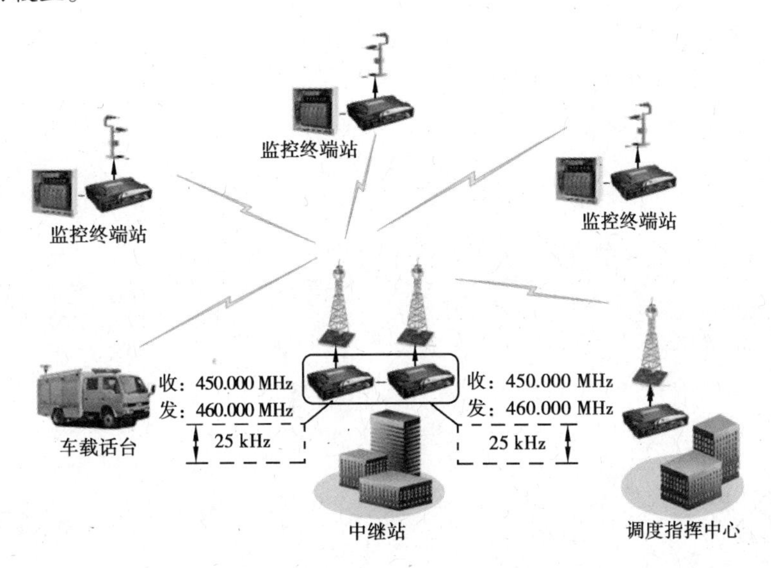

图6.6 电台中继组网

对于长输管网的SCADA系统,系统随着管网在地理上呈线条形分布,站间距离较远,并且中心站常位于首末端。在这种情况下,中心站与远端终端站之间的距离将超出其电台的信号覆盖范围,数据往往要经过其间多站点的逐站中继转发才能最终传送至目的站点。以图6.7所示为例,终端站C的数据要传送至中心站,需经过C先发送至B,B再发送至A,A最终发送至中心站。此组网方式需要系统中作为中继站的监控站点具有存储转发的功能。

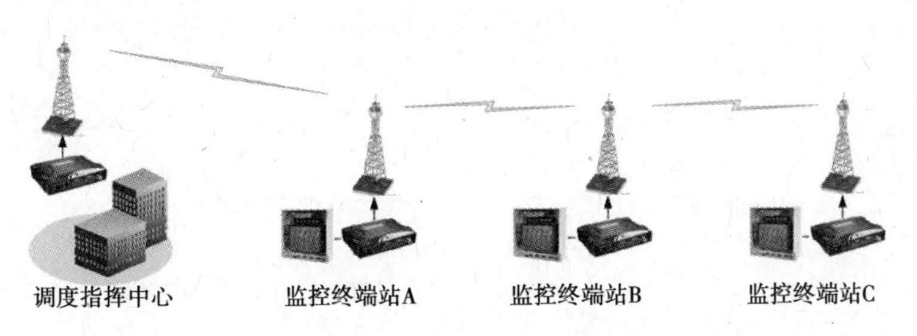

图6.7 终端站中继组网

3. 基站式组网

对于大型城市,由于城市面积大、建筑物多,单靠一个主站或中继站系统往往不能有效地覆盖整个城市管网 SCADA 系统。这时可以采用区域划分的思路,将整个系统所占区域划分为若干个小型区域,每个小区域内设置基站实现对所辖子站的信号覆盖,SCADA 系统中心站通过各基站实现与系统内全部终端站间的数据通信。在基站式电台专网系统中,IP 网络与无线跳频扩频是系统中心站与各基站间常用的通信方式。

以图 6.8、图 6.9 所示为例,用户拥有两对频点资源(450 MHz/460 MHz,451 MHz/461 MHz),在资源有限的情况下,可以通过在各基站系统采用同频收发的通信模式,实现对基站数量的增多,从而增大网络的覆盖范围。

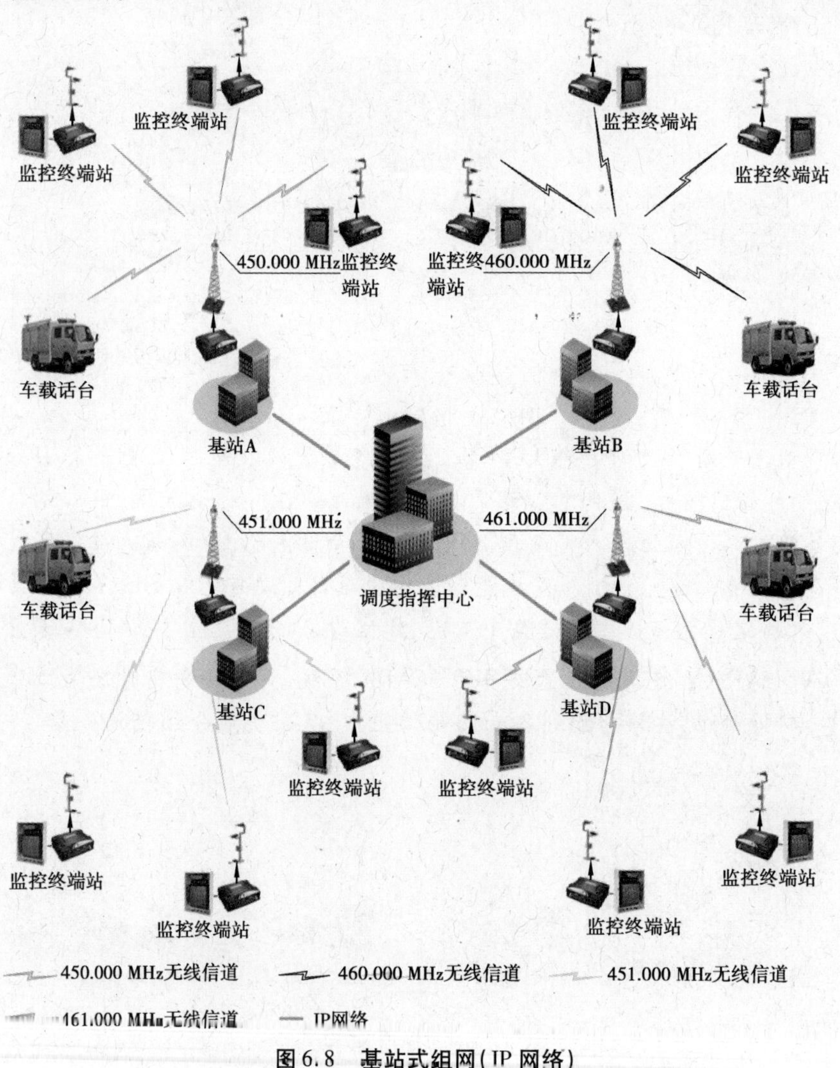

图 6.8 基站式组网(IP 网络)

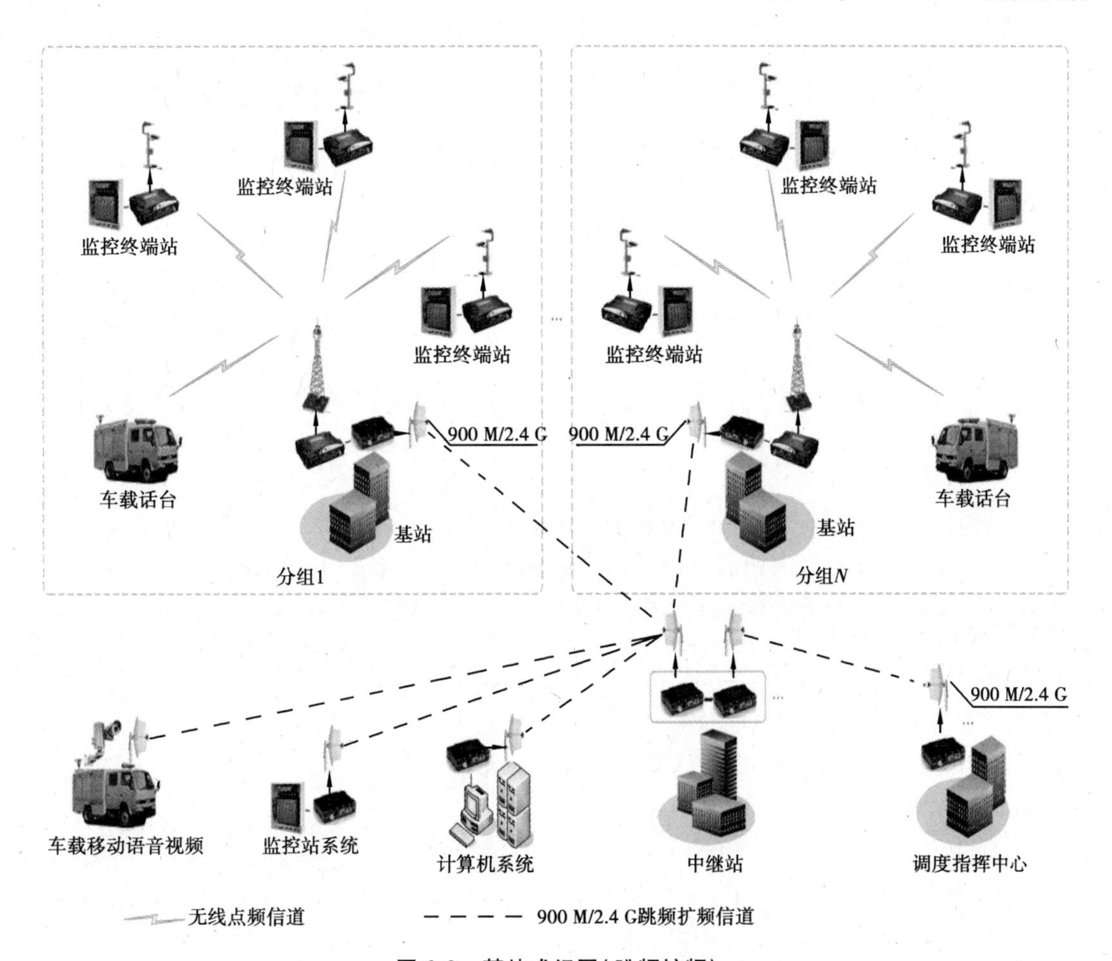

图6.9 基站式组网(跳频扩频)

4.分组式组网

根据上述的电台专网轮询周期计算公式 $T = N \times (D/S + t)$,可以看出网络中的终端站数量 N 是影响系统轮询周期的最主要因素,也就是在同一个电台专网平台上,终端站数量较少的SCADA系统具有更高的监控实时性。对于终端站数量较多的SCADA系统,为了提高实时性,增加电台专网并将终端站分配到各专网轮询组中,从而实现分组轮询是最实用、有效的方法。

电台专网需要有专用的频点资源,在用户频点资源有限的情况下,可以通过对现有频点带宽进行划分,从而实现对频点数量的增加。如图6.10所示,可以将用户拥有的一对频点资源划分为两对甚至四对,从而实现对系统电台专网平台个数的加倍。划分后,专网所占频点的带宽以及所能支持的传输速率依次减半,尽管这样降低了电台的传输速率 S,但是通过对专网内终端站个数 N 的减半,可以实现对系统轮询周期的有效缩减。

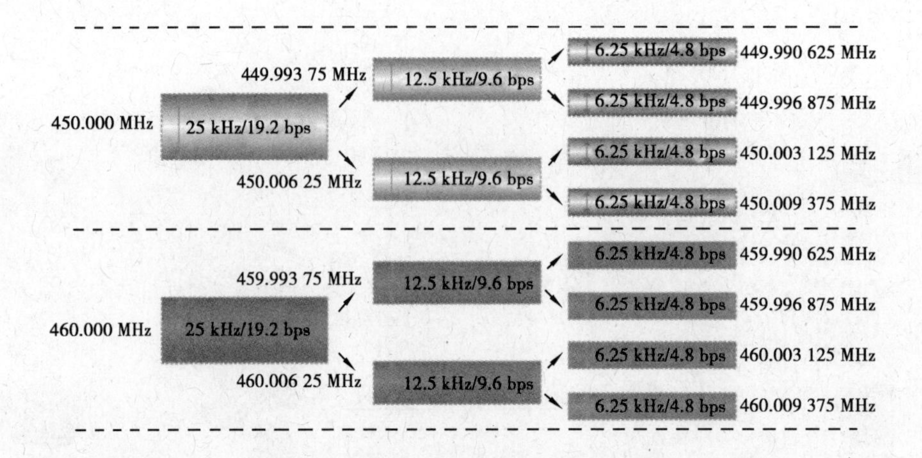

图 6.10　频点带宽划分

以上述中继式组网 SCADA 系统为例，将其进行分组式组网（由原来一个轮询组分为两组）后如图 6.11 所示，只需增加一套中心站电台及中

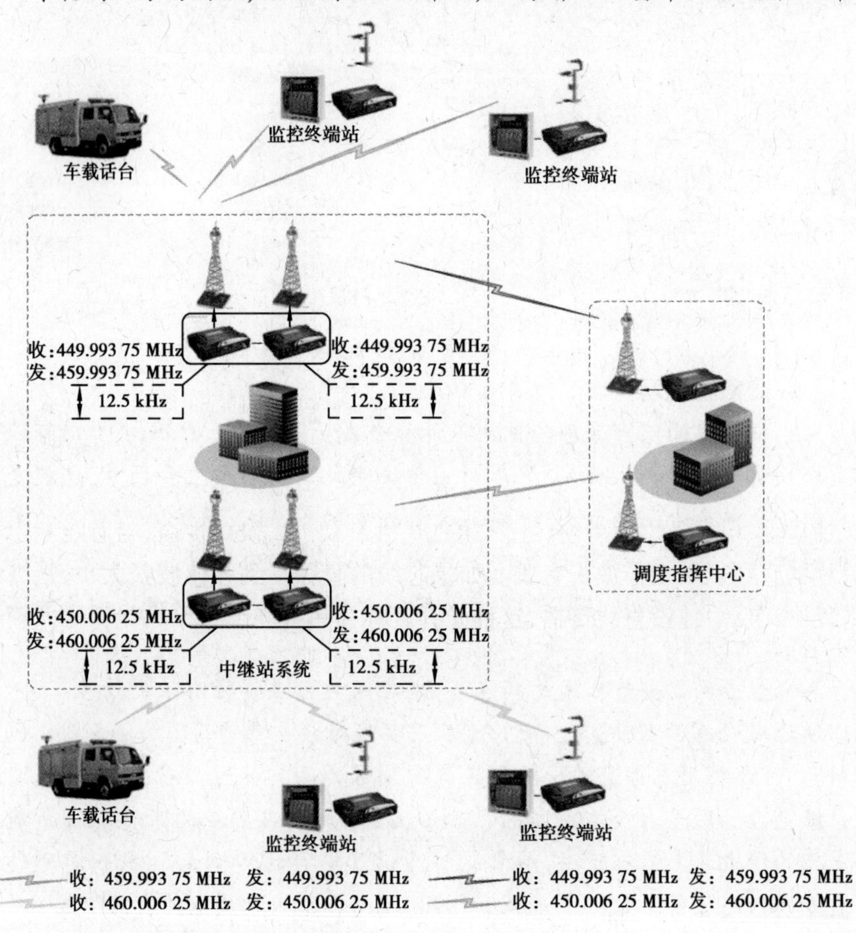

图 6.11　分组式组网

继系统,并将分组后新的频点及带宽参数设置在系统各站电台中,即可实现对系统监控实时性提高近乎1倍。

2)光纤专用网络

(1)光纤介质

光缆由能传送光波的超细玻璃纤维制成,外包一层比玻璃折射率低的材料。进入光纤的光波在两种材料的界面上形成全反射,从而不断地向前传播,如图6.12所示。

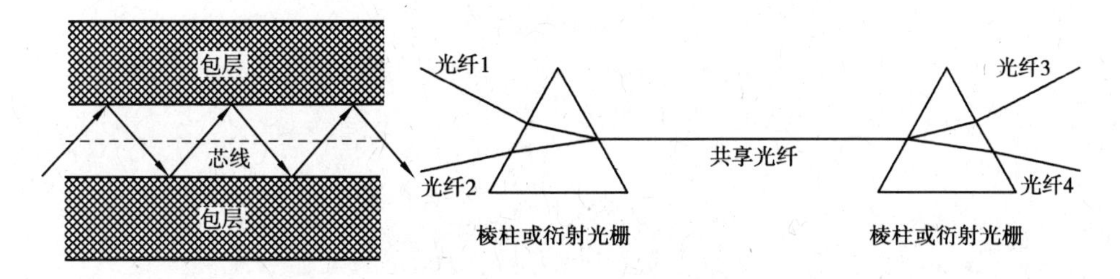

图6.12 光纤的传输原理

光纤通道中的光缆可以是发光二极管LED(Light Emitting Diode),或注入式激光二极管ILD(Injection Laser Diode)。这两种器件在有电流通过时都能发出光脉冲,光脉冲通过光导纤维传播到达接收端。接收端有一个光检测器——光电二极管,它遇光时产生电信号,这样就形成了一个单向的光传输系统,类似于单向传输模拟信号的宽带系统。如果采用另外的互连方式,把所有的通信结点通过光缆连接成一个环,环上的信号虽然是单向传播,但是任一结点发出的信息其他结点都能收到,从而也可以达到相互通信的目的,如图6.13所示。

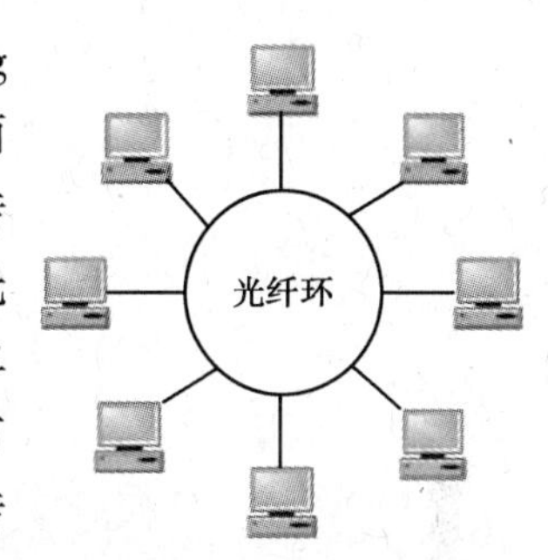

图6.13 光纤环

光波在光导纤维中可以多种模式传播,不同的传播模式有不同的电磁场分布和不同的传播路径,这样的光纤称为多模光纤。光波在光纤中以什么模式传播,与芯线和包层的相对折射率、芯线的直径以及工作波长有关。如果芯线的直径小到光波波长大小,则光纤就成为波导,光在其中无反射地沿直线传播,这种光纤就称为单模光纤。单模光纤比多模光纤价格高,但广泛应用于长距离传输,目前可使用的单模光纤可以在50 Gbps的速率将数据传输100 km而无须放大。

光导纤维作为传输介质,具有很高的数据速率、极宽的频带、低误码率和低延迟(典型的数据传输速率是100 Mbps和1000 Mbps,而误码率比同轴电缆低两个数量级,只有10^{-9});光传输不受电磁干扰,保密性能好;光纤的质量轻、体积小、铺设容易。

知识拓展

波分复用技术

波分复用(WDM, Wavelength Division Multiplexing)是将两种或多种不同波长的光载波信号(携带各种信息)在发送端经光合波器(亦称复用器)汇合在一起,并耦合到光线路的同一根光纤中进行传输的技术;在接收端,经光分波器(解复用器)将各种波长的光载波分离,然后由光接收机作进一步处理以恢复原信号。这种在同一根光纤中同时传输两个或众多不同波长光信号的技术,称为波分复用。由于光载波的频率很高,习惯上用波长而不是频率来表示所使用的光载波,所以波分复用实际上就是光的频分复用。波分复用技术通过在一根光纤中同时传输多个频率很接近的光载波信号,可以实现光纤传输能力的成倍提高。

波分复用系统主要由光发射机、光接收机、光放大器和光纤组成,如图6.14所示。在发送端,首先通过波长转换,将传输信号标准波长转换为波分复用系统使用的系列工作波长,然后多路光信号通过光合波器耦合到一根光纤上,经BA(功率放大器)放大后在光纤上传输。传输一定距离后光信号会衰减,设置光纤中继器对光信号进行LA(线路放大器)放大,为了使不同波长光信号具有相同的放大增益,采用掺铒光纤放大器(EDFA),而且EDFA不需要进行光电转换而直接对光信号进行放大。当光信号到达接收端后,将PA(前置放大器)放大的光耦合信号解复为多路光信号,然后通过波长转换,将每路光信号的工作波长再转换为标准波长。

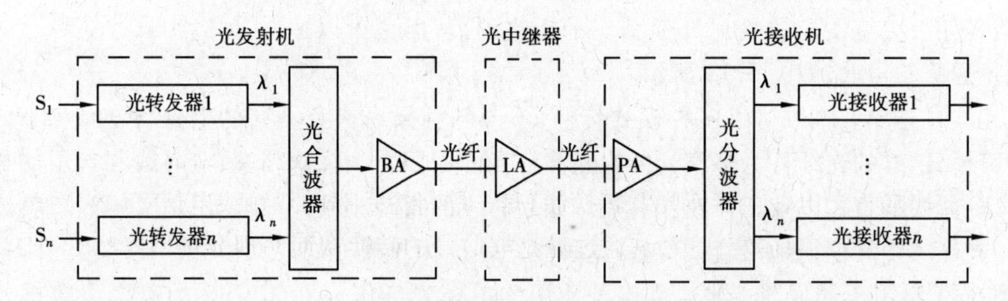

图6.14 波分复用系统组成

通信系统的设计不同,每个波长之间的间隔宽度也有不同。按照通道间隔的不同,WDM可以细分为CWDM(稀疏波分复用)和DWDM(密集波分复用)。CWDM的信道间隔为20 nm,而DWDM的信道间隔从0.2 nm到1.2 nm,所以相对于DWDM,CWDM称为稀疏波分复用技术。

(2)传输网光纤的选用

随着密集波分复用(DWDM)、掺铒光纤放大器(EDFA)等技术的发展和成熟,光纤通信技术正向着超高速、大容量通信系统发展,并且逐步向全光网络演进。目前用于传输网建设的光纤主要有三种,即G.652色散未位移光纤、G.653色散位移单模光纤和G.655非零色散位移光纤。G.652光纤是目前使用最为广泛的单模光纤。

(3)光纤专用网组建

光纤通信可以用于远程传输,也可以用于局域网(光纤以太网)。在燃气管网SCADA系统中,光纤专用网络主要用于实现监控站系统间的远程通信。系统的光缆通常沿着燃气管网进行铺设,实现对系统各站点的物理连接。通过光纤环网实现SCADA系统的远程通信有两个关键因素,即站点间远距离通信和站点本地网络接入,分别通过光纤信号中继技术和光电信号转换技术得以实现。

①光纤信号中继:在光纤通信网络中,限制传输距离的主要因素来源于光纤的损耗和色散,通过使用中继器对光纤信号进行放大等处理,可以有效地增加传输距离。

传统的光纤信号中继器采用的是"光→电→光"的模式,即光电检测器先将光纤送来的微弱或失真了的光信号转换成电信号,再通过放大、整形、再定时,还原成与原来信号一样的电脉冲信号,然后用这一电脉冲信号驱动激光器发光,又将电信号变换成光信号,向下一段光纤发送出光脉冲信号。通常把集成了再放大(Re-amplifying)、再整形(Re-shaping)、再定时(Re-timing)这三种功能的中继器称为3R中继器。

掺铒光纤放大技术为实现光纤信号中继提供了新的解决方案,该技术利用石英光纤掺稀土元素(如Nd,Er,Pr,Tm等)后可构成多能级的激光系统,在泵浦光作用下使输入信号光直接放大的原理,可以对光信号进行直接放大,从而实现全光中继,通常也被称为1R(Re-amplifying)再生。与传统的中继器相比,掺铒光纤放大器采用全光中继模式,无须定时和再生电路,从而是比特穿透式的,避免了"电子瓶颈"的限制,使得通信速率只取决于收发设备,而与放大器无关。

②光电信号转换:各SCADA监控站系统中的本地监控网络(现场总线、工业以太网)一般采用电信号实现通信,通常使用光纤收发器实现对光纤远程通信网络的接入。光纤收发器(也常被称之为光电转换器或光纤转换器)是一种将短距离的双绞线电信号和长距离的光信号进行互换的传输媒体转换单元,通过对光电信号的转换从而实现光纤网络对SCADA系统监控数据的承载与传输。

光纤收发器产品有多种型号及分类方式,在SCADA系统应用中通常依据传输距离进行产品选型。远程收发器适用于远距离传输,收发器在没有中继器的情况下,传输距离能够达到100 km,如果有中继器,则应更远。这种收发器一般工作在1550 nm波段(1530 ~ 1565 nm),此范围内光能量损失较低而且光放大比较容易,因此该波段为首选。与远程通信相比,城域网收发器实现的传输距离较短(最远为40 km),因此光纤损耗并不重要,同时不需要中继,从而拓宽了激光波长范围(1300 nm即可使用),降低了对激光光源的限制(线宽可放宽到2 nm)。城域网收发器比远程收发器价格便宜很多,并且体积更小,功耗更低。

6.2.2　公共网络平台

1) Internet 网络

(1) 概述

Internet 即英特网,也称为国际互联网,它并不是单个网络,而是大量不同网络的集合,这些不同的网络使用一组公共的协议,并提供一组公共的服务。把 Internet 粘连在一起的是传输控制协议与互联协议(TCP/IP)参考模型和 TCP/IP 协议栈,TCP/IP 使得 Internet 上的通用服务成为可能。

(2) Internet 协议简介

Internet 的主要协议及其层次关系如图 6.15 所示。

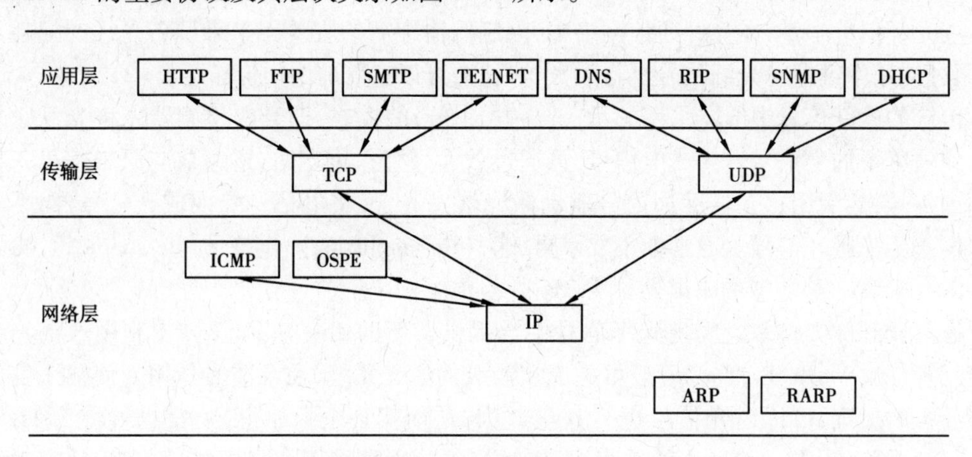

图 6.15　Internet 协议及其层次关系

①网络层协议:网络层在数据链路层提供的两个相邻端点之间的数据帧传送功能上,进一步管理网络中的数据通信,实现将数据从源端,经过若干个中间节点传送到目的端,从而为传输层提供最基本的端到端的数据传送服务。网络层的目的是实现两个端系统之间的数据透明传送,具体功能包括路由选择、拥塞控制和网际互联等。

• IP 协议:IP(Internet Protocol)即网际协议,是 TCP/IP 协议栈使用的传输机制,也是 TCP/IP 协议族中最核心的协议。所有 TCP,UDP,ICMP 的数据都以 IP 数据包的格式进行传输。

IP 协议位于网络层,对上可以接受传输层的各种协议的信息,对下可将 IP 数据包传送到数据链路层。从应用的角度看,IP 协议提供一种无连接、不可靠、尽力发送的服务。其中无连接表示每个 IP 数据包都是独立发送的,因此它必须包含目的地址,每一个分组通过不同的路由传到其目的地;不可靠表示在传输过程中,IP 数据包可能出现丢失、延时等差错,数据包可能不按照顺序到达;尽力发送是指 TCP/IP 并不随意放弃数据包。

IP 协议根据其版本可分为 IPv4 和 IPv6。IPv4 中规定 IP 地址长度为 32,即有 $2^{32}-1$ 个地址;而 IPv6 中 IP 地址的长度为 128,即有 $2^{128}-1$ 个地址。IPv6 可以解决 IPv4 地址空间耗尽的问题,IP 协议从 IPv4 过渡到 IPv6 是必然趋势。

IP 协议提供的服务主要包括:IP 数据包的传送、IP 数据包的分段和重装。与 IP 协议配套使用的还有 3 个协议:地址解析协议(ARP)、反向地址解析协议(RARP)和因特网控制报文协议(ICMP)。

- ARP 协议:ARP(Address Resolution Protocol)即地址解析协议,实现通过 IP 地址得知其物理地址,从而在物理网上将报文传送至目的主机。
- RARP 协议:RARP(Reverse Address Resolution Protocol)即反向地址解析协议,实现通过物理地址得知其 IP 地址,从而满足物理机器对其 IP 地址的请求。
- ICMP 协议:ICMP(Internet Control Message Protocol)即 Internet 控制报文协议。IP 数据报的传输不能保证不丢失,为了减少分组的丢失,就要使用 ICMP。ICMP 允许主机或路由器报告差错情况和提供有关差错异常的报告。ICMP 报文作为 IP 层数据报的数据,加上数据报的首部,组成 IP 数据报发送出去。

②传输层协议:Internet 的传输层上有两个主要协议,即无连接的 UDP 协议和面向连接的 TCP 协议。

- UDP 协议:UDP(User Datagram Protocol)即用户数据报协议,它为应用程序提供了一种传送经过封装的 IP 数据报的方法,并且不必建立连接就可以发送这些 IP 数据报。UDP 是一种简单的无连接的传输协议,无法提供可靠的、按序传递数据的服务。
- TCP 协议:TCP(Transmission Control Protocol)即传输控制协议,是面向连接的,因此可以提供可靠的、按序传递数据的服务。为了提供可靠的运输服务,TCP 不可避免地增加了开销,如应答、流量控制、定时器以及连接管理等。TCP 提供的连接是双向的,即全双工的。

③应用层协议:每个应用层协议都是为了解决某一类问题,而问题的解决往往是通过位于不同主机中的多个进程之间的通信和协同工作来完成的。这些为了解决具体应用问题而彼此通信的进程就称为"应用进程",应用层的具体内容就是规定应用进程在通信时所遵循的协议。

- HTTP 协议:HTTP(HyperText Transfer Protocol)即超文本传送协议,是传送某种信息的协议,这种信息是超文本的链接能够高效地完成所必需的。HTTP 作为客户端浏览器或其他程序与 Web 服务器之间的应用层通信协议,是一种面向事务的应用层协议,是互联网上能够可靠地交换文件(文本、声音、图像等各种多媒体文件)的重要基础。
- FTP 协议:FTP(File Transfer Protocol)即文件传送协议,是 Internet 上使用得最广泛的文件传送协议。FTP 提供交互式的访问,允许客户指名文件的类型与格式,并允许文件具有存取权限。FTP 屏蔽了各计算机系统的细节,因此适合在异构网络中任意计算机之间传送文件。
- TELNET 协议:TELNET(远程登录)是一个简单的远程终端协议。用户用 TELNET 就可在其所在地通过 TCP 连接注册(即登录)到远地的另一个主机上(使用主机名或 IP 地址)。TELNET 能把用户的击键传到远地主机,同时也能把远地主机的输出通过 TCP 连接返回到用户屏幕。这种服务是透明的,用户感觉到本地键盘或显示器是直接连在远地的主机上。
- SMTP 协议:SMTP(Simple Mail Transfer Protocol)即简单邮件传送协议,是 Internet 上广

泛使用的电子邮件协议。SMTP 使用客户端/服务器操作方式,发送邮件的机器起 SMTP 客户机的作用,连接到目的端的 SMTP 服务器上,而且只有在客户机成功把邮件传送给服务器后,才从本机中删除报文,这样通过端到端的连接保证了邮件传送的可靠性。

• DNS 协议:DNS(Domain Name System)即域名系统,该系统用于命名组织到域层次结构中的计算机和网络服务。域名是由圆点分开一串单词或缩写组成的,每一个域名都对应一个唯一的 IP 地址。在 Internet 上域名与 IP 地址之间是一一对应的,DNS 就是进行域名解析的服务器。DNS 命名用于 Internet 等 TCP/IP 网络中,通过用户友好的名称查找计算机和服务。DNS 是 Internet 的一项核心服务,它作为可以将域名和 IP 地址相互映射的一个分布式数据库。

• RIP 协议:RIP(Routing Information Protocol)即路由信息协议,是一种动态的路由选择,基于距离矢量算法(*D-V*),总是按最短的路由作出相同的选择。选用 RIP 协议的路由器只与自己相邻的路由器交换信息,通过广播 UDP 报文来交换路由信息,每 30 s 发送一次路由信息更新。

• SNMP 协议:SNMP(Simple Network Management Protocol)即简单网络管理协议,是由 Internet 工程任务组织(IETF, Internet Engineering Task Force)定义的一套网络管理协议。利用 SNMP,一个管理工作站可以远程管理所有支持这种协议的网络设备,包括监视网络状态、修改网络设备配置、接收网络事件警告等。

• DHCP 协议:DHCP(Dynamic Host Configuration Protocol)即动态主机配置协议,是一种帮助计算机从指定的 DHCP 服务器获取它们的配置信息的自举协议。DHCP 使用客户端/服务器模式,请求配置信息的计算机称为 DHCP 客户端,而提供信息的称为 DHCP 的服务器。DHCP 为客户端分配地址的方法有 3 种:手工配置、自动配置、动态配置。DHCP 最重要的功能就是动态分配。除了 IP 地址,DHCP 分组还为客户端提供其他的配置信息,比如子网掩码。这使得客户端无需用户动手就能自动配置连接网络。

(3)Internet 与以太网的集成

TCP/IP 协议作为 Internet 进行数据传输的核心协议,同时也是将 Internet 与以太网进行集成的基础与标准。TCP/IP 协议是 20 世纪 70 年代中期美国国防部为其 ARPAnet(阿帕网)开发的网络体系结构和协议标准。如今 TCP/IP 协议已经成为最流行的网际互联协议,并由单纯的 TCP/IP 协议发展成为一系列以 IP 为基础的 TCP/IP 协议簇。

以太网(Ethernet)是 IEEE802.3 所支持的局域网标准。在 OSI 参考模型的 7 层结构中,以太网标准只定义了数据链路层和物理层,作为一个完整的通信系统,它需要高层协议的支持。APARnet 在制定了 TCP/IP 高层通信协议,并把以太网作为其数据链路和物理层的协议之后,以太网便和 TCP/IP 紧密地捆绑在一起了。

Internet 与以太网的集成为在 Internet 平台上实现对 SCADA 系统现场监控网络以及中心站局域网的延伸与互联提供了解决方案,从而打破了现场监控网络的局域性限制,使得 SCADA系统的监控范围扩展到 Internet 可以覆盖的任何地点,并可以充分利用企业用户现有的互联网资源实现对系统远程监控网络的集成。

2)移动数据通信网络

(1)概述

移动通信的发展经历了第一代模拟系统、第二代数字系统,目前已经迈入第三代多媒体系统。

第一代模拟系统自20世纪80年代开始发展,原计划使用到21世纪初,但由于该系统技术落后、标准不统一、使用时话音质量差、漫游范围有限,因此早已被淘汰。

第二代数字系统自20世纪90年代开始发展,其主要制式有:GSM,IS-95CDMA,IS136,TDMA/CDMA。该系统标准化工作比较完善,可在全球较大范围内实现漫游,在性能方面基本满足了语音通信的要求,并能提供低速数据(64 kbps)业务。由于技术的局限性,存在着话音质量不够理想、数据传输率低、频谱利用率不高等问题。

第三代移动通信系统简称为3G(3rd Generation),又被国际电联(ITU, International Telecommunication Union)称为IMT-2000。ITU确定的3G三大主流技术标准是:WCDMA,CDMA2000和TD-SCDMA。

移动数据通信是在数据通信基础上发展起来的一种通信方式。有线数据通信只适用于固定终端或计算机之间的通信,而移动数据通信是通过无线电波来传送数据的,因此可以实现移动状态下的数据通信。移动数据通信可以看成是计算机之间或计算机与人之间的无线通信,通过与有线网络互连,它可以实现把有线数据网络的应用扩展到无线、移动及便携式用户领域。

随着移动数据通信业务的快速发展,移动数据通信网络平台因为具有覆盖范围广、通信安全高速、无线入网便捷、业务性价比高、建设及维护由运营商负责等优点,从而在SCADA系统中得到了越来越广泛的应用。

(2)2G主流网络

①GSM网络:GSM(Global System for Mobile Communication)即全球移动通信系统。GSM移动数据业务主要分为电路型数据业务和分组型数据业务。GSM第一阶段提供的9600 bps传输速率数据业务和短消息业务及Phase 2 + 阶段提出的HSCSD都属于电路型数据业务。Phase 2 + 阶段提出的GPRS则属于分组型数据业务,是建立在GSM基础上的2.5G无线网络技术,是第二代移动通信技术GSM向3G的过渡技术,面向用户提供移动分组的IP连接。由于引入分组概念,GPRS为终端设备无线接入Internet提供了一种先进有效的手段,可应用于移动计算、手持设备的Internet互联、远程数据采集与监控等多个领域。

②GPRS网络:GPRS(General Packet Radio Service)即通用分组无线业务,是一种采用分组交换技术传输数据及信令的高效率的数据传输方式。GPRS是区别于原有GSM电路交换方式的另一种数据传输方式,它利用存储转发原理,把不同终端的数据分割成等长的标准数据格式,通过非专用的逻辑子信道进行数据快速交换,即将信息分割成数据分组或信息包,再加上包含目的地址、分组编号、控制比特等的分组头,沿不同路由进行传送,接受端按照分组编号重新组装出原始信息。分组通信的实质是依靠高处理能力的计算机来充分利用宝贵的通信信道资源,基于分组交换的GPRS业务理论上的速率可达171.2 kbps。

分组交换基本上不是实时系统，延时也不固定，但可以使不同的数据传输共用传输带宽，无数据时不占用，从而分享资源。在 GSM 无线系统中，无线信道资源非常宝贵。如果采用电路交换，通信需要建立端到端的连接，信道只能被一个用户独占，在成本效率上显然缺乏可行性。而采用分组交换的 GPRS 则可灵活地运用无线信道，每个用户可以有多个无线信道，而同一信道又可以由几个用户共享，从而极大地提高了无线资源的利用率。由于 GPRS 用户的数据通信费以数据流量为基础进行计费，而无须考虑通信时长，所以 GPRS 用于实现 IP 业务的接入易于被用户接受。

③CDMA 网络：CDMA（Code Division Multiple Access）即码分多址，其原理是基于扩频技术，将需要传送的具有一定信号带宽的信息数据，用一个带宽远大于信号带宽的高速伪随机码进行调制，使原始数据信号的带宽被扩展，再通过载波调制并发送出去。接受端使用完全相同的伪随机码，与接收的带宽信号作相关处理，把带宽信号换成包含原信息数据的窄带信号（即扩解），以实现信息的传输。

CDMA 系统发展历程的主要阶段有：IS-95CDMA，CDMA2000 1x，CDMA2000 1x/EV-DO，CDMA2000 1x/EV-DV。IS-95CDMA 系统与 GSM 系统都是 2G 的主流系统。CDMA2000 是 3G 的主流技术标准之一，其系统一个载波的带宽为 1.25 MHz。

CDMA 系统具有频率规划简单、系统容量大、频率复用系数高、抗多径能力强、通信质量好、软容量、软切换等技术本身固有的特点，从而非常适用于满足现代移动通信网在大容量、高质量、综合业务、软切换、国际漫游等方面的需求。但是 CDMA 技术同时也面临一些问题，除了多径衰落、时延扩展和远近效应等蜂窝移动通信系统所固有的问题外，也存在其自身特有的一些问题，比如多址干扰和使用的体制问题等。

（3）3G 技术标准

与前两代通信技术相比，3G 的进步主要体现在对语音和数据传输速度的提升。国际电信联盟（ITU）目前确定的全球三大 3G 主流标准是：WCDMA，CDMA2000 和 TD-SCDMA，在我国分别由中国联通、中国电信和中国移动负责运营。

在三大 3G 主流技术标准中，WCDMA 是欧洲和日本支持的标准，CDMA2000 主要由美国与韩国发起并支持，该两种标准均采用 FDD（频分双工）模式。TD-SCDMA 则是由中国提出，以我国知识产权为主，并在国际上取得广泛接受与认可的国际标准，采用 TDD（时分双工）模式。三大标准在技术上各有特点，其主要技术参数比较见表 6.2。

表 6.2　3G 标准技术参数比较

技术参数	WCDMA	CDMA2000	TD-SCDMA
扩展类型	单载波直接序列扩频 CDMA	多载波和直接序列扩频 CDMA	时分同步 CDMA
载波带宽/MHz	5	1.25	1.6
扩频码速率/Mcps	3.84	1.2288	1.28
帧长/ms	10	20	10

续表

技术参数	WCDMA	CDMA2000	TD-SCDMA
语音编码器	AMR	可变速率声码器	AMR
扩频因子(SF)	256-4	43-2	16-1
调制方式	上行:BPSK 下行:HPSK	上行:8PSK 下行:QPSK	上行:8PSK 下行:QPSK
双工方式	FDD	FDD	TDD
基站间同步	异步(不需GPS)	同步(需GPS)	同步(主从同步)

①WCDMA:WCDMA(Wideband Code Division Multiple Access)即宽带分码多工存取,通过对窄带CDMA技术进行改进,适用于多速率传输的需求,能够灵活地提供多种业务。WCDMA无须BTS(基站收发信台)之间的同步,优化了分组数据的传输方式,支持不同载频之间的切换以及上、下行快速功率控制,反向采用导频辅助的相干检测,并充分考虑了信号设计对电磁兼容的影响。

②CDMA2000:CDMA2000即多载波码分复用扩频调制,从兼容现有IS-95系统的角度出发,采用了IS-95的软切换和功率控制技术,帧长保持为20 ms,需要BTS之间的同步。其主要技术改进在于实现了反向信道的连续导频方式、反向信道相干接收和前向发送分集,并充分考虑了信号设计对电磁兼容的影响。

③TD-SCDMA:TD-SCDMA(Time Division-Synchronous Code Division Multiple Access)即时分同步的码分多址,采用TDD模式,使得前向和反向信道可以使用相同频率的同步时间间隔。其主要技术特点有:能使用各种频率,不需要成对的频率;适用于不对称的上下行数据速率;前向和反向信道在同一频率,从而可以利用智能天线等新技术以提高系统性能。

3)虚拟专用监控网络

(1)概述

与无线电台、光纤等专用网络相比,移动数据网、Internet等公共网络能够为SCADA系统提供更为广阔、便捷的通信平台,但是在信息安全性、可靠性方面存在着自身固有的不足。如何在公共平台上实现专用的监控网络成为公共网络应用于SCADA系统亟待解决的问题。虚拟专用网(VPN, Virtual Private Network)技术为上述问题提供了解决方案。通过虚拟专用网技术可以在公共平台中规划并组建出安全、便捷的虚拟专用通道和网络,从而为SCADA系统提供虚拟专用的监控网络。虚拟专用监控网络结合了公共网络与专用网络的优点,在管网SCADA系统领域有着非常良好的应用效果与发展前景。

(2)虚拟专用网

虚拟专用网(VPN)是指在公共网络中建立专用网络,使数据可以通过安全的加密信道在公共网络中进行传输。VPN技术是一种采用隧道技术和数据加密、身份验证等方法,在公共网络中为用户构建专用网络的技术。在VPN中,公共网络似乎被独占专用,而事实并非如此,所以称之为虚拟的专用网。VPN 有多种分类方式,按业务用途主要分为 Access VPN(远程访问虚拟专网)、Intranet VPN(企业内部虚拟专网)和 Extranet VPN(扩展的企业内部虚拟专网)。

(3)隧道协议

隧道是一种封装技术,通过网络传输协议,实现将其他协议产生的数据报文封装在自己的报文中再进行网络传输。VPN 基于隧道技术实现,通过其中的隧道协议实现对数据进行封装、传输和解包。隧道协议规定了隧道的建立、维护和删除规则以及将企业网数据封装在隧道中进行传输的实现方法,由传输协议、封装协议和乘客协议三部分组成。传输协议被用来传送封装协议,IP、帧中继、ATM 的 PVC(永久虚电路)和 SVC(交换虚电路)等都是常用的传输协议;封装协议被用来建立、保持和拆卸隧道,常用的封装协议有 GRE,L2TP,L2F,PPTP 等;乘客协议是被封装的协议,例如 PPP(点对点协议)、SLIP(串行线路网际协议)。

根据 OSI(开放系统互联)的参考模型,隧道协议可分为第二层隧道协议(如 PPTP,L2F,L2TP 等)和第三层隧道协议(如 GRE,IPSec 等)。其中第二层协议对应 OSI 模型中的数据链路层,使用帧作为数据的传送单位,即将数据封装在 PPP 帧中进行网络发送。第三层隧道协议对应 OSI 模型中的网络层,使用包作为数据交换单位,将 IP 包封装在附加的 IP 包头中通过 IP 网络进行传送。与第二层隧道协议相比,第三层隧道协议的优势在于其安全性与可扩展性,在实际应用中常把该两层隧道协议结合使用。

(4)移动数据网 VPDN 业务

对于公共网络的用户,首要解决的是其接入问题。从接入方式的角度,VPN 可分为专线 VPN 和 VPDN 两大类。VPDN(Virtual Private Dial-up Network)即虚拟专用拨号网,其业务平台通过公共网络的拨号功能实现用户接入,利用 IP 网络的承载功能,并结合相应的认证及授权机制,从而为用户提供其所需的 VPN 功能。支持 VPDN 业务的公共网络主要包括:3G/2.5G移动通信网络、ISDN(综合业务数字网)、PSTN(公用电话交换网)、Internet 等。

移动数据网的 VPDN 业务从应用的角度可分为公网业务和私网业务两大类。公网业务的用户通过移动通信网络的拨号功能,最终实现对 Internet 公网的接入,也就是通常所说的"移动无线上网"。VPDN 私网业务主要针对企业用户,在移动通信公共网络平台上通过 VPN 技术为用户组建安全、专用的私有网络,并支持用户终端对用户私网的 VPDN 接入。从实现方式和业务名称的角度,移动数据网的 VPDN 业务包括 APN(接入点)和 VPDN 两种业务模式,前者为中国移动和中国联通所使用,后者由中国电信使用。移动数据网 VPDN 各项业务的主要参数设置见表 6.3。

表 6.3 移动数据网络 VPDN 业务主要参数设置

VPDN 业务参数	中国移动 TD-SCDMA/GPRS	中国联通 WCDMA	中国电信 EV-DO/1x
公网业务			
网络拨号号码	*99***1#	*99#	#777
APN(接入点名称)	cmnet	3gnet	无

续表

VPDN 业务参数	中国移动 TD-SCDMA/GPRS	中国联通 WCDMA	中国电信 EV-DO/1x
VPDN 用户名/口令	无	无	card/card
私网业务			
网络拨号号码	*99***1#	*99#	#777
APN(接入点名称)	私网对应的专用APN 名称	私网对应的专用APN 名称	无
VPDN 用户名/口令	无	无	私网对应的专用用户名/口令

知识拓展

1. APN 模式的实现

TD-SCDMA 和 WCDMA 标准均向下兼容 2G 的 GSM 系统，其 VPDN 业务平台沿用 GPRS 的 APN 模式，并在提高网络通信速率和服务质量的同时，保持了 GPRS 的用户可永远在线和按通信流量计费等优点。APN 业务模式的数据流程如图 6.16 所示。

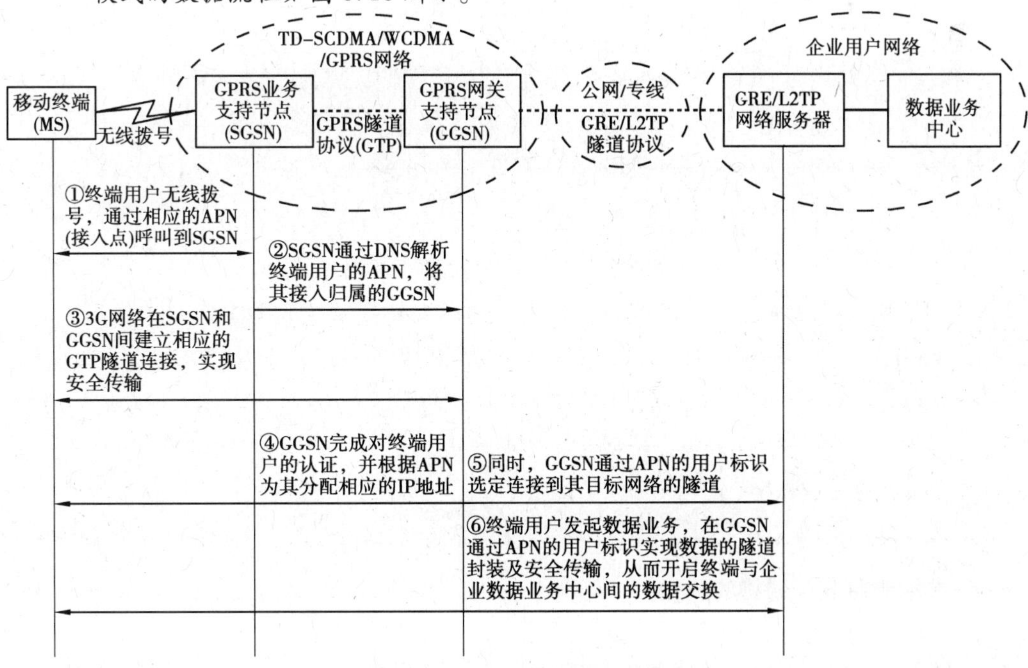

图 6.16　APN 业务模式数据流程

可见,APN 业务模式基于 GTP,GRE,L2TP 等隧道协议在 TD-SCDMA/WCDMA/GPRS、Internet 等公共网络上实现虚拟专用网平台,GGSN 作为不同网络及隧道间的网关。用户终端可通过 TD-SCDMA/WCDMA 网络的拨号功能接入平台,并通过穿越 TD-SCDMA/WCDMA/GPRS,Internet 等公共网络的隧道实现对企业用户私网或 Internet 公网的接入。

2. VPDN 平台的实现

CDMA2000 标准由 2G 的 IS-95CDMA 发展而来,其 VPDN 业务平台沿用 2.5G 的 CDMA2000 1x VPDN 模式,并在提高网络通信速率和服务质量的同时,保持了 1x 的用户可永远在线和按通信流量计费等优点。VPDN 业务模式的数据流程如图 6.17 所示。

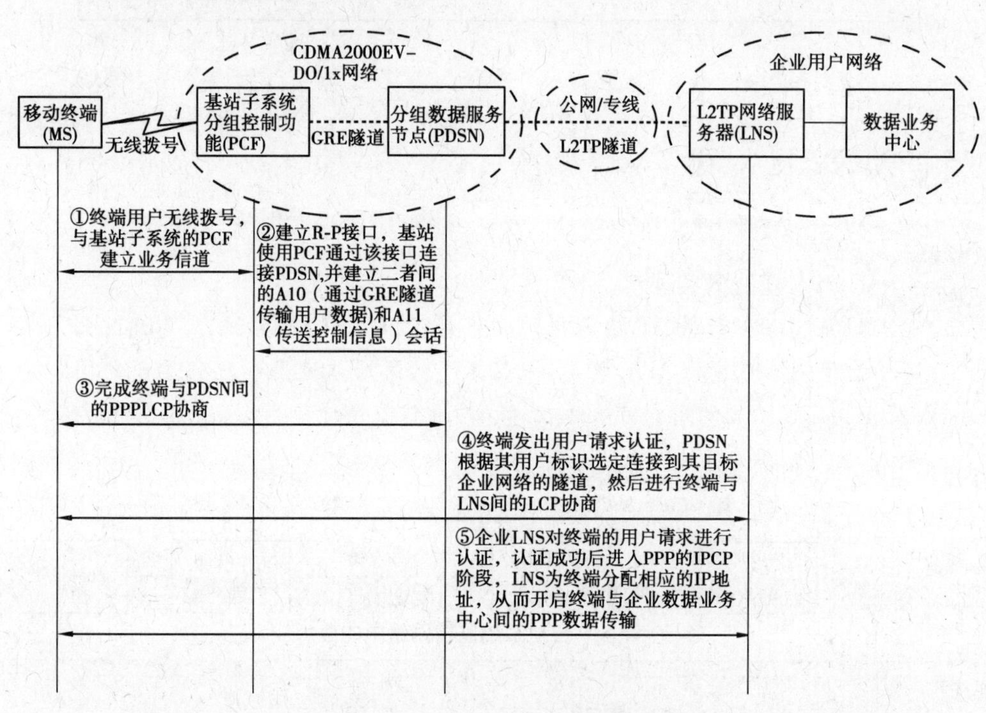

图 6.17　VPDN 业务模式数据流程

可见,VPDN 业务模式基于 GRE,L2TP 等隧道协议在 CDMA2000,Internet 等公共网络上实现虚拟专用网平台,PDSN 作为不同网络及隧道间的网关。用户终端可通过 CDMA2000 网络的拨号功能接入平台,并通过穿越 CDMA2000,Internet 等公共网络的隧道实现对企业用户私网或 Internet 公网的接入。

(5)虚拟专用监控网络的作用

VPDN 平台的业务模式很适用于实现 SCADA 系统中终端站对中心站的接入。SCADA 系统在进行实时数据采集与监视控制的同时,其中心站系统还担负着与其他系统进行监控网络互联与数据交换的任务。虚拟专用监控网络可同时实现对 SCADA 系统监控网络的延伸与互联。

针对 SCADA 系统监控范围日益扩大的发展现状，虚拟专用监控网络通过在公共网络平台上利用 VPN 技术承载监控数据，打破了传统 SCADA 系统监控网络的局域性限制，从而实现将系统监控网络延伸至公共网络所能覆盖到的范围。VPN 与工业监控网络技术对 OSI 网络架构标准的共同遵循是二者得以结合的基础，隧道技术为实现监控数据在虚拟专用监控网络中的安全可靠传输提供了有效的解决方法。

随着 SCADA 系统用户企业规模及信息化建设的发展，监控网络互联与信息整合的重要性也日显突出。SCADA 系统的中心站作为企业的监控信息中心，是企业信息架构中的重要组成部分，与其他系统之间存在多种监控网络互联与数据交换的应用需求。虚拟专用监控网络凭借安全可靠性强、服务质量好、性能价格比高、易于扩展维护等优点，在实现 SCADA 系统监控网络延伸的同时，也是解决系统监控网络互联的优选方案。

6.3 监控网络应用实例

以某大型城市燃气集团的管网 SCADA 系统为例：该系统的上位机系统由位于异地的主、备两个调度监控中心系统组成；下位机系统由分布于城市燃气管网的门站站控系统、高压管网站控系统和中低压管网监控站系统三部分监控终端站组成；监控网络基于无线电台专用网、光纤专用网、电信 VPDN 虚拟专用网和移动 APN 虚拟专用网 4 个平台实现。各平台在系统监控网络中的应用如表 6.4 所示。

表 6.4　各平台在系统监控网络中的应用

平台名称	网络覆盖	功能说明
无线电台专用网	主、备调度监控中心 部分中低压管网监控终端站	作为各监控终端站的数据上传主信道；主中心作为电台网络的主站，备中心以“侦听”的方式实现对数据的同步采集
光纤专用网	主、备调度监控中心 门站站控系统 高压管网站控系统	作为各监控终端站的数据上传主信道，同时作为主备中心之间网络连接的主信道；主、备中心可以相互独立地对终端站进行数据采集
电信 VPDN 虚拟专用网	主、备调度监控中心 门站站控系统 部分中低压管网监控终端站	作为门站站控系统数据上传的备信道、中低压管网终端站的主信道，同时作为主备中心之间网络连接的备信道；主、备中心可以相互独立地对终端站进行数据采集
移动 APN 虚拟专用网	主、备调度监控中心 高压管网站控系 部分中低压管网监控终端站	作为高压管网站控系统数据上传的备信道、中低压管网终端站的主信道，同时作为主备中心之间网络连接的备信道；主、备中心可以相互独立地对终端站进行数据采集

该SCADA系统监控网络(图6.18)通过对多网络平台进行综合集成,充分结合了各种网络技术的优点,并利用多种相互独立网络组建多通道冗余热备模式(冗余关系如表6.5所示),有效地保证了监控网络系统的灵活性、开放性、安全性和容错能力。系统不但支持各站点以灵活多样的方式进行接入,同时为实现中心站之间或中心站与其他系统间的互联提供了开放的接口,并且个别网络平台发生的故障不会中止系统运行。

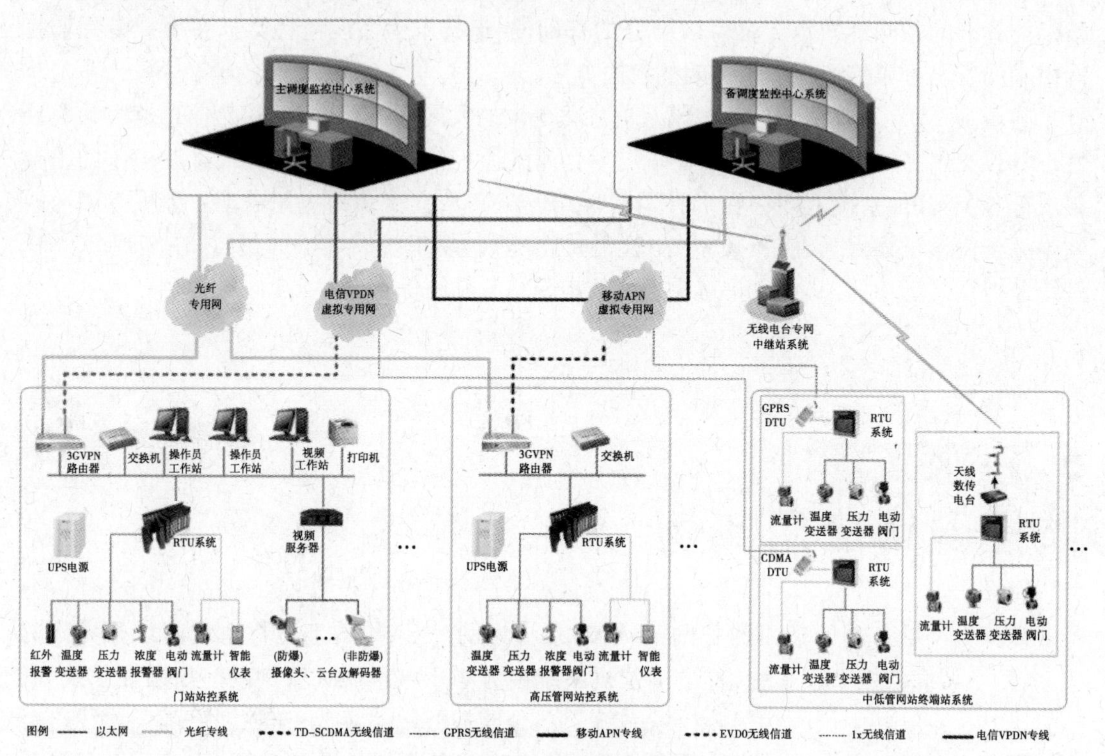

图6.18 SCADA系统监控网络

表6.5 系统监控网络的冗余关系

通道方向	数量	冗余说明
门站站控←→调控中心	2	光纤专用网为主,电信VPDN虚拟专用网为备
高压管网站控←→调控中心	2	光纤专用网为主,移动APN虚拟专用网为备
主调控中心←→备用调控中心	3	光纤专用网为主,电信VPDN虚拟专用网和移动APN虚拟专用网为备

学习鉴定

1.填空题

(1)燃气管网SCADA系统监控网络由________和________组成。

(2)系统远程监控常用的方式包括:________和________。

(3)VPN的中文名称是______________,移动通信运营商提供的相关业务模式有

________模式和______________模式。

2.问答题

(1)请列举燃气调度SCADA系统专用网络常用的通信方式有哪些?

(2)请说明系统常用的3G通信有哪些主流标准,分别由哪家公司负责运营?

第 7 章　SCADA 系统与管理信息系统

核心知识

- 信息系统
- 管理信息系统

学习目标

- 熟悉信息系统的功能，了解信息系统的发展历程
- 熟悉管理信息系统的概念、功能
- 了解管理信息系统的基本模式及分类
- 掌握管理信息系统与 SCADA 系统相结合的意义
- 了解燃气企业管理信息系统的常见应用实例

7.1 管理信息系统

管理信息系统(MIS,Management Information System)面向管理,利用系统的观点、数学的方法和计算机应用三大要素,是一门综合了管理科学、信息科学、系统科学、计算机科学和通信技术等的新兴学科。系统分析、系统设计、系统实施、系统维护是管理信息系统的核心技术;信息技术、计算技术、通信技术是管理信息系统的基础。

7.1.1 信息

1)信息的概述

信息是有一定含义的数据,是经过加工处理后的数据,是对决策有价值的数据。从以下四方面理解信息:

- 信息是对客观事物特征和变化的反映;
- 信息是可以传递的;
- 信息是有用的;
- 信息形成知识。

2)信息与数据的关系

①信息是对数据加工处理后得到的有用数据。

②信息不随承载它的实体形式的改变而变化,数据则不然,随着载体的不同,数据的表现形式可以不同。

③信息与数据是相对的、不可分割的。

④在一些不严格的场合,人们又把它们作为同义词,数据处理称为信息处理,数据管理亦称为信息管理等。

3)信息的分类

①按信息特征分:自然信息和社会信息。

②按管理层次分:战略级信息、战术级信息、作业(执行)级信息。

③按信息加工程度分:原始信息和综合信息。

④按信息来源分:内部信息和外部信息。

⑤按信息稳定性分:固定信息和流动信息。

⑥按信息流向分:输入信息、中间信息和输出信息。

4) 信息的性质

①真实性:真实的信息才是有价值的。

②时效性:是指从信息源发出信息,经过接收、加工、传递、利用的时间间隔及其效率。时间间隔短,使用信息愈及时,使用程度愈高,时效性愈强。

③不完全性:由于客观事物的特性是不可能全部得到的,还与人们认识事物的程度有关,这就需要运用已有的知识,抓住事物的主要矛盾进行分析和判断,去粗取精,去伪存真,抽出有用的信息。

④层次性:信息与管理一样具有层次性。不同级别的管理者有不同的职责,处理的决策类型不需要的信息也不同。不同层次的信息具有不同的特征。

⑤可存储性:在一定条件下,信息可以借助于不同的载体,以某种方式存储起来。信息的可存储性为信息的积累、加工以及不同场合的应用提供了可能。

⑥共享性:一个信息源的信息可被多个信息接收者接收,并且多次使用,还可以由接收者继续传输。

⑦价值性:信息是经过加工且对生产经营活动产生影响的数据,是劳动创造的,是一种资源,因此是有价值的。索取一份经济情报或利用大型数据库查阅文献所付费用是信息价值的部分体现。

7.1.2 系统与信息系统

1) 系统的概念

系统是由相互作用和相互依赖的若干组成部分或要素结合而成的、具有特定功能的有机整体。

系统具有一定的结构,是指系统的各个要素之间相对稳定地保持着某种秩序,是各要素间相互联系、相互作用的内在方式;系统具有一定的功能,指系统在存在和运动过程中所表现的功效、作用和能力,实现某一目的就需要一定的功能。根据系统的定义,可以归纳出系统的5个特征:

①整体性:整体性是系统的基本属性。系统整体目标要靠系统各个部分共同作用才能实现。

②目的性:任何系统都具有明确的目的性。

③层次性:系统有大有小,任何复杂结构的系统都具有一定的层次结构。

④相关性:指系统内的各要素相互制约、相互影响、相互依存的关系。各要素之间的联系包括结构联系、功能联系和因果联系等。

⑤环境适应性:任何一个系统的存在都受到环境的约束和限制,系统在环境中运转。环境是一种更高层次的系统,不能适应环境变化的系统是没有生命力的。

2)信息系统

(1)信息系统的概念

信息系统是以加工处理信息为主的系统,它由人、硬件、软件和数据资源组成,目的是及时、正确地收集、处理、存储、传输和提供信息。

广义上,任何进行信息加工处理的系统都被视为信息系统。而这里所讨论的信息系统是狭义的概念,是基于计算机、通信技术等现代化信息技术手段且服务于管理领域的信息系统,即计算机信息管理系统。

(2)信息系统的功能

对信息进行采集、处理、存储、管理、检索和传输,并且能向有关人员提供有用的信息。

①信息的采集:作用是将分布在不同信息源的信息收集起来,是信息系统其他功能的基础。坚持的原则:目的性、准确性、适用性、系统性、纪实性和经济性等。

②信息的处理:信息处理一般经过真伪鉴别、排错校验、分类整理与加工分析4个环节。处理方式:排序、分类、归并、查询、统计、结算、预测、模拟以及进行各种数学运算。

③信息的传输:信息通过传输形成信息流。信息流具有双向流特征。企业信息传输既有管理层之间的信息垂直传输,也有同一管理层各部门之间的信息横向传输。

④信息的存储:即物理存储,是指将信息存储在适当的介质上。

⑤逻辑组织:是指按信息的内在联系组织和使用数据,把大量的信息组织成合理的结构。

⑥信息的检索:信息存储的目的是为了信息的再利用,再利用时需检索信息。信息检索一般用到数据库技术和方法,数据库的处理方式和检索方式决定着检索速度的快慢。

⑦信息的输出:信息管理的目的是按管理职能的要求,保证质量地输出信息。

(3)信息系统的发展

衡量信息管理有效性的关键不在于信息收集、加工、存储、传输等环节,而在于信息输出的时效、精度与数据量等能否充分满足管理的要求。

服务于管理的信息系统按发展的时间顺序,分为电子数据处理系统、管理信息系统、决策支持系统、办公自动化系统、电子商务、电子政务以及相应的信息系统发展的各个分支等阶段。

①电子数据处理系统(EDPS)阶段:计算机主要用于支持企业运行层的日常具体业务,所处理的问题位于管理工作的底层,所处理的业务活动有记录、汇总、综合与分类等,主要的操作是排序、列表、更新和生成等。目的是迅速、及时、正确地处理大量数据,提高数据处理的效率,实现数据处理的自动化。可分为单项数据处理阶段和综合数据处理阶段。

②管理信息系统(MIS)阶段:这个阶段的计算机应用出现了办公自动化系统(OAS, Office Automation System)。

③决策支持系统(DSS)阶段:DSS在组织中可能是一个独立的系统,也可能作为MIS的一个高层子系统而存在。进入20世纪90年代以来,随着计算机技术的高速发展和Internet的出现,计算机技术在企业管理中的作用越来越重要,许多企业把它当作保证企业成功的一种战略资源。计算机的应用不仅仅局限于一个企业内部,而且普及到许多企业。企业资源

计划(FRP,Enterprise Resources Planning)、供应链管理(SCM,Supply Chain Management)、客户关系管理(CRM,Customer Relationship Management)、产品数据管理(PDM,Product Data Management)、企业间信息系统(IOIS,Inter Organizational Information System)、电子商务(EC,Electronic Commerce)、战略信息系统(SIS,Strategic Information System)、电子政务系统等新概念不断出现。

从计算机在管理中应用的发展历程来看,管理信息系统的概念是动态的,其内容不断地发生变化。20 世纪 70 年代管理信息系统的概念是一种狭义的概念,而当前的管理信息系统的概念则是一种广义的概念。无论是决策支持系统、高层支持系统,还是战略信息系统、ERP 系统,都被称为是广义的管理信息系统,或称为信息系统。

7.1.3 管理信息系统

1)管理信息系统的概念

管理信息系统是一门新的学科,可以从广义和狭义两个方面阐述。

广义的管理信息系统:从系统论和管理控制论的角度,认为管理信息系统是存在于任何组织内部为管理决策服务的信息收集、加工、存储、传输、检索和输出系统,即任何组织和单位都存在一个管理信息系统。

狭义的管理信息系统:管理信息系统是一个由人、机械(计算机等)组成的系统,它从全局出发辅助企业进行决策,它利用过去的数据预测未来,它实测企业的各种功能情况,它利用信息控制企业行为,以期达到企业的长远目标。该定义避开了认为管理信息系统就是计算机应用的误区,强调了管理信息系统的功能和性质,计算机只是管理信息系统的一种工具。

近年来,一个比较普遍的趋势是将管理信息系统纳入信息系统(IS,Information System)之下。也就是说,信息系统比管理信息系统有更宽的概念范围,用于管理方面的信息系统就是管理信息系统(MIS)。

管理信息系统的定义有所更新:管理信息系统是一个以人为主导,利用计算机硬件、软件、网络通信设备以及其他办公设备,进行信息的收集、传输、加工、储存、更新和维护,以企业战略竞优、提高效益和效率为目的,支持企业高层决策、中层控制、基层运作的集成化的人机系统。

这个定义也说明,管理信息系统绝不仅仅是一个技术系统,而是把人包括在内的人机系统,因此它是一个管理系统,是一个社会系统。

2)管理信息系统的功能和特点

(1)管理信息系统的功能

①数据处理功能:数据的收集和输入、数据传输、数据存储、数据加工处理,以供查询;能完成各项统计和综合处理工作。

②预测功能:能运用现代数学方法、统计方法和模拟方法,根据过去的数据预测未来的情况。

③计划控制功能：根据各职能部门提供的数据，对计划的执行情况进行分析，辅助管理人员及时进行控制。

④决策优化功能：采用各种经济数学模型和存储在计算机中的大量数据，辅助各级管理人员进行决策，以便合理利用人、财、物和信息资源，取得更大的经济效益。

(2)管理信息系统的特点

①面向管理决策：MIS是为管理服务的信息系统，根据管理需要及时提供所需的信息，为组织的各管理层次提供决策支持。

②综合性：MIS是一个对组织进行全面管理的综合系统。

③人机系统：MIS的目标是辅助决策，决策由人来作，所以MIS是一个人机结合的系统。

④现代管理方法和管理手段的结合：管理信息系统在整个开发过程中融入了现代的管理思想和方法，将先进的管理方法和管理手段结合起来，真正实现管理决策支持的作用。

⑤多学科交叉的边缘学科：它的基本理论来自计算机科学与技术、应用数学、管理理论、决策理论、运筹学等学科的相关理论，是一个具有自身特色的边缘学科，同时也是一个应用领域。

(3)管理信息系统的基本模式

管理信息系统的基本模式如图7.1所示。

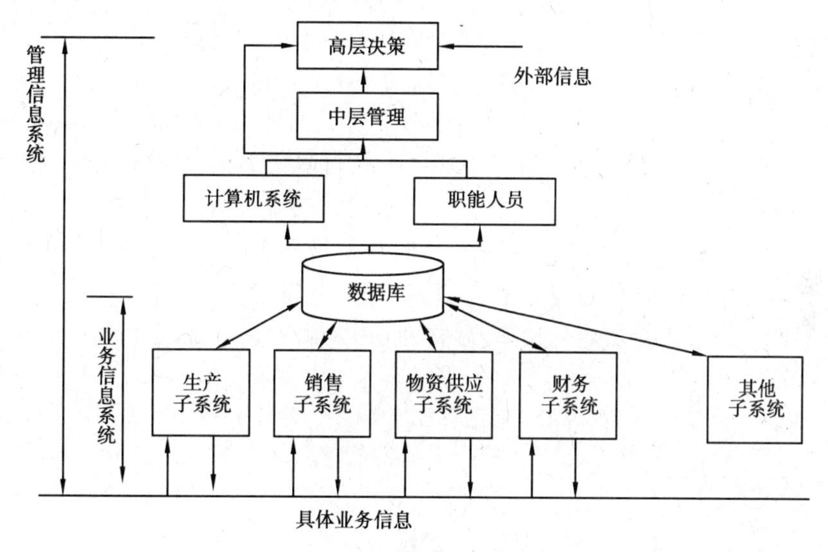

图7.1　管理信息系统的基本模式图

管理信息系统的基本模式的底层是业务信息系统，是为各级有关的职能子系统服务的，而上层则主要是为各级领导提供及时、准确的预测和决策信息的。

MIS用数学模型分析数据，辅助决策。业务信息系统所处理的信息具有详尽、结构严谨、精确程度高、数据量大的特点；为决策层服务所处理的信息则是综合、概括和抽象的，灵活性较大。MIS具有集中统一规划的数据库及其功能完善的数据库管理系统，保证各种职能部门共享数据，减少数据的冗余度，保证数据的兼容性和一致性。

(4)管理信息系统的分类

管理信息系统从系统的功能和应用上可分为：

①国家经济信息系统:国家经济信息系统是一个包含综合统计部门(如国家发改委、国家统计局)在内的国家级信息系统。在国家经济信息系统下,纵向联系各省、市、地、县及重点企业的经济信息系统,横向联系外贸、能源、交通等各行业信息系统,形成一个纵横交错、覆盖全国的综合经济信息系统。其主要功能是收集、处理、存储和分析与国民经济有关的各类经济信息,及时、准确地掌握国民经济运行状况,为各级管理部门提供统计分析和经济预算信息,也为各级经济管理部门及企业提供经济信息。

②企业管理信息系统:企业管理信息系统面向工厂、企业,如制造业、商业企业、建筑企业等,主要进行管理信息的加工处理,是一类最复杂的信息系统,一般应具备对工厂生产监控、预测和决策支持的功能。大型企业的管理信息系统一般都包括人、财、物,产、供、销,以及质量、技术等。同时技术要求也很复杂,因此常被作为典型加以研究,有力地促进了管理信息系统的发展。

③事务型管理信息系统:这类系统面向事业单位,主要进行日常事务的处理,如医院管理信息系统、饭店管理信息系统、学校管理信息系统等。由于各单位处理的事务不同,MIS 的逻辑模型也不尽相同,但基本处理对象是管理事务信息,要求系统具有较高的实用性和数据处理能力,决策工作相对较少,所以数学模型使用得也较少。

④行政机关办公型管理信息系统:国家各级行政机关办公管理自动化,提高机关领导的办公质量和效率,改进服务水平。办公型管理信息系统的特点是办公自动化和无纸化,在行政机关办公型管理信息系统中主要应用局域网、打印、传真、印刷、微缩等技术,提高办公效率。行政办公型管理信息系统对下要与各部门下级行政机关信息系统互联,对上要与上级行政主管决策服务系统整合,为行政主管领导提供决策支持信息。

⑤专业型管理信息系统:专业型管理信息系统是指从事特定行业和领域的管理信息系统,如人口管理信息系统、物价管理信息系统、房地产开发管理信息系统等。这类系统专业性强,信息也相对专业,主要功能是收集、存储、加工与预测等,技术相对简单,规模一般较大。

7.2 燃气企业管理信息系统

7.2.1 燃气企业管理信息系统概况

随着城市天然气需求迅猛增长,燃气管网日趋复杂,仅靠图纸、图表等形式记录保存管网资料,并在此基础上进行的人工管理,已经不能适应规模日益扩大、经济社会活动日益加快的现代化城市发展的要求。用新的技术和方法管理城市燃气管网信息代替落后的人工管理方式,已成为十分迫切的任务,信息技术的发展为建立城市燃气管理信息系统创造了条件。

以我国北方某大型燃气企业为例,其燃气管网管理信息系统的发展经历了从无到有、从工作站到互联网、从图形数据管理到集成管理模式的变化。

7.2.2　管理信息系统与SCADA系统之间的关系

1)SCADA系统是MIS系统的实时数据来源

输气系统的实时信息已成为全局生产决策的重要依据。SCADA系统主要完成的是对现场工艺设备状态的监视,在需要时直接对设备进行操控,以保障安全生产。SCADA系统同时作为相关系统的实时数据来源,管理信息系统结合SCADA提供的设备运行信息,随时为各级主管领导和主管工程师分层提供所关注的生产活动和设备运行信息。

2)MIS系统将SCADA系统实时数据加工处理成各种信息资料以供决策

管理信息系统将安全生产的各类资料收集、整理,并将其图形化、电子化和可视化,为输气生产管理提供直观、简洁的立体信息。管理信息系统丰富了SCADA信息的应用范畴,实现信息的合理流动和科学管理,实现资源共享,优化管理模式,大幅度提高生产管理的工作效率和工作质量。

7.2.3　管理信息系统应用举例

以我国北方某大型燃气企业为例,其管理信息系统综合利用SCADA系统实时数据、地理信息系统、管网仿真系统以及耗气预测系统,利用管网图档资料、水力计算模型、决策支持系统等科学手段,辅助工程师和各级决策者进行优化调度、事故预警分析等工作,实现供需平衡、可靠供气。

管理信息系统其数据的主要来源是SCADA系统的实时或历史数据、生产数据的中间计算结果、调度及基层单位各种文本格式的生产动态资料等。系统综合各部门关键的信息资源,及时准确地收集、整理和发布企业生产活动、管道运行状况和市场动态,从而加快生产调度数据的采集、分析、汇总及发布,提高工作效率,辅助公司领导决策。

就该系统而言,管理信息系统的功能特点主要体现在数据处理和预测方面,SCADA系统的功能特点主要体现在实时数据的采集方面。该系统的主要功能模块简要介绍如下。

1)SCADA系统

①采集并实时监控门站、储罐站和调压站/箱以及管网的工况参数和设备状况。

②对采集的实时数据,进行工艺流程显示,以及数据报表和趋势分析曲线显示;存储并归档历史数据,用于统计分析。

③对遥控阀门的远程控制。

2)SCADA曲线查询子系统(图7.2)

①按站类型查询:分为厂站、超高压站、高中压和中低压站查询。

②按参数类型查询:分为压力、流量;压力又可分为进口压力和出口压力。

③按部门查询:主控中心、输配分公司、各管网所可以根据登录的用户名不同查询自己所管辖的站点数据。

④极值的查询:可以查询站点数据的一天的最大值、最大值时间、最小值、最小值时间。

⑤曲线的刷新:可以定制曲线的实时刷新,每5分钟刷新一次。

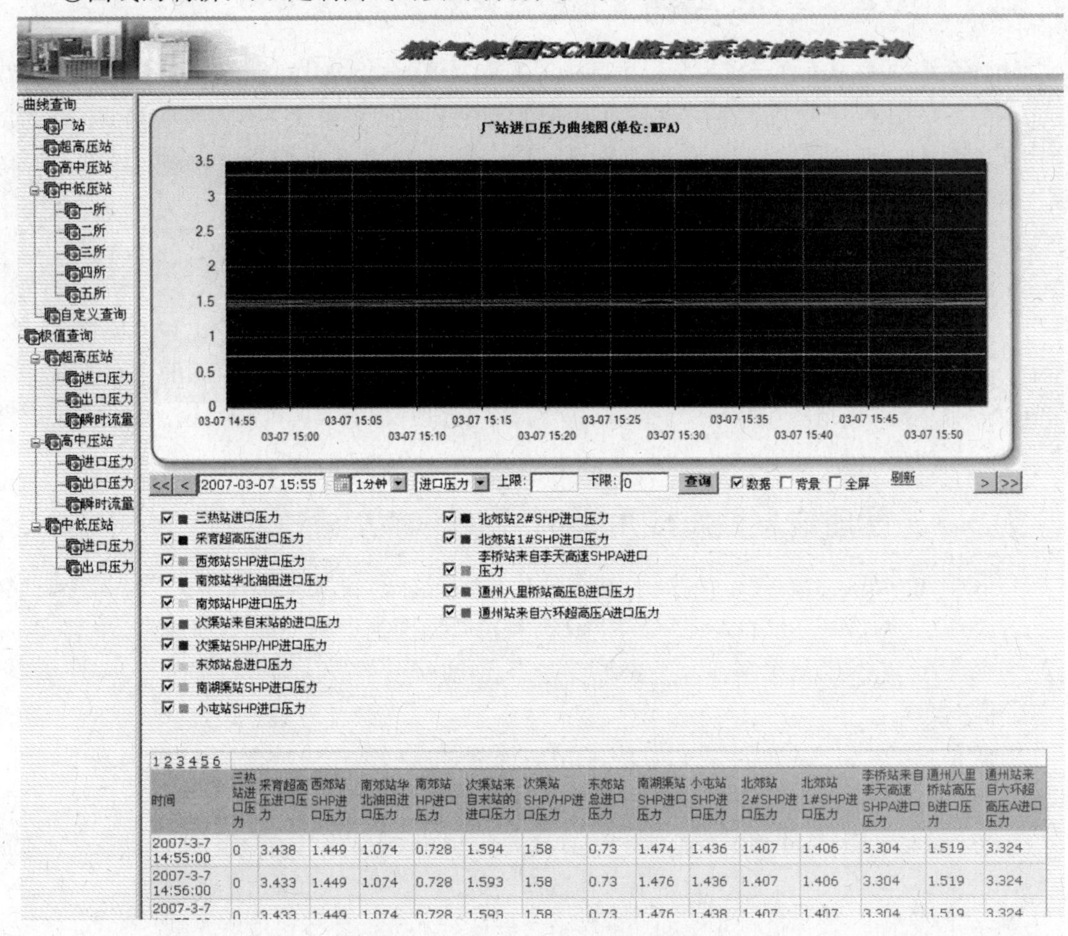

时间	三热站进口压力	采育超高压进口压力	西郊站SHP进口压力	南郊站华北油田进口压力	南郊站HP进口压力	次渠站来自末站的进口压力	次渠站SHP/HP进口压力	东郊站总进口压力	南湖渠站SHP进口压力	小屯站SHP进口压力	北郊站2#SHP进口压力	北郊站1#SHP进口压力	李桥站来自李天高速SHPA进口压力	通州八里桥站高压B进口压力	通州站来自六环超高压A进口压力
2007-3-7 14:55:00	0	3.438	1.449	1.074	0.728	1.594	1.58	0.73	1.474	1.436	1.407	1.406	3.304	1.519	3.324
2007-3-7 14:56:00	0	3.433	1.449	1.074	0.728	1.593	1.58	0.73	1.476	1.436	1.407	1.406	3.304	1.519	3.324
2007-3-7	0	3.433	1.449	1.074	0.728	1.593	1.58	0.73	1.476	1.438	1.407	1.407	3.304	1.519	3.324

图7.2 SCADA曲线查询操作界面

3)SCADA报表统计查询(数据分析)子系统

①可以统计门站的购气量和各项生产调度所需要的报表。

②可以生成门站、次高压和高压的小时报表、日报表、月报表和年报表并计算各种不均匀系数。

③可以以图形和报表的形式在网页上发布。

④将SCADA采集的数据和调度数据进行整合,可以灵活地进行横向或纵向的数据分析。

该系统的“报表分析”界面如图7.3所示。图7.4是用该系统分析比较历年同期月购气量的实例。

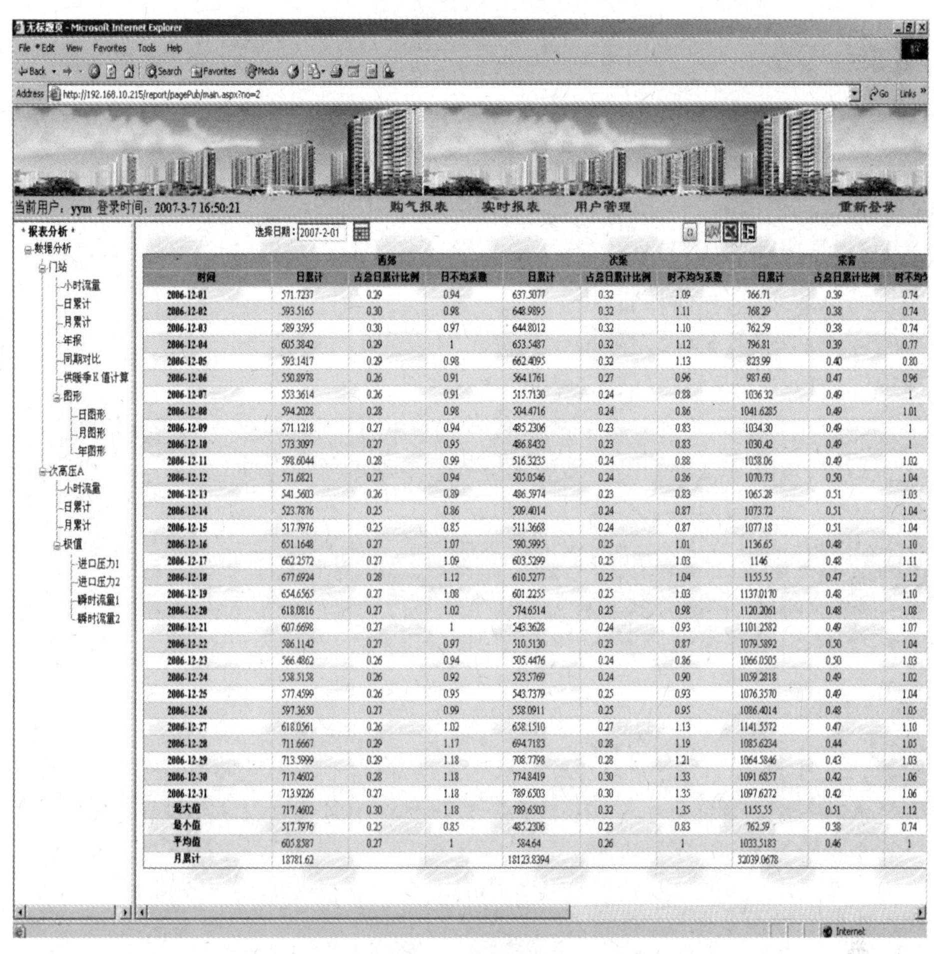

时间	西郊 日累计	西郊 占总日累计比例	西郊 日不均系数	次渠 日累计	次渠 占总日累计比例	次渠 时不均匀系数	采育 日累计	采育 占总日累计比例	采育 时不均…
2006-12-01	571.7237	0.29	0.94	637.5077	0.32	1.09	766.71	0.39	0.74
2006-12-02	593.5165	0.30	0.98	648.9895	0.32	1.11	768.29	0.38	0.74
2006-12-03	589.3595	0.30	0.97	644.8012	0.32	1.10	762.59	0.38	0.74
2006-12-04	605.3842	0.29	1	653.5487	0.32	1.12	796.81	0.39	0.77
2006-12-05	593.1417	0.29	0.98	662.4095	0.32	1.13	823.99	0.40	0.80
2006-12-06	550.8978	0.26	0.91	564.1761	0.27	0.96	987.60	0.47	0.96
2006-12-07	553.3614	0.26	0.91	515.7130	0.24	0.88	1036.32	0.49	1
2006-12-08	594.2028	0.28	0.98	504.4716	0.24	0.86	1041.6285	0.49	1.01
2006-12-09	571.1218	0.27	0.94	485.2306	0.23	0.83	1034.30	0.49	1
2006-12-10	573.3097	0.27	0.95	486.8432	0.23	0.83	1030.42	0.49	1
2006-12-11	598.6044	0.28	0.99	516.3235	0.24	0.88	1058.06	0.49	1.02
2006-12-12	571.6821	0.27	0.94	505.0546	0.24	0.86	1070.73	0.50	1.04
2006-12-13	541.5603	0.26	0.89	486.5974	0.23	0.83	1065.28	0.51	1.03
2006-12-14	523.7876	0.25	0.86	509.4014	0.24	0.87	1073.72	0.51	1.04
2006-12-15	517.7976	0.25	0.85	511.3668	0.24	0.87	1077.18	0.51	1.04
2006-12-16	651.1648	0.27	1.07	590.5995	0.25	1.01	1136.65	0.48	1.10
2006-12-17	662.2572	0.27	1.09	603.5299	0.25	1.03	1146	0.48	1.11
2006-12-18	677.6924	0.28	1.12	610.5277	0.25	1.04	1155.55	0.47	1.12
2006-12-19	654.6565	0.27	1.08	601.2255	0.25	1.03	1137.0170	0.48	1.10
2006-12-20	618.0816	0.27	1.02	574.6514	0.25	0.98	1120.2061	0.48	1.08
2006-12-21	607.6698	0.27	1	543.3628	0.24	0.93	1101.2582	0.49	1.07
2006-12-22	586.1142	0.27	0.97	510.5130	0.23	0.87	1079.5892	0.50	1.04
2006-12-23	566.4862	0.26	0.94	505.4476	0.24	0.86	1066.0505	0.50	1.03
2006-12-24	558.5158	0.26	0.92	523.5769	0.24	0.90	1059.2818	0.49	1.02
2006-12-25	577.4599	0.26	0.95	543.7379	0.25	0.93	1076.3570	0.49	1.04
2006-12-26	597.3650	0.27	0.99	558.0911	0.25	0.95	1086.4014	0.48	1.05
2006-12-27	618.0561	0.26	1.02	658.1510	0.27	1.13	1141.5572	0.47	1.10
2006-12-28	711.6667	0.29	1.17	694.7183	0.28	1.19	1085.6234	0.44	1.05
2006-12-29	713.5999	0.29	1.18	708.7798	0.28	1.21	1064.5846	0.43	1.03
2006-12-30	717.4602	0.28	1.18	774.8419	0.30	1.33	1091.6857	0.42	1.06
2006-12-31	713.9226	0.27	1.18	789.6503	0.30	1.35	1097.6272	0.42	1.06
最大值	717.4602	0.30	1.18	789.6503	0.32	1.35	1155.55	0.51	1.12
最小值	517.7976	0.25	0.85	485.2306	0.23	0.83	762.59	0.38	0.74
平均值	605.8587	0.27	1	584.64	0.26	1	1033.5183	0.46	1
月累计	18781.62			18123.8394			32039.0678		

图 7.3　报表统计

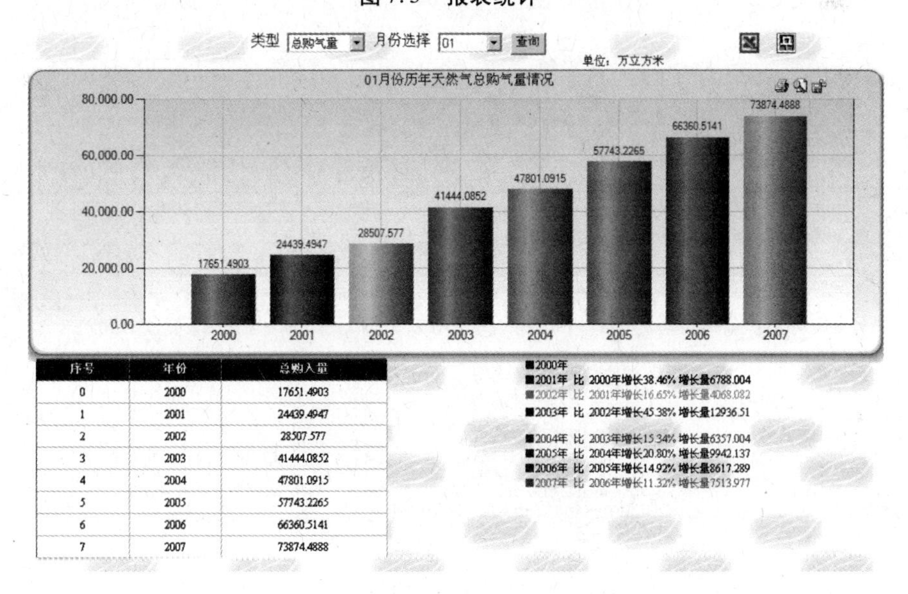

序号	年份	总购入量
0	2000	17651.4903
1	2001	24439.4947
2	2002	28507.577
3	2003	41444.0852
4	2004	47801.0915
5	2005	57743.2265
6	2006	66360.5141
7	2007	73874.4888

图 7.4　历年 1 月购气量与增长率

4)管网仿真系统

①稳态管网水力计算模型:用于对城市管网进行改扩建设计,是管网规划的主要工具。

②瞬态管网水力计算模型:用于对管网日常调度及运行分析提供信息,辅助工况分析工程师及调度人员做出管网运行决策。其分析内容包括以下方面:

- 气源分析:跟踪分析管网中不同气源的供气分布;
- 管网储气能力及存气时间分析;
- 储气库及储罐站储气能力分析;
- 管线压力分布以及超压/欠压分析;
- 利用现有运行工况预测分析管网未来可能的运行工况,即进行趋势分析;
- 气源跟踪,跟踪和预测管网中某些敏感和重要站的气质变化;
- 泄漏定位,监测管网的完整性。

③瞬态实时管网水力计算模型:提供调度所需的,同时监控系统所不具备的管网操作前景预测,让调度人员能在更准确的时刻做出有效的指挥调度;同时,还为调度人员提供了管网模拟操作计划,以增加管网调度的安全性与可靠性。

5)耗气预测系统

根据时、日、月和年的历史数据以及 SCADA 实时数据,利用不同的负荷预测数学模型,进行中长期及短期耗气用量预测分析。该系统包括日预测与小时预测,其界面如图 7.5 所示。

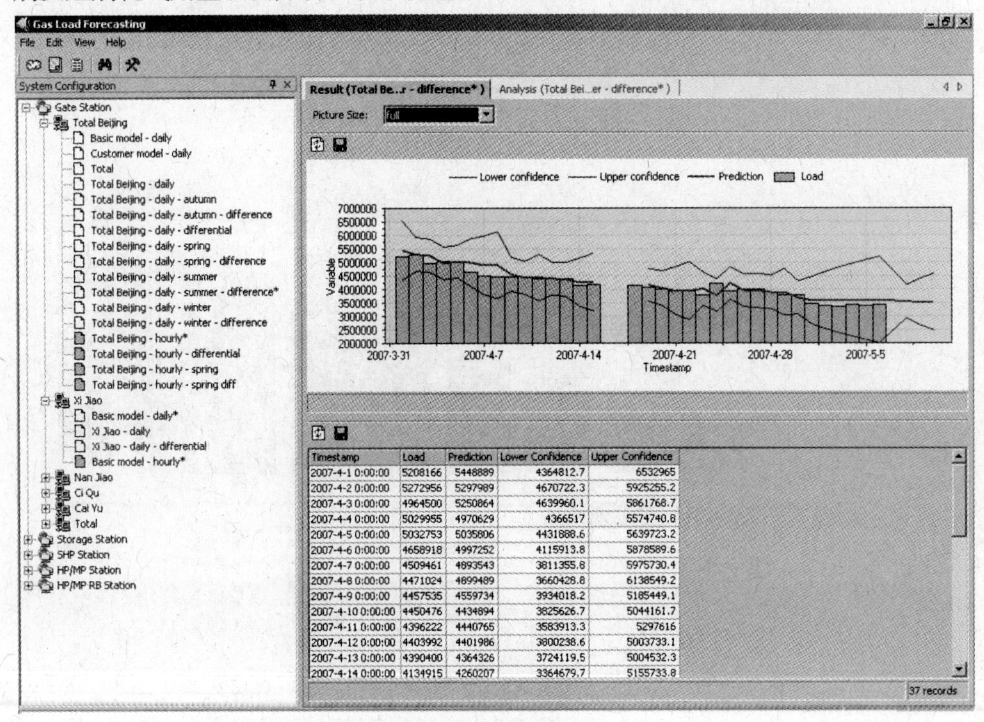

图 7.5 耗气预测系统

①日预测:用于安排燃气生产计划,确定燃气购入量及存储量。

②小时预测:在线预测,对日调峰起指导作用。

学习鉴定

1. 填空题

(1)信息按信息流向可分为________、________和________。

(2)信息处理一般经过真伪鉴别、排错校验、________与加工分析 4 个环节。

(3)管理信息系统具有________、________、________、________等功能。

2. 问答题

简述管理信息系统与 SCADA 系统之间的关系。

第 8 章　SCADA 系统与仿真预测系统

核心知识

- 管网仿真
- 管网模型类型
- 管网仿真系统功能
- 负荷预测
- 预测系统功能

学习目标

- 掌握管网仿真及负荷预测的概念
- 熟悉管网模型类型
- 理解管网仿真系统及负荷预测系统功能

随着管网调度现代化管理水平的不断提高，单纯及狭义的 SCADA 系统已远远不能满足企业的发展要求，因此规模较大、前景较好的燃气公司均将管网仿真系统及耗气负荷预测系统集成入 SCADA 系统，形成"大 SCADA 系统"的概念。管网仿真系统及耗气负荷预测系统作为两个决策支持子系统，利用 SCADA 系统所采集的数据，对管网系统进行运行工况分析，提供燃气供需平衡管理及优化调度，使 SCADA 系统在燃气领域的应用得到有效延伸和扩展。

8.1 管网仿真系统

8.1.1 定义

为了保证天然气管网运行的可靠性和安全性，需要在管网的设计、运行过程中，对输气管网进行模拟和控制，因此管网仿真系统应运而生。管网仿真，又可称为管网建模、管网模拟等，是指通过真实系统的模型进行实际系统的分析和处理，其目的在于了解真实系统在不同条件下的运行情况以及增加或删去一些条件后系统可能发生的变化。

燃气管网的建模工艺可提供不同条件下燃气管网工况变化的许多有价值的信息，是管网设计、调度运行和管理工程师最重要的决策工具之一，是提高燃气管网系统的设计能力、日常调度操作效率及运行安全的科学辅助手段。

压力-流量模型是应用一个真实管道系统的复制系统来反映不同压力、负荷和不同布置方法之间的关系。压力-流量模型可用来评价实际系统中可能产生的不同运行条件，为运行决策提供可靠基础。在此，本章主要介绍应用最为广泛的压力-流量数学模型在城市燃气输配调度中的应用。

8.1.2 仿真系统功能

管网仿真系统根据不同标准可分为不同模型类型，不同模型则具有不同的主要功能。

1) 模型分类

(1) 根据建模目的分类

①设计模型：是管网规划及工程设计部门用于长输管线、城市管网及门站调压站等扩建、改建等管网规划的主要工具，根据预期的负荷需求及发展规划，设计人员建立模型以测算管网系统的能力、新管线、调压站及配套设施能力及布置，应更换或改造的管线、调压站设施等。

②运行模型：为管网调度运行部门日常调度分析提供准确信息的工具。模型要求实时

地反映管网运行参数的变化,以及现有系统在不同时期运行条件下的可能状况,如设备维护检修时的停气状况,同压力级制调压站设定不同出口压力时的气量匹配状况等,以辅助管网调度运行工程师及管理人员做出调度决策。同时,还可以对管网系统运行管理人员的操作反应能力进行培训。

(2)根据建模数据分类

①静态(稳态)仿真模型:使用管网某一特定时刻的压力-流量数据。该类模型一般用于管网规划及工程设计部门进行管网规划设计,以及管网调度运行部门对压力级制较低、规模庞大且没有实时监控数据的系统进行分析。

②动态(瞬态)仿真模型:离线使用某一段时间的压力-流量数据。该类模型可用于管网调度运行及管网规划部门进行某段时间的特定任务的离线分析,模拟各种操作的实际状态及相对合理的“非正常”状态。在培训中通过模拟系统的运行、事故状态等条件,可提高输配气人员在出现紧急情况时的反应处理能力,并可在短期内提供过去需要长期经验积累才能获得的知识。

③动态(瞬态)在线仿真模型:在线使用 SCADA 监控系统提供的实时压力-流量数据,进行在线实时管网工况分析,并可提供调度运行最需要的又是监控系统所缺乏的管网运行前景预测,增强管网调度的安全性与高效性。

城市天然气输配系统的供气调度是要根据分配管网的技术特性不断改变输配系统的供气量,以适应用户的用气不均匀性,保证用户用气设备所需压力和流量,对于管网调度运行部门最为关注的高压及次高压系统,不仅安装了 SCADA 监控获取实时工况数据,同时可以利用动态实时模型的支持全面掌握管网运行的整体工况,包括管网未来压力流量的趋势,以及时做出合理的调度调整。

2)主要功能

①气源及组分跟踪分析:对于多气源供应系统,即有多个城市接收站或门站的城市管网系统,可以分析管网中不同气源的供气分布及混气情况,可进行供气区域彩色化分析及混气百分比分析,准确掌握气源供应范围;同时对来自不同上游气田具有不同气质和组分的气源进行跟踪分析,以此可实现对管网中某些敏感和重要站的气质变化的跟踪和预测。

②管网压力分布分析:对于具有多级压力级制的复杂城市管网,可对管线压力分布情况进行分析,包括用颜色对各级压力管网进行彩色化,对管网各级压力最高点及最低点进行定位统计分析等。

③管网储气能力分析:根据 SCADA 系统提供的管网测点实时数据和地理信息系统(GIS,Geographic Information System)提供的管网拓扑结构和相关数据,计算管网中天然气的动态实时储气量,包括对管线、储气库及储罐站储气能力进行分析,即在供需不平衡时,对负荷-压力变化引起的管网储气及调峰能力进行分析。

④管网存活时间分析:管网存活时间分析属于管网事故状态下的分析,根据管网储气能力计算的结果,模拟在部分气源或全部气源中止供气的情况下,管网特征点的压力参数 24 小时或 168 小时等时间段内的变化趋势,从而推算出在满足管网特征点压力不低于最小合同交

付压力的条件下，管网存气可以维持正常供气的时间。

⑤管网泄漏定位分析：管网泄漏定位主要利用水力计算模型实现对管网完整性的监测，指根据管网特征点压力及流量测量数据的变化，分析并定位管网中可能发生泄漏的管段位置，为燃气泄露事故提供预警。

⑥管网趋势分析：管网趋势分析主要是对管网未来可能的运行工况进行前景预测，一般指利用现有运行工况或根据需要假设某些特定条件，对管网 24 小时或更长时间后的可能工况进行动态分析。

⑦管网调度运行培训：管网调度运行培训是指通过燃气管网模型模拟真实系统的运行、事故和严寒时等特定条件下的工况，对管网输配调度人员进行操作培训，通过模拟操作可提高配气人员的反应能力，以便在出现风险时能沉着处理问题，在短期内提供过去需要长期经验积累才能获得的知识。

8.1.3 仿真系统与 SCADA 系统及 GIS 系统的关系

仿真系统管网建模过程包括输入—处理—输出，涉及 SCADA 系统、GIS 系统以及用户管理系统。具体可分为三个阶段，第一阶段是通过 GIS 系统收集描述管网系统的信息，包括对这些信息进行核实和修正，以保证模型接近于真实系统，通过 SCADA 系统及用户管理系统确定管网系统出气节点负荷量和供气点即气源；第二阶段是利用计算机软件即仿真系统建立模型，并设定压力-流量等条件，进行水力计算；第三阶段是将计算结果输出成为对使用者有意义的形式。仿真系统结构图如图 8.1 所示。

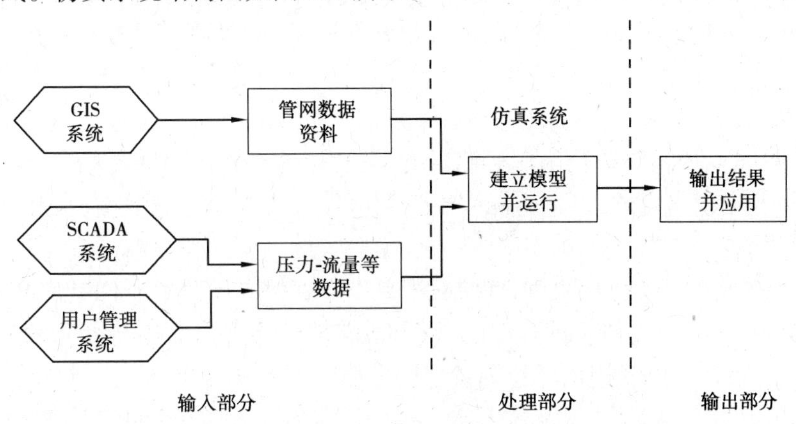

图 8.1 仿真系统结构图

1)输入部分(建立管网模型的数据库——三个相关系统)

根据以上阶段的不同任务需求及燃气管网的建模流程(图 8.1)，管网仿真系统与 GIS 系统、SCADA 系统以及用户管理系统存在密不可分的关系，三个系统分别提供了建立管网仿真模型的数据库。

(1) GIS 系统——管网管线及设施数据库

对于节点和管段数量庞大的大规模燃气管网，原始数据收集、整理与修改需较长的时间，因此应借助GIS管网图档系统的管网拓扑关系及属性数据，这就要求GIS管网图档系统具有通用数据库或能够生成标准数据文件用来自动建模。一般GIS管网图档系统侧重图像数据的图绘展示，如GIS系统可以没有节点数据，线与线的连接依据上下游点坐标相近来确定。然而在复杂管网中，管线常互相交叉却没有连接，用坐标相近来判断线线相连会造成很大困扰，人工录入图形或数据过程中也难免出现偏差，而管网建模对管网数据完整性和准确性的要求远高于GIS系统，因此要求GIS管网图档系统具备针对管网建模的纠错和改错功能。

在前期对GIS的设计中应充分考虑仿真建模所需数据要求，未来只需对唯一一个管网数据库进行维护，不会造成模型信息与地理信息系统信息不同步的问题。设计开发地理信息系统时具体应考虑的仿真建模数据包括：节点名、XY坐标、标高，接线名、上下游节点名、管长、管径（内径）、管材，调压站名、上下游节点名、开口径。除此之外，可以根据特定需求增加管网的其他信息数据。

(2) SCADA系统——用户负荷信息及压力流量等数据库

SCADA系统主要用于提供建模所包含的气源点、负荷点以及调压站的压力-流量及其他数据，具体包括上下游压力、气体温度、流量、比重、热值、气体组分等，根据管网模型的具体及特定操作要求，可添加其他数据。以上测量数据对压力、流量、温度及其他计量的可靠性、敏感性、稳定性及准确性有一定要求，在管网建模尤其是在线仿真系统中，压力、流量、温度是相辅相成的，任何一个测量数据的不可靠或不准确都会对建模仿真效果产生影响。

具有一定规模的燃气管网系统，一般要求SCADA监控系统具有通用数据库或针对仿真建模特定要求开发数据接口，但对于规模较小的管网系统，也可以通过查询SCADA系统并手工读出及写入模型的方式实现压力-流量等数据的设定，完成稳态模型的建立过程。如果希望利用瞬态仿真模型及实时在线仿真系统对压力级制较高的管网系统进行模拟运算，则必须利用SCADA监控系统提供的实时测量数据，这即需要对SCADA监控数据扫描频率及输出数据文件频率提出要求，以上指标取决于正常运行状态的变化情况，一般要求至少每5分钟对管网数据扫描一次。

(3) 用户管理系统——用户负荷信息数据库

当建立压力级制较低的管网模型，如中压的管网模型时，压力-流量数据无法完全从SCADA系统获得，即需要利用用户管理系统获取模型节点所需负荷量。此时需要数据库尽量完整，不能存在信息缺失、统计标准不统一等问题，最好与GIS系统整合，可将用户负荷信息准确对应到管网模型节点。

2) **处理部分**（稳定状态模型的公式和求解——仿真系统）

处理部分主要是指仿真建模构图和利用计算机求解模型方程式的各种有效程序，也即进行水力计算图绘制及燃气管网水力计算的程序系统。如不借助计算机技术，模型绘制及计算是一个非常繁杂的过程，但随着计算机技术的飞速发展，仿真建模及模型运算程序日趋成熟，使得该过程易于操作，尤其对于规模较为庞大的管网系统而言，大大简化了操作和运算过程。

(1)构图——燃气管网拓扑结构及矩阵表示

管网的拓扑结构是燃气管网水力计算的基础问题。用计算机进行燃气管网水力计算，首先需要把管网的信息输入到计算机中去,这就必须用数学的语言描述管网的结构,这一任务可借助图论来完成。燃气管网主要由节点、管段和气源点组成,管网的供气点、气源点、管道分支点和变径点均称为节点,两节点之间的管道称为管段,由管段首尾连接组成的回路称为环,这里所指的环是图论中的基本回路,不包括别的回路。图8.2为由8个节点、11条管段和3个环组成的燃气管网结构图,节点、管段和环被编号标出。

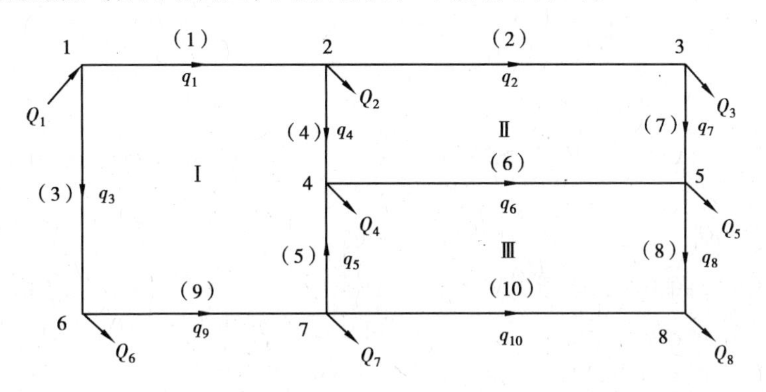

图8.2　管网拓扑结构示意图

图中:1,2,…,8—管网节点编号;

(1),(2),…,(10)—管段编号;

Ⅰ,Ⅱ,Ⅲ—环路编号。

由图论可知,任何环状管网在管段为p、节点数为m、环数为n的情况下,其管段数、节点数和环数存在下列关系:

$$p = m + n - 1 \tag{8.1}$$

利用图论的有向图原理可以将管网图型信息数据化。实现其数据化的方法有很多,但如何使其输入数据方便、原始数据准备量少、建立数学水力计算数学模型简捷、编程容易,是必须要考虑的。燃气管网考虑燃气的流向,从图论的角度可以看作有向图,其拓扑结构可用管段与节点的关联矩阵(在图论中也称为A阵)和管段与环路关联的环路矩阵(在图论中也称为B阵)表示。

知识窗

图论[Graph Theory]是数学的一个分支,以图为研究对象。图论中的图是由若干给定的点及连接两点的线所构成的图形,这种图形通常用来描述某些事物之间的某种特定关系,用点代表事物,用连接两点的线表示相应两个事物间具有这种关系。

(2)燃气管网水力计算的数学模型及公式

燃气管网供气时,在任何情况下均需满足管道压降计算公式、节点流量方程和环能量方程,其中后两个方程称为基本方程。

①管段压力降计算公式:

$$\Delta p_j = s_j q_j^{\alpha} \quad j = 1,2,\cdots,p \tag{8.2}$$

式中 s_j——管段的阻力系数;

Δp_j——管段的压力降;

q_j——管段 j 的流量;

α——常数。

可列出 p 个管段压降计算公式。

②节点流量连续方程。对燃气管网任一节点 i 均满足流量平衡,可用式(8.3)表示:

$$\sum_{j=1}^{p} a_{ij} q_j + Q_i = 0 \quad i = 1,2,\cdots,\mathrm{m} \tag{8.3}$$

式中 a_{ij}——管段 j 与节点 i 的关联元素($a_{ij}=1$,管段 j 与节点 i 关联,且是管段的起点;$a_{ij}=-1$,管段 j 与节点 i 关联,且是管段的终点;$a_{ij}=0$,管段 j 与节点 i 不关联)。

可建立 $m-1$ 个独立的方程。

③环能量方程。对于燃气管网中任一环路均应满足压降之和为零,可用式(8.4)表示:

$$\sum_{j=1}^{p} b_{ij} s_j q_j^{\alpha} = 0 \quad i = 1,2,\cdots,n \tag{8.4}$$

式中 b_{ij}——管网环路与管段的关联元素($b_{ij}=1$ 管段 j 在第 i 个环中,且管段 j 的方向与环的方向一致;$b_{ij}=-1$,管段 j 在第 i 个环中,且管段的方向与环的方向相反;$b_{ij}=0$,管段 j 不在第 i 个环中)。

可建立 n 个独立的环能量方程。

(3)三种计算方法

对于一个管网,当管径已知时,每条管段有压降和流量两个未知数,共有 $2p$ 个未知数,可列出的方程数为:

$$p + (m-1) + n = 2p \tag{8.5}$$

这样未知数与方程的个数相等,可以进行求解。方程组为非线性的,直接求解困难,一般可通过解环方程法、解节点方程法、解管段方程法三种方法求解。

3)输出部分(模型运行结果的说明)

一旦模型已经建立,输入已知参数后即可得到未知量,但重要的是应清楚地知道模型中有哪些假设和简化量,从而能清楚地说明所获得的结果。运行结果的输出最初一般采用数值表格形式,但随着计算机技术的发展以及管网规模不断扩大所产生的更多需求,输出结果也更多采用曲线、图形、图像甚至 Web 发布等形式表现,可将模型运行结果通过数据接口反馈到 SCADA 系统并以不同形式表现,也可以进行 Web 发布挂接在 SCADA 系统中。

8.2 耗气负荷预测系统

8.2.1　定义

科学性预测是根据过去的统计数据和经验等信息，运用一定的程序、方法和模型，分析预测对象与有关因素的相互联系，从而总结出预测对象的特性和变化规律。近似预测是在事物发生之前对其状态的估计和推测。然而事物的发展不是简单的重复，总要受到各种不断变化的因素的影响，因此，事前的预测和实际的结果往往会出现一定的偏差，只能是一个近似值。

燃气负荷预测可定义为：考虑过去的负荷数据及影响负荷的各种因素，根据负荷变化的机理，利用系统化的适当定量计算方法，在一定精度意义上确定未来 24 小时或 7 天、1 个月、1 年或更长时间的燃气负荷的数据处理过程。燃气负荷预测系统就是实现其预测目标的一个复杂系统，由软硬件两方面组成：软件有数据预处理、预测数学模型、预测方法、预测软件等；硬件由数据采集、通信系统、计算机等组成。燃气负荷预测系统通常建立在 SCADA 系统之上，是在其基础上的高级应用。

8.2.2　预测系统功能

建立负荷预测系统，可完善管网调度指挥运营中心的技术职能，实现对燃气供气系统的科学决策和现代化管理。在燃气供应系统中，燃气负荷数据对项目规划、工程设计、管网运行与调度以及工程经济技术分析都有着根本意义。生产运行中各时段的负荷预测，可提供气源生产计划，是实现管网检修计划、输配调度的基础。准确及时的负荷预测，可优化输配调度，提高运行效率，节约能源，降低成本。具体功能可概括为以下几方面：

(1)为制订气量计划，执行“照付不议”提供科学依据

按照国际惯例，“照付不议”是指在某一合同年内，若买方没有用完该合同年的照付不议量，对这部分燃气量，买方也应支付。这就要求买方做好照付不议负荷量的预测。若预测值偏大，则造成直接经济损失；若偏小，又不能满足用户用气量需求和进一步的市场开发，不利于燃气事业的健康发展。

2001 年，涩宁兰输气管道是中国石油实施“照付不议”合同的第一个项目，此后，“照付不议”规则在天然气市场普遍推开，打破了我国长期实行的天然气市场供需的计划经济模式，使中国的天然气工业真正按照市场经济规则和国际惯例运行。上游供气方与下游燃气企业之间签订的照付不议供气合同中，除了照付不议气量外，还有超提气量、最大日供气量、最大小时供气量和计划气量等诸多条款。燃气公司如未能依照确定购气量提气，需按照照付不议或者缴付较高的气价，这势必提高运作成本。如北京市目前执行“月计划、周平衡、日制定”的供用气计划模式，用气方向供气方提出所需的年、月、日用气量计划，由供气方调度供气。因此，准确的预测用气量并制订用气计划，可以减少燃气企业不必要的经济损失，保障天然气产业链的正常、经济运转。

(2)为管网及配套储气设施设计优化提供基础

在城市燃气规划、设计中需要年供气量的基础数据，以便确定系统的配置规模，计算项目的经济性和确定建设所需资金；在工程项目设计阶段，燃气负荷量亦是各种计算的基础；对管网进行静态水力计算时，则需要获取用气负荷的小时峰值。

在设计管网配套储气设施、分配管网及设备能力时，需要掌握用气负荷随时间变化的规律。储气设施的储气规模主要取决于工作气量，所以一定要选择大小合适的储气构造，以便提高储气设施的经济性。

(3)为燃气输配管网调度管理现代化提供技术手段

城市天然气用气负荷存在不均匀性，随月、日、时变化。因此在实际供气过程中需要不断地改变天然气输配管网的供气量，以适应用户的用气不均匀性，保证用户天然气设备所需用气压力，平衡储气设施的供气量与储气量，保证高峰供气和低峰进气，降低管网的运行费用。

天然气负荷的大小与特性直接影响天然气输配管网及厂站的设计和正常的运行工况，中长期负荷预测可用于安排后期工程，确定生产能力，安排设备的更新维修等；短期预测可用于安排天然气生产计划，确定天然气产量及存储量；小时负荷预测还可以对调峰起指导作用。可见，建立在科学准确基础上的耗气量预测对于制订整个管网的运行计划，进行工况调整以使天然气产量满足实际负荷要求是非常重要的。利用耗气预测系统预测产生的用户用气负荷量以及用气规律，可以通过转换格式文件输入管网仿真系统，用于制订管网购气和供气计划，作为合理调整输配气方案的有力依据，帮助管理者解决非结构化问题，支持管理者决策，提高燃气输配管网调度管理的现代化水平。

(4)为工程技术研究分析提供依据

在进行工程技术问题研究时，往往需将其放在具体或特定用气工况背景下进行研究。如对燃气输配系统的布局合理性、利用效率等进行分析，即需要典型化的负荷变化，而典型化的负荷模型是从对已有负荷数据研究的基础上建立起来的。

8.2.3 预测系统与SCADA系统及仿真系统的关系

负荷预测系统将现代的预测理论和技术与燃气供气系统的实际情况相结合，能够很好地解决燃气负荷预测问题，作为与燃气管网监控SCADA系统密切相关的一个辅助决策子系统，耗气预测系统需要实现与SCADA系统或者用户管理系统的数据交换及预测结果的Web发布，以用于指导实际的燃气生产调度工作。同时，负荷预测结果可用于仿真系统趋势预测分析，如在进行管网仿真系统的静态水力计算时，需要知道用气负荷的小时峰值。

要充分了解预测系统与SCADA系统及仿真系统等的关系，首先需要了解一个完整的预测系统一般包括以下主要内容。

1)明确预测目标

对不同季节、不同日类型的预测值分开,可以去除非同类型日数据的干扰,避免一些随机因素的影响,有利于提高预测精度和迭代收敛速度,简化计算。对负荷进行精确分类是相当困难的,需要大量的经验和比较。预测目标可以是对负荷特性即负荷曲线轮廓的图形拓扑预测,也可以是对负荷值大小的预测,一般可以分为如下几类:

①一般日负荷预测:次日或次日后连续若干日或次日后第几日日负荷、预测次周每日日负荷、次月每日日负荷。

②极值负荷:日负荷极大或极小值、月负荷极大或极小值、季节负荷极大或极小值、年负荷极大或极小值。

③特殊负荷:用户特殊要求的负荷预测。

2)收集并处理数据资料

(1)收集

根据预测目标及要求的不同,选择不同数据作为输入数据,如短期负荷预测,选取天气各参数、日期类型、历史负荷等。数据资料包括生产现场采集的实时数据、历史数据或来自SCADA系统的数据库,向有关专家咨询或查寻有关资料等。应尽量收集多的数据,尽量找到所有可能对预测目标造成影响的影响因素,并建立输入源数据库。

(2)处理

输入数据的数量和质量是影响模型精度的重要因素,若其本身带有误差和干扰,如燃气系统故障产生的异常负荷,或者由SCADA采集故障数据时带来的干扰数据,导致模型不能收敛或预测误差较大。所以必须对数据预处理,对异常的数据应探讨发生异常的原因,检查是否系统发生特殊事件或突发事件等。不可盲目除掉特殊值,因为其有时是变化的突发点、转折点。针对数据出错的不同原因,可以采用如下几种数据处理方法:剔除法,平滑法(噪声过滤),修正法。

(3)特殊因素的处理

①节假日、旅游黄金周因素的处理:一种方法是将其单独拿出来,另作一类分析预测;另一种方法是在一般预报模型中加上节假日修正量。

②日期类型的处理:按不同日期分别处理,周一至周五为一类,周六、周日为一类,或周一至周日分别为一类,分别建模预测。

③天气气候因素的处理全面考虑气候的影响参数,如温度(最高温、最低温、平均温度等)、阴、晴、降雨量、降雪量、风速、湿度等。

④大型庆典、事故抢修等的处理:由有经验的调度管理人员人工调整异动系数,加以修正。

3)选择预测方法并建立预测模型

预测方法是否选用得当,将直接影响预测的精确度和可靠性。根据预测地区的负荷构成、负荷特性以及实践经验，选择一种比较适当的算法是非常重要的。预测建模是预测的核心，根据预测模型的需求，输入有关资料、数据，进行计算或处理，得到预测结果。

常用的预测方法有回归分析法、时间序列法、卡尔曼滤波法、多项式平滑法、专家系统、模糊预测、灰色预报以及人工神经网络(ANN)等技术。

回归分析法是最常用的数理统计方法，是以相关原理为基础的预测方法。由于回归分析有比较严密的理论基础和较成熟的计算分析方法，所以，回归预测方法的理论性较强，如果模型建立得当，则可得到比较精确的预测结果，而模型的建立主要依赖于因素分析和历史数据收集。

时间序列，又称时间数列，是指观察或记录到的一组按时间顺序排列的数据，展示了研究对象在一定时期内的发展变化过程。时间序列预测方法，假设预测对象的变化仅与时间有关，根据它的变化特征，以惯性原理推测其未来状态。事实上，预测对象与外部因素有着密切而复杂的联系，时间序列中的每一个数据都反映了当时在许多因素综合作用下预测对象的变化过程。因此，预测对象是仅与时间有关的假设，是对外部因素复杂作用的简化，从而使预测的研究更为直接和简便。

人工神经网络在负荷预测中有着较大的优势，其逼近效果好，计算速度快，并可以在线应用。天然气负荷因受天气等非线性关系因素的影响比较大，所以用人工神经网络进行天然气负荷预测具有优越性。

4)人工调整预测值及结果评价分析

燃气供应系统是一个复杂而庞大的工程系统，其工作不仅受本系统自身的约束，而且受外界客观环境的影响，从而使其供气因主、客观条件变化而有别于正常工作。外界客观环境影响有：设备大修要求降低或停止供气；输配气管网系统故障降低或部分停止供气；大型工业用户的新投产或住宅区新通气陡增用气量，或因减产、停产而陡减用气量，等等。

预测结果分析评价主要是对预测结果的准确性和可靠性进行论证。预测结果受到资料的质量、预测人员的分析判断能力、预测方法本身的局限性等因素的影响，未必能确切地估计预测对象的未来状态。此外，各种影响预测对象的外部因素在预测期限内也可能出现新的变化。因此要分析影响预测精确度的因素，研究这些因素的影响程度和范围，进而估计预测误差的大小，评价原来预测的结果。

根据以上内容可绘制如图8.3所示的数据流程图，以此表示预测系统与其他系统的关系及其预测结果应用过程。

①数据源部分(建立预测模型数据库系统)：根据不同预测目的和要求，可选择不同数据系统作为预测系统的输入部分，一般包括如图8.3所示的三个系统：SCADA系统、用户管理系统以及气象服务系统。

- SCADA系统：提供实时或非实时预测目标的用气负荷观察数据库；
- 用户管理系统：提供非实时预测目标的用户用气负荷观察数据库；
- 气象服务系统：提供气象信息数据库。

②核心部分(预测系统)：包括此前介绍的选择预测方法及建立预测模型、人工调整预测

值及结果评价分析等核心内容。

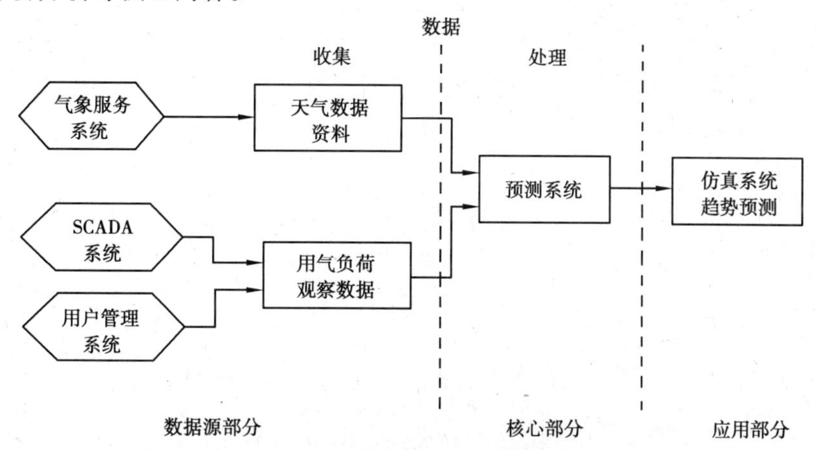

图 8.3　预测系统数据流程图

③应用部分(预测结果应用):输出运行结果可采用表格形式,也可采用曲线、图形等形式进行 Web 发布,返回 SCADA 系统辅助调度人员进行管网运行操作,同时结果可输出作为仿真系统进行趋势预测分析的条件。

8.3 应用实例

8.3.1　仿真系统在某大型燃气集团调度应用

截至2009 年底,某燃气集团所属天然气管线约 10 000 km,调压站箱(含自管箱)约10 000座,管道材质主要为钢管和聚乙烯复合管(PE 管),管线管径最大为 DN 1000,最小为 DN 50;某市天然气管网是一个规模庞大的多级管网系统,包括高压 A(PN 4.0 MPa)、高压 B(PN 2.5 MPa)、次高压 A(PN 1.0 MPa)、中压 A(PN 0.4 MPa)、低压 5 种压力级制。图 8.4 为该市燃气管网仿真模型图。

经过收集并修正管网信息、确定管网节点负荷量、利用软件建立模型并设定压力-流量等条件及进行水力计算、将计算结果输出四个阶段,该燃气集团建立了多个稳态模型,并首次实现了管网仿真系统与 SCADA 监控系统实时数据库的链接,实现了在线实时仿真系统在国内燃气领域的首次应用,并成功指导了调度运行。以下为建模以及应用过程。

1)建立管网水力模型

(1)对 GIS 管网基础数据进行处理

对于如此大规模管网建立水力计算模型,工作量可想而知。因此,需根据仿真建模对

GIS 数据要求，对 GIS 燃气管网图档系统进行二次功能开发，以实现批量基础数据预处理功能，具体包括：

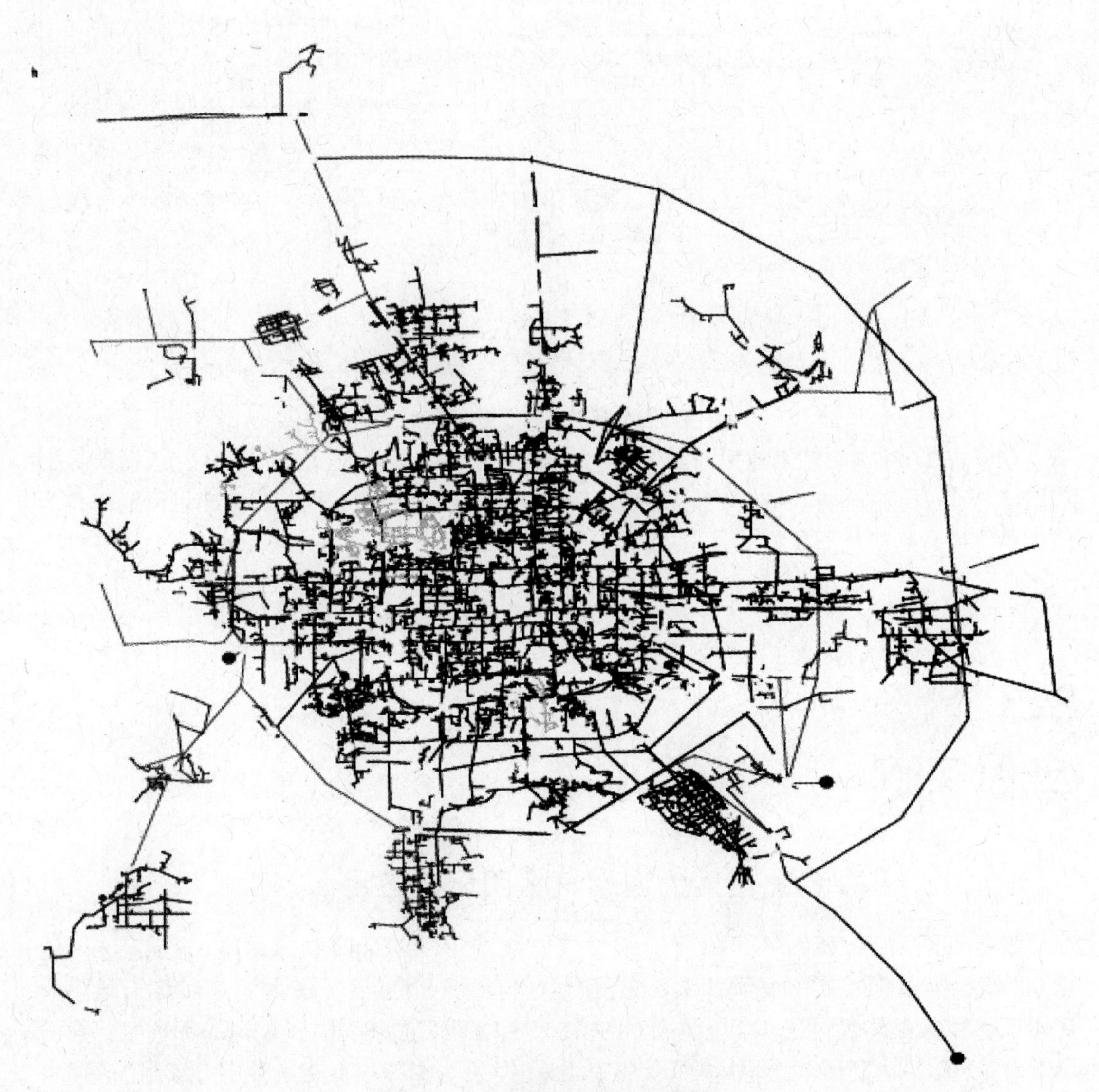

图 8.4　某市燃气管网仿真模型图

①检查管线的拓扑关系，包括管线间连接性、管线与设备间连接的逻辑关系等。

②检查管线属性完整性，校正并补全管线及设备的基本属性等。

(2)提取并生成数据文件

根据现有水力计算软件定义中间数据的格式，依据格式和具体数据需求提取所需压力级制的管网图元数据，同时附带必要的属性信息，形成管网基础属性文件。

城市燃气管网规模庞大、管线级制及设备类型复杂，包括高压、次高压、中压与低压不同压力级制管线，门站、储配站、调压站等不同类型站点及配套设施，因此需对管线及设备类别给出明确定义，并可按照管网类别和属性等进行管线的优化合并。以该市城市燃气管网中压模型为例，生成的数据文件中包括近 21 万条管线记录，涉及节点类型就达到 12 种之多，因此必须事先对数据文件字段进行分类定义，以便于下一步建立及设置运行模型。

（3）利用数据文件建立模型并调试运行稳态模型

根据水力计算软件编写特定的指令文件，然后利用数据管理功能读入管网属性数据文件，建立模型并设定模型运行条件，最后调试通模型。此处所指的运行条件即管网某一特定时刻的压力-流量数据。压力数据可来自于 SCADA 监测系统，节点流量即用气负荷也可以来自于 SCADA 系统监测，但是当建立压力级制较低管网模型时，负荷数据需要通过燃气用户管理系统或专用统计台账获取。这一过程的实际操作也相当复杂，是对 GIS 管网图档系统与燃气用户管理系统数据资料一致性的一个考验。

建立稳态模型的特定时刻为高峰时刻，针对燃气集团冬供高峰期锅炉用户、大型工业用户以及 CNG 用户用气负荷对管网的水力工况影响较大的情况，建模过程负荷录入重点放在这些用户上，以此对庞大的数据资料进行简化，但同时又最大限度地保障模型不失真。经过对用户管理系统及统计台账资料的整理、分析，最终进行了一些合并处理。如对锅炉房进行筛选，保留总容量不小于 4 t/h 或 2.8 MW 的锅炉房。原因是 4 t/h 锅炉房占锅炉总吨数的绝大部分，而其数量则相对较少，同时 4 t/h 以上锅炉房对管网水力工况影响更为明显和重要。经过整理后此类用户约 2 000 个，大大简化了录入工作量，有效缩短了建模时间。在录入节点负荷同时，可进一步核实和完善相应负荷点的其他注释内容，如调压站名称、用户单位等。

对于设置好压力-流量数据的稳态模型，即可进行调试运行，此过程应充分利用软件特有的调试工具进行。

（4）利用稳态及动态模型进行分析计算

利用调试运行通的管网水力模型进行模拟计算，可根据具体分析需要调整压力流量参数，利用稳态模型对管网进行现状分析、运行方案设计以及规划改造分析。如对现状管网运行压力级制、输气能力进行分析；对门站及调压站布局合理性，供应规模及设施匹配性进行分析；对各压力级制联络线及同压力级制连通线进行分析，等等。利用动态模型可以对现状管网储气调峰系统布局及合理性进行分析，通过对各种正常工况及事故工况的分析，模拟计算天然气配气系统的调峰能力，对规划期内天然气季调峰量、日调峰量进行测算，模拟计算管网不同时期的管存量，并对规划的储气调峰设施的调峰形式、布局、规模进行研究。基于以上对管线、门站调压站及调峰系统的稳态动态模型分析，提出存在的问题和改造方案，并且为今后进行管网规划提供模型基础。

2）利用 SCADA 系统采集的实时测量数据建立在线动态模型

为实现管网仿真模型的在线调整、气源跟踪分析、压力流量实时分布情况分析等功能，利用已建立的稳态仿真模型以及 SCADA 系统的实测数据，该燃气集团创建了在线动态仿真模型。在线实时模型可以在线调整管效率等参数并输出文件，应用于稳态模型，使模型最大限度地逼近实际管网状况及运行工况，提高模拟仿真精度及准确性。对于多气源的城市燃气管网，气源跟踪能够实现对各气源供气范围的实时分析，压力流量情况实时分析更是为管网输配调度提供了科学的辅助分析工具。同时，在线模型还具有依据当前管网工况及预设条件预测管网未来可能的情况等功能。

在线动态模型的具体实现过程是通过特定接口将 SCADA 监控系统采集的实时数据输出，建立并通过转换形成仿真系统能够读懂的文件格式，SCADA 监控系统以每 5 分钟一次的频率对管网数据进行扫描并输出 Snapshot 数据文件，此频率可以根据具体要求进行设定调整，以此建立仿真模型与 SCADA 系统的数据交互，实现动态模型的实时运行。

3）模拟仿真结果采集及发布

为实现管网仿真模型运算结果的共享，该燃气集团建立了仿真数据发布系统。通过该系统，管网工况分析工程师可将在线实时动态仿真、离线动态仿真以及稳态仿真结果进行采集及 Web 发布，用于调度人员进行工况调整时的辅助参考以及支持领导决策，使其结果以对使用者更为有意义的形式变现出来，并实现了管网仿真系统在燃气输配调度中的完整应用过程。

8.3.2 预测系统在某市燃气集团调度应用

目前，该燃气集团与上游供气方在年初签订的年度气量供应确认书基础上，执行“月计划、周平衡、日制定”的气量供应规则，即由需气方向供气方提出所需的年、月、日用气量计划，由供气方来调度供气。

1）系统整体结构

燃气耗气负荷预测系统实例（图 8.5）主要包括以下部分：预测系统与 SCADA 系统的数据接口、历史数据获取、相关参数处理、预测系统参数设置、预测结果输出及 Web 发布，等等。

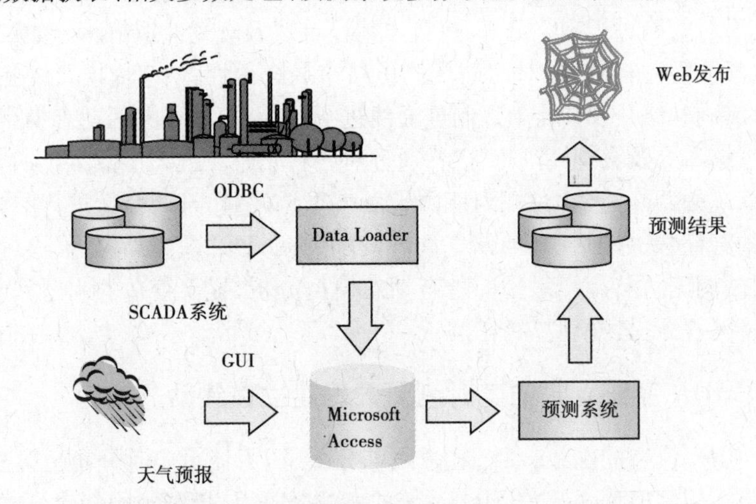

图 8.5　某城市燃气负荷预测系统结构图

耗气预测系统可以读取建立在 Microsoft Access 平台上的数据库以及 SCADA 系统的历史数据库，作为耗气负荷预测的源数据，并以事先手工定制的预测条件数据作为查询数据，进行耗气预测。

2)功能实现

该市天然气耗气预测系统实现的功能描述为:与SCADA系统的数据接口(图8.6),历史数据获取,相关参数处理,预测系统参数设置,预测结果输出及Web发布。

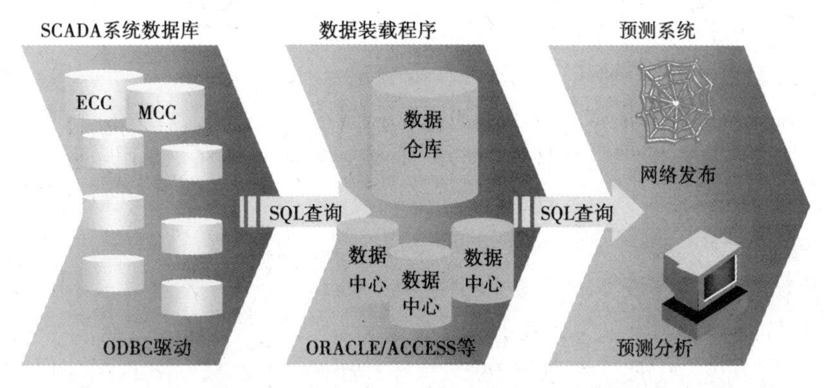

图8.6　预测系统与SCADA系统数据接口

(1)与SCADA系统的数据接口

①SCADA系统数据库:该燃气集团项目采用Honeywell公司提供的PlantScape监控软件实现SCADA系统,SCADA数据库与常规数据库差异很大,因此,使用ODBC(开放式数据库互接)来实现耗气预测系统与SCADA数据库之间的互联。

整个SCADA系统采用DCS分布式控制系统结构,其中,主控中心(MCC)服务器及备用中心(ECC)服务器用于采集无人值守站点(如超高/高/中压调压站、高/中压调压箱)数据,站控中心SCC负责采集和存储厂站(大型的有人值守站)参数。

②数据装载程序:

- 预定每小时执行一次;
- 通过ODBC链接从Plantscape读取数据;
- 转换为Windows service;
- 后台运行,不需要用户干预;
- 通过text/xml文件进行设置;
- 下载日数据值。

通过设置SQL查询获取所需的来自于SCADA系统服务器的数据,SQL查询将标准的SQL查询语句传送到远端的SCADA系统服务器执行并返回查询结果。

③预测系统:因为预测系统无法识别SQL传递查询格式,所以此处使用常规查询来获取所有的SQL传递查询数据。预测系统通过常规查询从数据库中获取所需的全部数据,ACCESS常规查询中的历史数据可以导出到表中进行离线数据分析。根据与上游约定的"周平衡、日制定"的气量供应调度原则,可进行周及日负荷量的预测任务;同时可根据需要,对重点站配置24小时自动执行的小时预测任务。

(2)历史数据获取

进行耗气预测所需的日累计燃气流量的观察数据从SCADA系统服务器中获取并形成

数据源文件 *.mdb。同时需要进行异常样本处理,考虑前后两日的负荷之间的比例,当样本中出现一个超出常规的数值时,可以肯定发生了异常数据现象,修正值可采用正常比例范围内的估计值,对每天的负荷数据逐一加以检查便可以将异常数据选出并校正。

(3)相关参数处理

相关参数是指进行耗气量预测分析所需的自变量参数,这些相关参数的观察数据也要导入到 MS-Access 数据源文件中。

①天气情况:气象观察报告和天气预报,包括户外温度、风速、云量等。目前只使用户外温度,数据来源于专业气象台的天气实况信息以及一周或三天的天气预报,该数据需要手工输入。

② 时间变量:与时间有关的变量,包括时间、日期、节假日等。目前使用日期和节假日数据,通过以下方式将非数值因素进行数据类型转换。

- 需要将连续的时间变量转换为整型数值变量,例如:

2000 年 1 月 1 日 =1

2003 年 1 月 1 日 =1096

2004 年 1 月 1 日 =1426

- 需要将节假日变量转换为二进制变量:工作日 =0,周末及节假日 =1,此前需要自定义我国的节假日信息。

③用户信息:包括用户类型以及用户数量,该数据需要手工输入。

(4)预测系统参数设置

通过添加 7×24 任务,可以将任务设置为自动执行,之前必须事先安装进度表服务并设为运行状态。

通过组件可以控制任务的执行,能够设定按指定时间执行指定的任务,数据可以每天或每周(根据需要设定)自动地逐步从 SCADA 服务器下载。

(5)预测结果输出及 Web 发布

预测输出结果可以是表或图形式。输出表的内容可以通过组件转换到 MS-EXCEL 或 MS-ACCESS 中,或者进行打印输出;输出图的内容可以转换为 *.bmp 或 *.jpg 文件格式进行存储和打印。

同时,还可以通过 Web 服务器将预测结果进行 Web 发布,为非预测工作人员提供数据参考及决策支持。

学习鉴定

1.填空题

(1)管网仿真,又可称为________、________等,是指通过真实系统的模型进行实际系统的分析和处理。

(2)根据建模数据分类,仿真模型可以分为__________、__________、__________。

(3)预测是对尚未发生或目前还不明确的事物进行________。

2. 问答题

(1)列举并简单描述管网仿真系统的主要功能(至少 3 项)。

(2)列举并简单描述负荷预测系统的主要功能(至少 3 项)。

第9章　SCADA系统与地理信息系统

核心知识

- 地理信息系统
- 地理信息系统的基本功能
- 空间数据
- 专业市政燃气管网地理工程系统的总体框架及功能设计

学习目标

- 掌握地理信息系统的概念
- 熟悉地理信息系统的基本功能
- 掌握空间数据的概念与种类
- 结合实例,理解专业市政燃气管网地理工程系统的总体框架及功能

9.1 地理信息系统概述

9.1.1　什么是地理信息系统

地理信息系统(GIS,Geographical Information System)是以地理空间数据库为基础,采用地理模型分析方法适时提供多种空间的和动态的地理信息,为地理研究和地理决策服务的计算机信息系统。它是集计算机科学、地理学、测量学、遥感学、环境科学、空间科学、信息科学、管理科学等学科为一体的新兴学科。

地理信息系统作为传统学科(地理学、地图学和测量学等)与现代科学技术(遥感技术、全球定位系统、计算机科学等)相结合的产物,正逐渐发展成为处理空间数据的多学科综合应用技术。从计算机技术的角度看,其主体是空间数据库技术;从数据收集的角度看,其主体是3S(地理信息系统GIS、全球定位系统GPS、遥感RS)技术的有机结合;从应用的角度看,其主体是数据互访和空间分析决策的专门技术;从信息共享的角度看,其主体是计算机网络技术。

9.1.2　地理信息系统的特点、基本功能与主要构成

1)地理信息系统的特点

地理信息系统(GIS)工程既有一般信息系统工程的共性,也有它独有的特性。与一般信息系统工程相比,具有如下特点:具有一定的广泛性(原理、方法);具有相对的针对性(与具体的行业应用相关);工程建设涵盖范围广(包括意向、设计、优化、建设、评价、维护更新等内容);涉及因素多(包括软、硬件和网络、数据、规范标准、技术队伍、组织管理等)。

地理信息系统按其功能和内容,可分为工具型(平台)GIS和应用型GIS。工具型GIS也就是GIS工具软件包,如ArcGIS,MapInfo等,具有空间数据输入、存储、处理、分析和输出等基本功能;应用型GIS是指在工具型GIS的基础上,经二次开发,建成满足专门用户解决一类或多类实际问题的地理信息系统,包括专题地理信息系统和区域综合地理信息系统。因此,应用型GIS的主要特点是它具有特定的用户和应用目的,具有为满足用户专门需求而开发的地理空间实体数据库和应用模型,继承了工具型GIS开发平台提供的大部分功能,以及具有专门开发的用户应用界面等。本书中所谈到的GIS工程均指应用型GIS工程。

2)地理信息系统的基本功能

①数据采集与编辑:地理信息系统的数据一般抽象为不同的图层(专题信息),数据采集

与编辑就是保证各图层实体的地理要素按照顺序转化为数学坐标及对应的地理要素特征编码,输入到计算机中。

②数据存储与管理:GIS 数据库是将一定区域内的地理要素特征以一定的组织方式存储在一起的相关数据的集合。它具有数据量大、空间数据与属性数据具有一定的关联、空间数据之间具有显著的拓扑结构等特点。GIS 数据库的管理功能除了与属性数据有关的管理外,对空间数据的管理主要包括空间数据库的定义、数据访问和提取、检索、数据更新和维护等。

③数据处理和变换:包括空间数据的投影转换、纠正、比例尺缩放、误差的处理和改正、数据拼接、提取、数据压缩、格式转换等内容。

④空间分析和统计:包括拓扑叠加、缓冲区分析、地形分析(坡度、坡向、土石方、通视分析等)、空间集合分析等。

⑤产品制作与显示:包括基本的 4D 产品(数字线划地图 DLG、数字高程模型 DEM、数字正射影像地图 DOM、数字栅格地图 DRG)、复合产品、专题地图等。

⑥二次开发和编程:GIS 技术要满足各个不同行业、不同领域的应用需求,必须具备二次开发环境,包括提供专门的开发语言,或将功能制作成控件 OCX 供用户的通用开发语言(VB、VC ++ 、Delphi 等)调用。

3)地理信息系统的主要构成

地理信息系统一般由计算机硬件平台、系统软件、空间数据、技术队伍、GIS 应用模型几部分构成。

(1)空间数据

地理信息系统的主要操作对象是空间数据,系统的应用必须建立在准确使用空间数据的基础上。数据来源包括内业数字化、外业采集、遥感获取等,以及从其他数据转换得到。数据类型分为空间数据、属性数据。其中空间数据包括 4 种基本模式,即所谓的"4D"产品(图 9.1):数字线划地图(DLG)、数字高程模型(DEM)、数字正射影像地图(DOM)和数字栅格地图(DRG)。这 4 种基本模式产品的组合,可以形成多种多样的复合产品。"4D"产品的特点和用途如下。

①数字线划地图(DLG, Digital Line Graphic):DLG 是地形图或专题图经扫描后,对一种或多种地图要素进行跟踪矢量化,再进行矢量纠正,从而形成的一种矢量数据文件。其数据量小、便于分层,能快速生成专题地图。这种数据满足 GIS 进行各种空间分析的要求,被视为带有智能的数据,可随机地进行数据选取和显示,可与其他几种产品叠加,便于分析、决策。各种以矢量为基础的地图均可视为 DLG。

②数字高程模型(DEM, Digital Elevation Model):DEM 是区域地形的数字表示,它由规则水平间隔到地面点的抽样高程矩阵组成。由于格网的规则性,其 X,Y 或 B,L(经纬度)的交点坐标被省略,通过对应的 Z 值在矩阵中的行列号隐含表示。DEM 数据通过一定的算法,能转换为等高线图、透视图、坡度图、断面图、晕渲图以及与其他数字产品复合形成的各种专题图产品,还可计算体积、空间距离、表面积等工程数据。

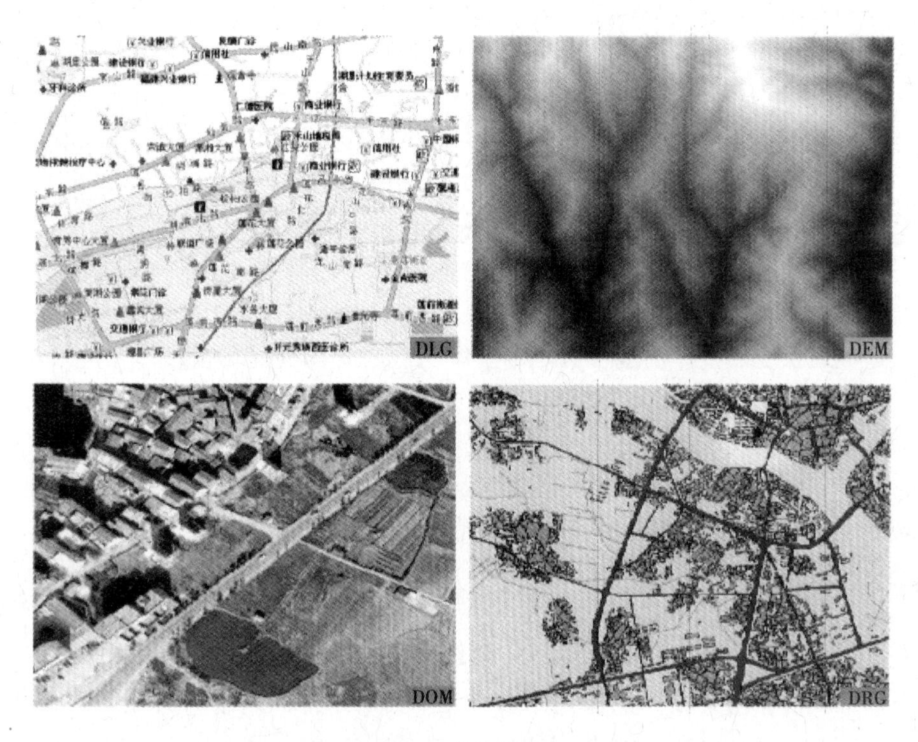

图9.1　“4D”产品

③数字正射影像地图(DOM,Digital Orthophoto Map):DOM是利用扫描处理的数字化航空相片或卫星遥感影像,经逐像元进行几何改正和镶嵌,按一定图幅范围裁剪生成的数字正射影像,同时具有地图几何精度和影像特征。DOM具有精度高、信息丰富、直观真实等优点,可用作背景控制信息,评价其他数据的精度、现实性和完整性,可从中提取自然资源和社会经济发展信息或派生新的信息。

④数字栅格地图(DRG,Digital Raster Graphic):DRG是现有模拟地形图的数字形式。它是模拟地图经扫描、几何纠正及色彩归化后,形成的在内容、几何精度和色彩等方面与地形图基本保持一致的栅格数据文件。它可作为背景,用于数据参照或修测其他与地理相关的信息,适用于DLG数据采集、评价和更新,也可与DOM,DEM等数据集成使用,派生新的可视信息,从而提取、更新地图要素,还可以绘制纸质地图,改变地图存储和印制的传统方式。

(2)GIS模型

对于某一专门应用目的的实现,必须通过构建专门的GIS模型,例如:土地适宜性模型、人口扩散模型、电力模型、洪水预测模型、交通规划模型等。而对应城镇燃气行业,则是构建城市燃气管网的GIS模型等。

9.2 地理信息系统与其他系统的集成

系统集成是指采用一定结构形式,通过某种技术并利用其内在联系将多个系统有机结合在一起。集成系统的整体功能不只是各系统功能之和,而应当通过系统的渗透和融合使整体的功能和效能远大于各系统功能和效能的简单之和。系统集成的低级阶段往往是通过相互调用一些功能来实现的,而高级阶段则是直接共同作用,形成有机的一体化系统。系统集成将计算机软硬件、网络、应用开发技术和客户需求等结合起来,形成完善的应用工程,既是经验技术的结合,同时也体现着一种系统、现实、面向应用的工程设计思想。

1)GIS 的信息集成

GIS 信息集成的内容主要包括以下两方面:

①不同形式信息的集成:对空间信息而言,从数据结构的角度分为矢量数据和栅格数据;按表现形式可分为点、线、面和注记;对属性数据来讲,信息呈现出文本、图片、动画、声音等多媒体形式。

②实体中同一目标多种表示的集成:对同一空间目标,从不同角度,就会有不同的表现形式。例如,城市在各种地图上的表示方法,在全国地图上以"点"的形式代表城市,在市区图上以面的形式代表城市;再如一条道路在强调长度时,用中心线来表示;在强调面积时,以面来表示。可见,空间实体具有多角度、多侧面的特性。信息集成的目的就是按客户的需求将空间对象的各种信息有机组织起来,有效、客观地反映空间对象。

2)GIS 集成途径

(1)GIS 和 MIS 集成

目前,空间数据库和非空间数据库往往是异构的。在集中式 GIS 中,常以文件方式管理空间数据,但难以用这种方式管理大量复杂的非空间数据,而 MIS 并没有处理空间数据的能力。因此,寻求一种技术将各系统进行有机结合,实现高效的空间数据与非空间数据的相关处理成为一种必然。GIS 和 MIS 的集成分为功能集成和信息集成两种模式,也相应地体现为两个层次的集成度。

①功能集成模式:在功能集成模式中,系统在统一的客户界面上实现 GIS 和 MIS 功能的交叉和渗透,但两者在数据处理上是分离的,系统集成度低。在这种情况下,空间数据库和属件数据库仍然是异构的,系统对它们的访问方式也有所不同,通常是分作两个不同处理模块,GIS 模块访问和处理空间数据库,MIS 处理模块访问和处理非空间数据库,再通过关键字进行互联,实现两者的互访,从而在一个统一界面上实现 GIS 和 MIS 的功能集成,如图

9.2(a)所示。

②信息集成模式:在信息集成模式中,GIS和MIS在数据上已完全融合成一个整体,由数据库管理系统(DBMS)统一管理,并且在保留各自专有功能的基础上,定义对数据处理的公共功能集合,达到较高层次的集成,如图9.2(b)所示。

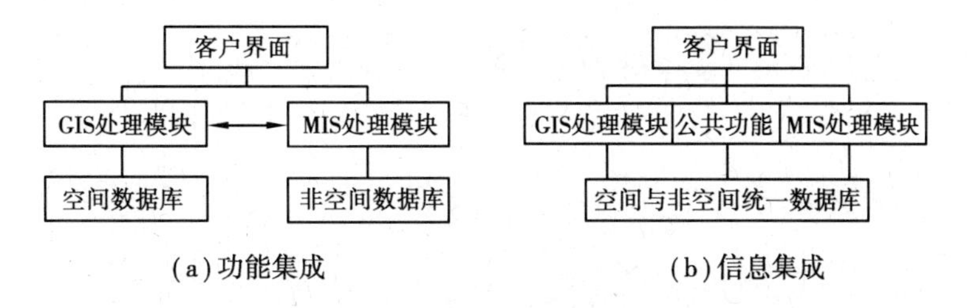

图9.2　GIS和MIS集成模式的实现方式

(2)GIS和RS集成

RS(遥感)是空间数据采集和分类的有效工具。它的研究对象是空间实体,与GIS关系密切,具有互补性。GIS与RS的集成主要表现在RS作为获取和更新空间数据的有力手段,为GIS动态地提供和更新各种数据,而GIS作为空间数据处理分析的技术工具,可以提高RS的空间数据分析能力和分析精度。GIS与RS通常有三种集成途径,也体现了三种不同层次的集成度,如图9.3所示。

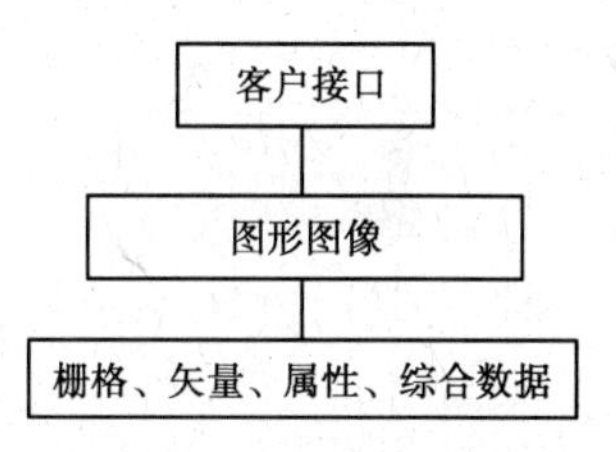

图9.3　GIS和RS集成途径

(3)GIS和GPS集成

GIS与GPS的集成,可以取长补短使各自的功能得到充分发挥,并且还能产生许多更高级的功能。通常GIS可使GPS的定位信息在电子地图上得到实时、准确、形象地反映,而GPS可为GIS及时采集、更新或修正数据,还可以利用GPS提供的定位功能和GIS的电子地图及最佳路径分析功能,寻求到达目标的最佳路径等。

(4)GIS和DSS集成

决策支持系统(DSS,Decision Support System)就是要结合各种数据、信息、知识、人工智能和建模技术,辅助高级决策者解决半结构化或非结构化的决策问题。而GIS具有空间分析优势,可以为管理和规划提供决策信息,因此,将GIS和DSS集成发展为基于空间数据库的决策支持系统很有必要。

空间决策支持系统(SDSS,Spatial Decision Support System)是用来帮助决策者解决复杂空间问题的,通常是在一般GIS的功能(DBMS、图形显示、报表等功能)的基础上,扩展分析建模功能和决策者的专家知识等功能来实现GIS和DSS的有机结合。

9.3 专业市政燃气管网地理工程系统

9.3.1 系统概述

随着城市燃气用户的增多和管网规模的不断扩大,以前以纸质方式存储的用户资料、管道资料、管线图纸等海量数据难以查询及保存,手工管理模式对于突发事故的应变能力和处理效率难以适应城市建设高速发展,已无法满足“合理规划、科学管理、安全用气、优质服务”的要求。同时,由于城市建设工作的进行及部分工程图纸缺乏,造成现有图纸的准确性难以满足管线维护、现场施工、其他单位施工汇签的需要。这一切为燃气管网的设备、设施管理和应急调度带来新的课题。

利用 GIS 技术可建立专业市政燃气管网地理工程系统,以城市基础地理数据为背景,采用分布式图形处理技术、Web-GIS 等技术,实现燃气管网信息的可视化管理。该地理工程系统集成管网 SCADA 系统,通过计算机技术模拟燃气企业生产流程,提供调度辅助方案和故障处置方案,为提高燃气行业服务质量、管理水平,加强燃气生产调度和突发事件处置能力,保障安全供气,提供了高效率的技术支持手段。

基于 GIS 技术建立专业市政燃气管网地理工程系统,可以为城市燃气规划、设计、施工、安全供气、生产调度、设备维修、管网改造及应急抢险等工作提供各专业所需的信息资料,建起一套针对生产管理的信息系统,并提供完善的顾问、实施、支持体系,协助用户改进工作流程,应用先进的管理工具提高其管理水平和服务水平,为企业的标准化认证打下坚实的技术基础。

专业市政燃气管网地理工程系统是以城市地下燃气管网为管理对象,综合运用计算机技术、GIS 技术、空间数据库技术、网络技术、专题应用模型等,实现对地下燃气管网信息的采集、录入、处理、存储、查询、分析、统计、显示、输出、信息更新,并提供其他专题系统应用。因此,从总体上讲,专业市政燃气管网地理工程系统主要应满足以下五方面的应用需求:

- 采用 C/S 或 B/S 结构的 GIS 系统;
- 提高管网数据处理的科学化、自动化、信息化和高效率的管网数据管理水平;
- 迅速准确地提供现有管网的设计燃气能力、实际燃气能力、预留燃气能力,为扩建改建燃气工程提供科学、准确的决策资料;
- 为城市管网规划、设计、建设和管理工作提供高质量的基本管网资料;
- 实现管网信息及用户信息的统一化管理、发布与共享。

具体的目标有:

- 建立各种管网地理信息数据库;

• 采用工业标准数据库管理系统，同时存储空间数据和属性数据，保证数据的安全性、一致性；

• 实现管网主要业务自动化管理，实现管网数据的查询、统计、分析、辅助规划、应急处理等；

• 快速输出符合标准或符合用户要求的各种地图；

• 为燃气公司其他信息系统提供标准化的、权威的、多种比例尺的燃气管网基础地理平台；

• 实现燃气管网地理信息的实时更新等。

9.3.2 系统总体框架及系统功能设计

专业市政燃气管网地理工程系统主要由数据管理子系统、管网分析子系统、用户信息管理子系统、管网设施管理子系统、安全监控管理子系统、抢修辅助决策子系统、Web 信息发布子系统和系统维护管理子系统组成。

(1) 数据管理子系统

• 图形数据和属性数据的录入；

• 图形编辑：针对燃气管道数据的特点开发专用工具，使授权用户能方便地对管网、道路、建筑等图形进行编辑修改，如管道的添加、删除、移动、拷贝，管道设备的建立、删除，管道及设备标注等；

• 图形输出：可指定任何范围内的图形文件，打印输出 1∶500，1∶1 000，1∶2 000 及自定义比例尺的地图；

• 图形数据和属性数据的查询统计；

• 地图定位：根据燃气设备设施的特征信息，实现图形数据的快速定位；

• 地图浏览：地图的放大、缩小、漫游、全景和鹰眼等；

• 创建专题地图。

(2) 管网分析子系统

• 垂距分析：分析管线相交处的埋深、净距情况；

• 剖面分析：通过鼠标画任意剖线，形成管线纵剖面图，了解管线在地下的埋深情况；

• 坡度分析：通过选择多条管线，形成管线纵剖面图，了解管线在地下的坡度情况；

• 投影分析：通过纵投影，了解相邻多条管线在地下的埋深对照情况；

• 连通分析：在管线上指定某处，分析与其相通的管线，并高亮显示；

• 预警分析：根据管线或其附件的服务年限，预警超过服务年限的管线或附件。

(3) 用户信息管理子系统

用户信息管理子系统用于管理用户的信息，用户资料可以输入系统中，由系统实施电子化管理。所有的用户资料可以通过系统的建模工具建立与该用户在地图位置的连接关系，可以方便地对供气范围内的用户进行管理。在这些用户信息的基础上，通过统计分析计算，掌握重点用户，了解气量分布状况，为管网运行模拟提供基础数据。

该系统同时提供对重点用户楼层平面图的管理,可根据楼层平面图查看燃气管线的敷设位置及相应的管线资料。

(4)管网设施管理子系统

燃气管网设施管理子系统是对全市供气设备(包括管线、阀门、过滤器、调压器、储罐等)的各种信息资料,如规划资料、竣工资料、维护资料等进行综合管理。通过该系统可方便快捷地将各种资料输入计算机系统,并可根据需要进行修改;可在计算机上查询现有管网及设备的相关资料,并按需求通过绘图仪(或打印机)打印出有关图纸或记录,实现对城市燃气管网资料进行动态管理。包括:

- 设施属性数据管理;
- 设施巡检样板管理;
- 设施维修记录管理;
- 供气设备档案管理;
- 编码、分年限检索管理;
- 新设备登录编码;
- 设备更换或撤除的档案变更管理;
- 图纸档案管理;
- 设备统计管理。

(5)安全监控管理子系统

- 可实时接收并显示来自 SCADA 系统的有关供气设施设备的监控数据(如进口压力、出口压力、流量、阀门状态、过滤器压差等)。
- 可根据 SCADA 系统产生的设备故障报警,在地图上突出显示报警地点。
- 按照用户报修的地址,在地图上显示用户位置及用户相关资料。

(6)抢修辅助决策子系统

①抢修辅助分析:通过报警电话或监控设备报警,系统自动切换到故障位置,并可显示该位置的相关资料,对于燃气管线泄漏等事故,系统将闪烁显示与事故点相关联的管线及设施,系统可根据事故点分析出一级、二级关阀方案,统计受影响用户。

②停气降压分析:结合区域燃气用户数据,可以判断、统计正常或抢修作业时影响用气的街区、单位、用户数据,便于及时向用户通报停气信息。

(7)Web 信息发布子系统

这是以 Web 浏览器方式为各管理部门提供查询当前各种信息的途径。用户一般不需安装和维护复杂的系统软件,只需安装通用的 Web 浏览器,即可实现图形、资料信息的高效率共享。

- 图形操作功能:提供各种基础的图形操作功能,如鹰眼、漫游、移动、缩小、放大等功能,并支持动态路名显示;
- 信息查询功能:可方便进行图形浏览查询,包括地理图和各种专题图等,并可查询设备的资料信息及维护信息,同时可实现图形、属性互查功能。

(8)系统维护管理子系统

①用户及用户组管理:根据工作内容的不同,建立不同的工作组,如管理员组、数据录入组、数据应用组等。

②用户权限管理:不同部门、人员具有不同的系统操作权限,通过访问权限的设定和菜单项的过滤验证,保证数据的安全。

(9)与其他专业系统接口管理

为避免信息孤岛,实现与其他专业系统的数据共享,专业市政燃气管网地理工程系统应建立与其他专业系统的功能接口和数据接口,完成系统之间的功能支持和数据支持。

①仿真系统:专业市政燃气管网地理工程系统依据其不断更新的管网数据,可随时向仿真系统导出能够反映管网现势性的管网模型数据。

②SCADA 系统:实现从 SCADA 系统中监控站点到 GIS 系统的地理定位,可直观显示其周边相关联的管网情况;在 GIS 系统中显示 SCADA 系统的监控数据等。

③用户系统:按照用户编码可建立用户系统与 GIS 系统之间的链接关系,达到系统之间的数据与功能调用。

④设备系统:建立统一设备编码,集成设备台账系统与 GIS 系统的数据管理,可动态了解设备状态、运行情况、检修记录等内容。

专业市政燃气管网地理工程系统不是一个孤立的系统,也不是一个大而全的系统,它应该是其他专业系统的基础或背景,为其他专业系统提供燃气管网可视化和地理位置标准化的工具。

9.4 应用实例(某大型燃气集团专业市政燃气管网地理工程系统)

1)系统的总体设计目标

①管网资料管理:实现对全市范围内地形资料、管网资料的高效计算机管理,实现对上述信息查询、检索、统计和分析的自动化。

②辅助管理:作为日常办公系统,实现管网管理与日常工作结合,为运行中产生的各类数据,如设备维修记录、巡线记录、调压记录、施工记录等,提供管理工具。

③辅助决策:通过对管网进行网络分析,为事故抢修提供关阀检索的辅助决策;为管网运行和改扩建提供参考依据。

④数据维护:根据集团公司的业务流程,从软件功能上实现对相关资料的更新与维护,与相应的管理制度相结合,实现相关资料的动态管理。

2)系统的用户分类

本系统的用户比较复杂,总体上可分为以下几类:系统管理员、系统维护员、数据录入员和数据查询高级用户、数据查询一般用户。

①系统管理员:负责对整个系统的管理与维护,对计算机硬件及其系统软件比较熟悉,有一定的计算机基础和燃气行业的专业知识。

②系统维护员:负责系统数据的管理和维护,对计算机软件比较熟悉,有一定的计算机基础和扎实的燃气行业专业知识。

③数据录入员:负责系统数据的录入,具备一定地下管线测量方面的知识,懂得计算机基本操作,熟练掌握燃气专业基础知识。

④数据查询高级用户:进行系统数据的一般和高级查询分析,懂得计算机的基本操作,熟练掌握燃气行业专业知识。

⑤数据查询一般用户:进行系统数据的一般查询分析,懂得计算机的基本操作,熟练掌握燃气行业专业知识。

3)系统的结构与功能

(1)系统结构

①在全市3个不同地点,分别配置GIS数据服务器和Web发布服务器:

- MCC:(Master Control Center 主控制中心)集团公司调度指挥中心;
- ECC:(Emergency Master Control Center 备用控制中心)输配分公司调度室;
- PDC:(Pipeline Data Center 管网数据中心)负责数据采集与数据录入。

②各点之间通过2 M带宽的DDN专线连接,实现数据同步和功能调用。

③每个地点根据业务需要,通过各自内部局域网分别配置子系统:

- 数据录入子系统;
- 局域网查询子系统;
- Web查询子系统;
- 编号图查询功能。

④为提高系统应用的灵活度,配有单机查询子系统。

(2)系统功能

按照软件使用要求和功能,将系统物理上分成5个相对独立的子系统,即数据录入子系统、局域网/单机数据查询子系统、Web数据查询子系统、数据维护子系统和数据通信子系统。

①数据录入子系统:数据录入子系统主要完成系统的图形数据、属性数据等新增数据的录入及对已有数据的维护。

数据录入子系统供数据录入员进行新的地理信息和管线、属性数据的录入和原有数据的维护,录入数据的质量和录入效率决定查询系统的最终使用效果,如图9.4所示。数据录入子系统包括:文件管理、栅格图管理、视图控制、绘图与修改、参数设置、符号管理、工期管理、建立其他图形(管线纵断图、调压站和闸井平面图、调压站三位效果图)等功能,如图9.5所示。

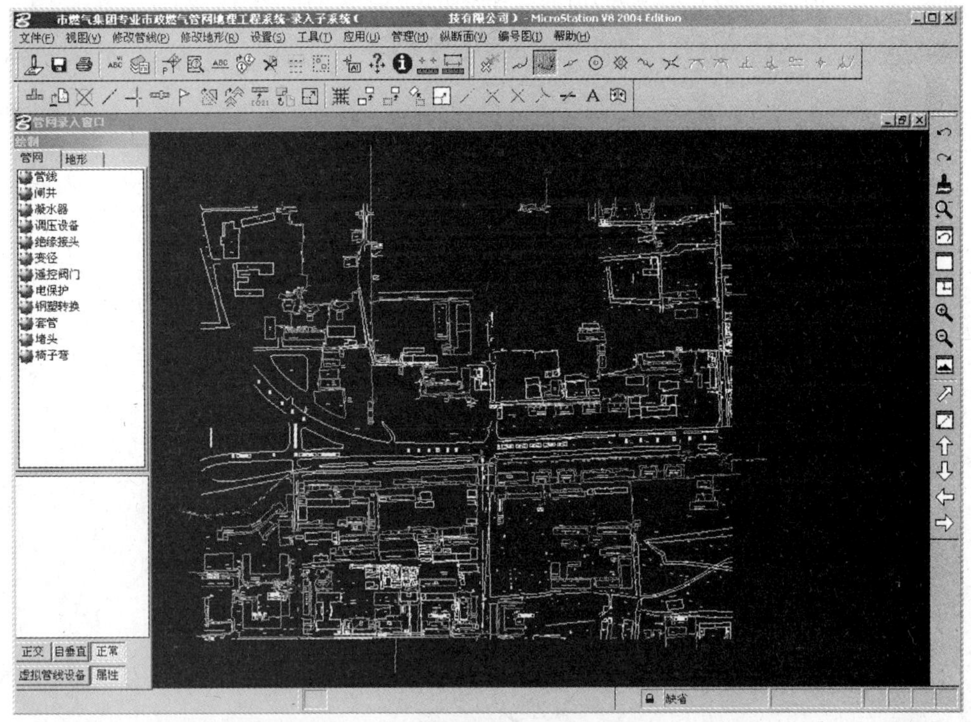

图形数据录入

属性数据录入

图 9.4　数据录入子系统界面

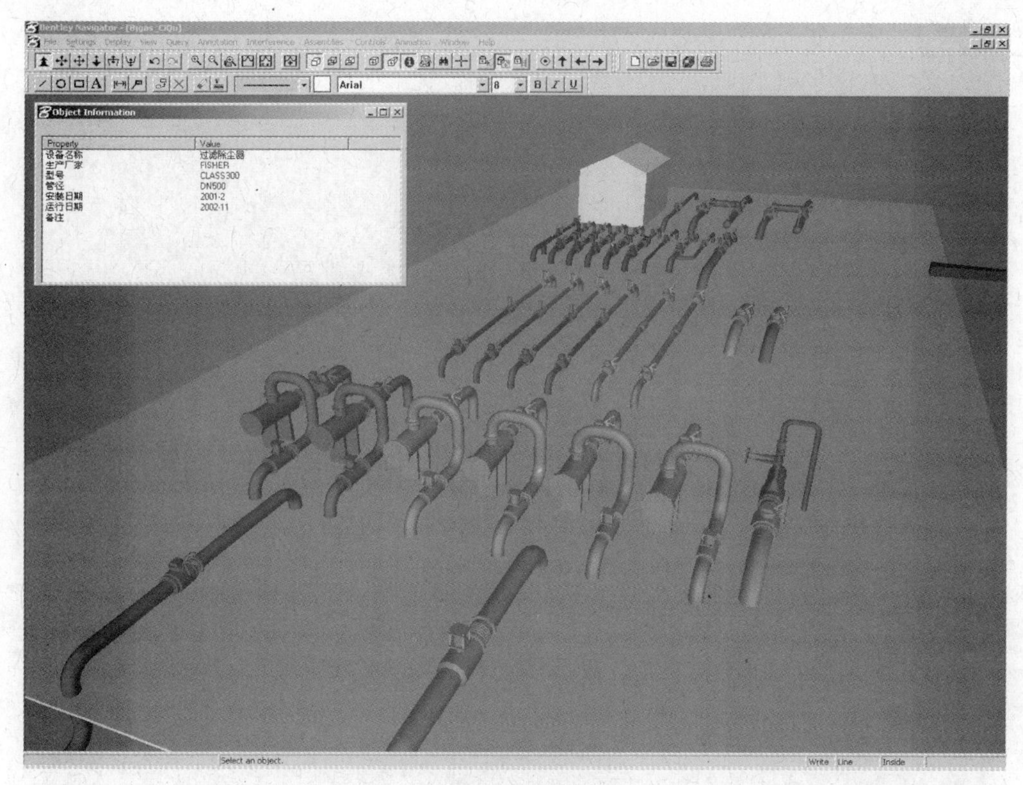

调压站三维效果图

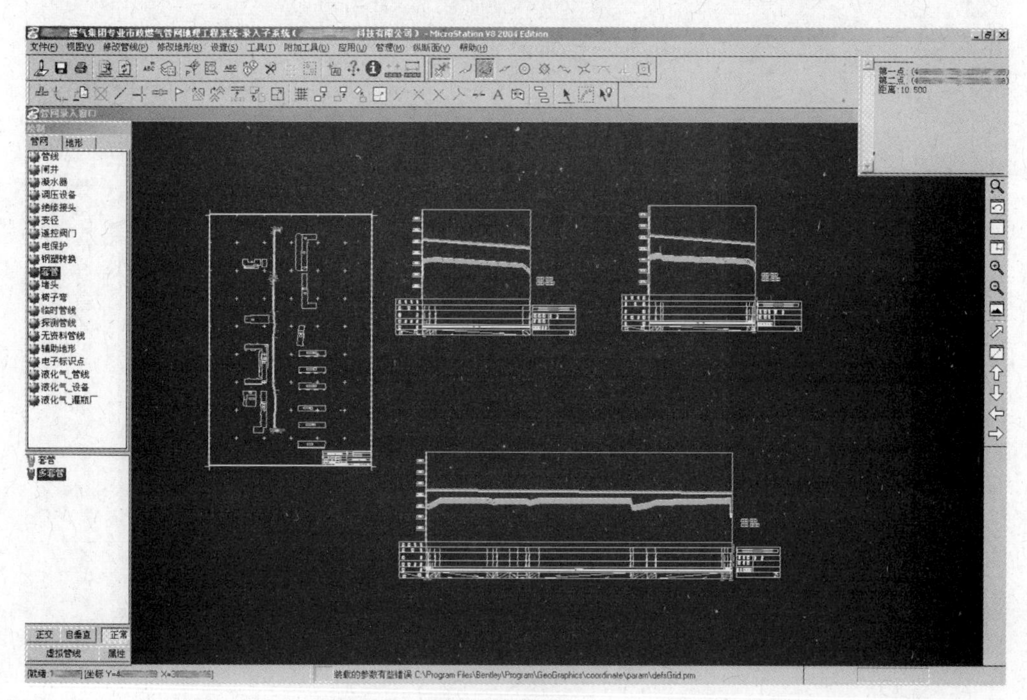

管线纵断面图

图 9.5　其他图形

数据录入子系统采用 C/S 体系结构，可满足多个客户端同时录入地形图、管网图、属性图和图元属性的要求；通过对录入操作的定义，可保证录入数据的唯一性和准确性。录入子系统具有友好的界面，操作人员易于学习并在短时间内掌握基本操作。该系统可以实现多种数据录入或导入/导出方式（如测量数据、光栅数据、设计图纸等），能够自动维护管线和设备之间的拓扑关系。

②局域网/单机数据查询子系统：局域网/单机数据查询子系统实现局域网内用户对存储在数据服务器上地理数据的查询、统计和分析操作，如图 9.6 所示。

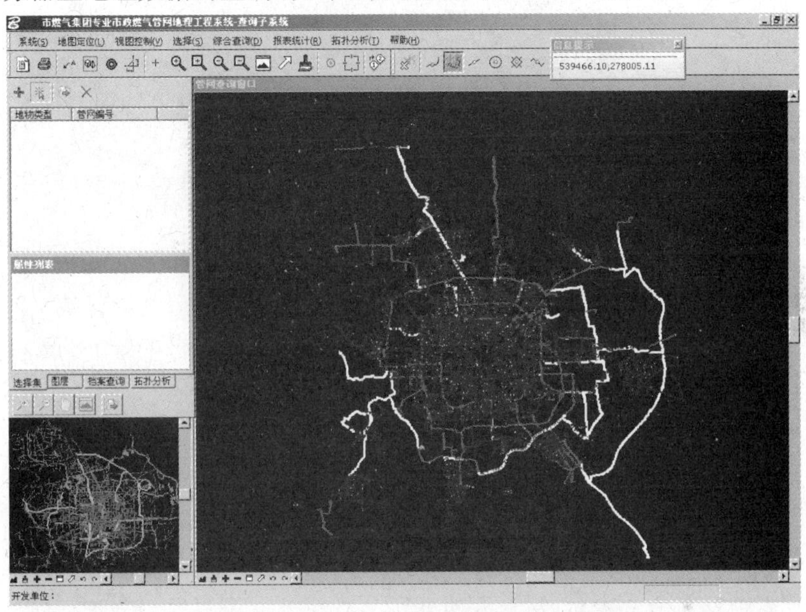

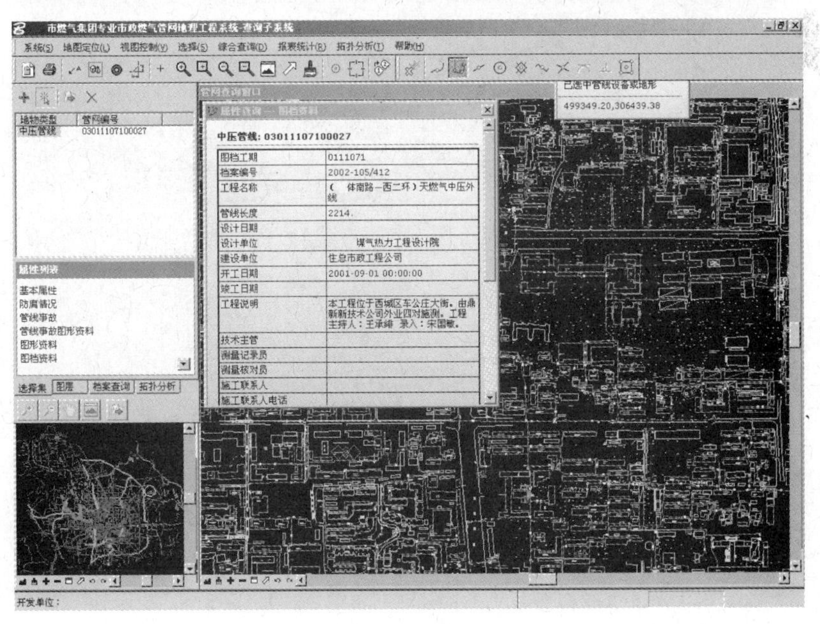

图 9.6　局域网/单机数据查询子系统界面

查询子系统实现全部的查询系统功能，能够进行快速定位、多种数据信息查询、拓扑分析、灵活定义统计报表、数据输出和强大的打印等功能，同时系统设计考虑了系统的安全性要求及响应速度。查询子系统采用多种定位方式，用户可以根据需要选择最快捷的定位方式到达指定的地理位置，如图 9.7 所示。

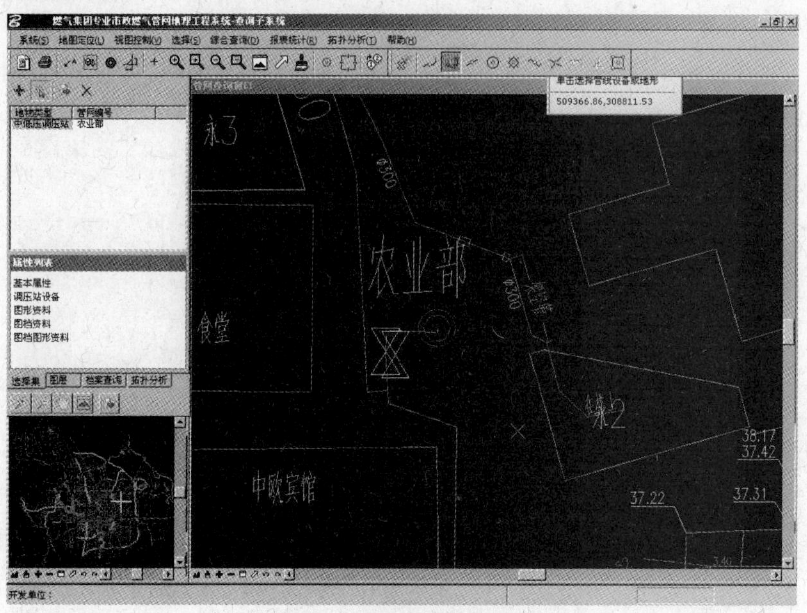

图 9.7　查询子系统的定位功能

拓扑分析是地理信息系统的一个重要组成部分，系统可进行事故分析、事故范围分析、事故预案整理及流向分析等多种分析功能，如图 9.8 所示。用户既可自定义统计方式，也可

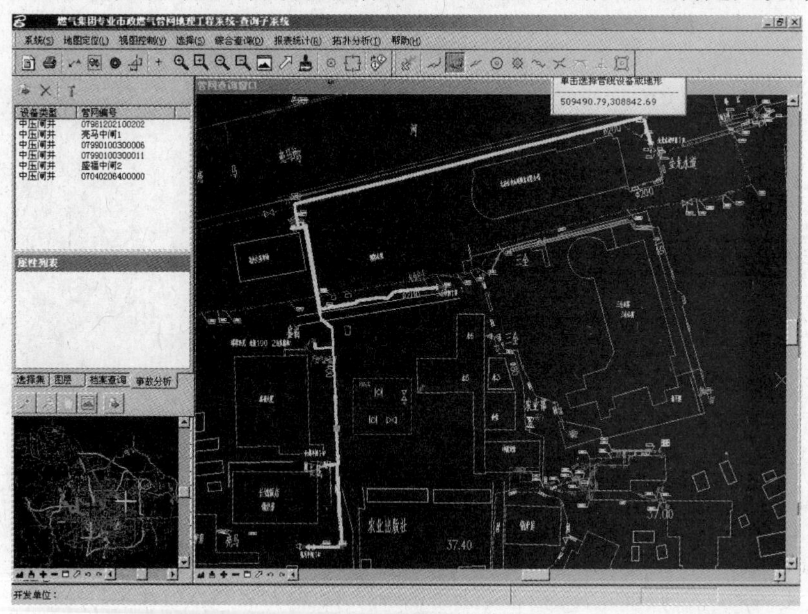

图 9.8　查询子系统的拓扑分析功能

按预定义的标准方式进行统计，可以实现按时间统计、按区域统计、按设备统计三种统计模式，统计模式之间可组合使用，如图 9.9 所示。

管线长度（千米）

材质	管径(mm)	天然气								煤气						合计
		超高压		高压		中压		低压		高压		中压		低压		
		已通气	未通气	已通气	未通气	已通气	未通气	已通气	未通气	已通气	未通气	已通气	未通气	已通气	未通气	
0	0					.040		.012								.052
	50							.027								.027
	100					.018		.007								.025
	150							.001								.001
	160							.028								.028
	200							.000								
	400					.002										.002
不祥	0							.004								.004
	50							.621								.621
	80							.476								.476
	90							1.178								1.178
	125					.035										.035
	150							.061								.061
	160							.001								.001
	200					.067		.438								.505
	400					.024										.024
材质不清	200					.007										.007
材质不详	32					.319										.319
钢管	0	2.367		17.840		122.628		683.889								826.724
	10							.036								.036
	15							.289								.289
	20					.080		2.273								2.353
	25			.021		.183		2.398								2.602
	30					.013		4.589								4.602
	32					.167		4.061								4.228
	35							.006								.006
	37							.017								.017
	38							3.631								3.631
	40					.756		4.649								5.405
	42							.695								.695

图 9.9　查询子系统的统计功能

查询子系统满足打印各类专题图和数据表(包括打印设置功能、打印预览功能、打印等)的要求，如图 9.10 所示。

图 9.10　查询子系统的绘图功能

③Web 查询子系统:Web 查询子系统通过浏览器工具,完全采用 Web 方式查询用户关心的地理信息数据,能实现管网数据的一般查询、定位和统计、分析功能,适用于不经常使用查询系统和只需要查询系统的显示数据及一般分析功能的普通用户,如图 9.11 所示。Web 查询子系统客户端除浏览器外不需要安装额外的插件,降低了系统投资,系统的可扩充性和易操作性使系统维护更加方便,更易于使用。

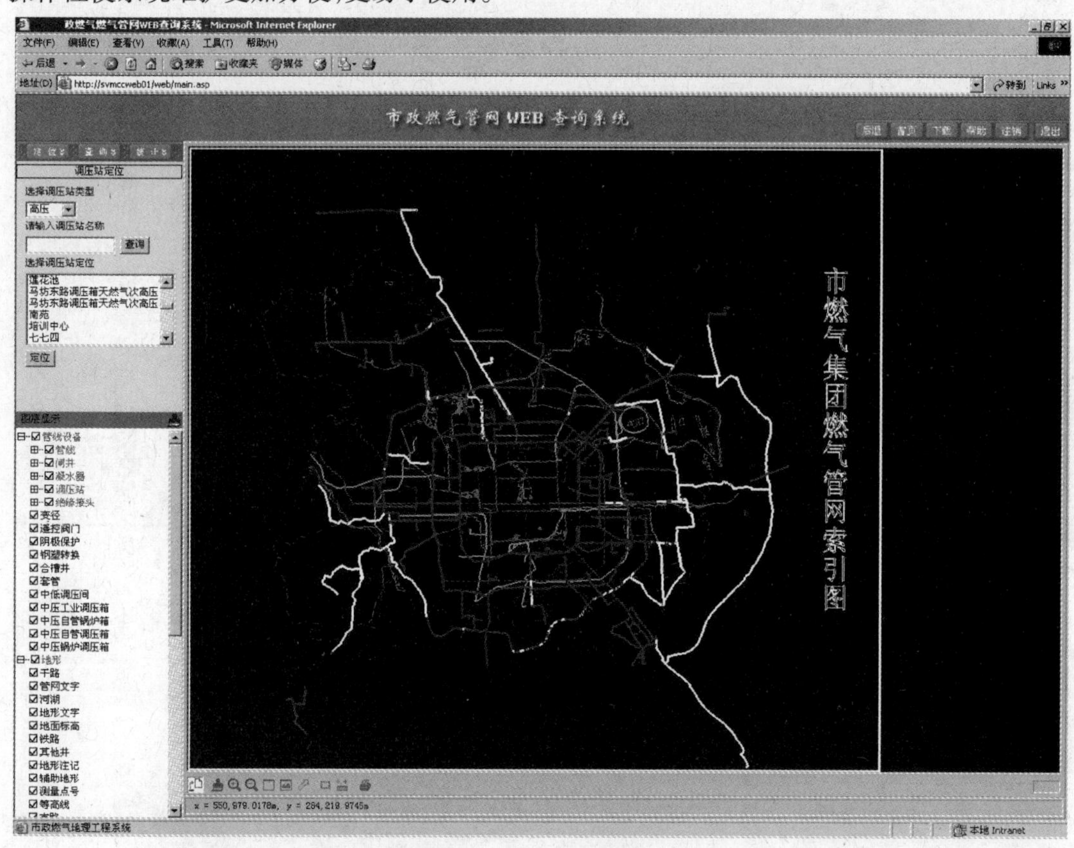

图 9.11　Web 查询子系统界面

④数据维护子系统:系统数据的实时性、准确性是系统长期良好运行的根本保障。根据系统数据地理位置及空间数据格式不同,数据维护子系统由录入子系统数据备份与恢复、单机查询子系统数据备份与恢复、数据服务器数据备份与恢复三部分组成。

⑤数据通信子系统:数据通信子系统通过系统之间的数据交换保证系统的正确性和一致性。按照系统的体系结构,整个系统在空间上的划分,确保各局域网之间的定期数据交换,实现不同地点的数据服务器数据同步,包括地形图、管网图、属性图和属性数据,也包括部分系统配置参数。

对于单机查询子系统的数据更新可以采取数据抽取/更新方式,远程客户机主动拨号连通某一局域网的数据服务器,下载最近发生变化的地形、管网和属性数据,以确保远程客户机与数据服务器数据的一致性。由于要进行大量的远程数据传输,因此数据通信子系统要具有数据校验功能和断点续传能力,在出现不可恢复的通信错误时,系统具有自动恢复的能力。

(3)系统与其他专业系统的接口

①仿真数据输出:仿真数据输出功能的实现需要地理信息系统与仿真系统的数据接口,通过仿真数据输出设置,可以输出满足仿真数据要求的地理信息系统数据及其参数,输出的仿真数据按照约定的数据格式存储。仿真数据输出时,通过选择区域查找符合要求的管线和设备,并从数据库中查找相应的需要提取的属性值,一起输出到仿真数据文件,供仿真系统建立管网模型使用,如图9.12所示。

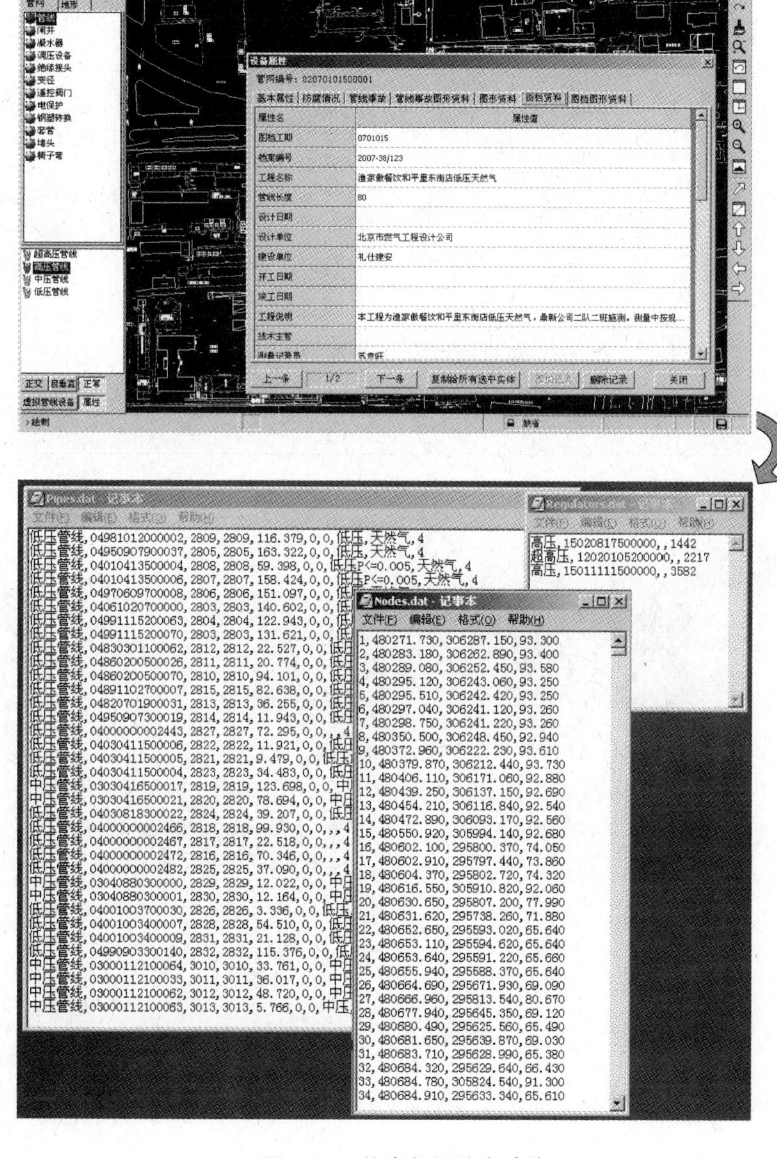

图9.12 仿真数据输出功能

②与 SCADA 系统功能调用：通过在 SCADA 系统中建立相关监控站点的地理定位命令，实现专业市政燃气管网地理工程系统与 SCADA 系统之间的相互调用，如图 9.13 所示。

③管网安全评估系统：GIS 系统按照管网安全评估系统的要求，提供最新图形数据及属性数据，作为管网安全评估工作的基础数据。

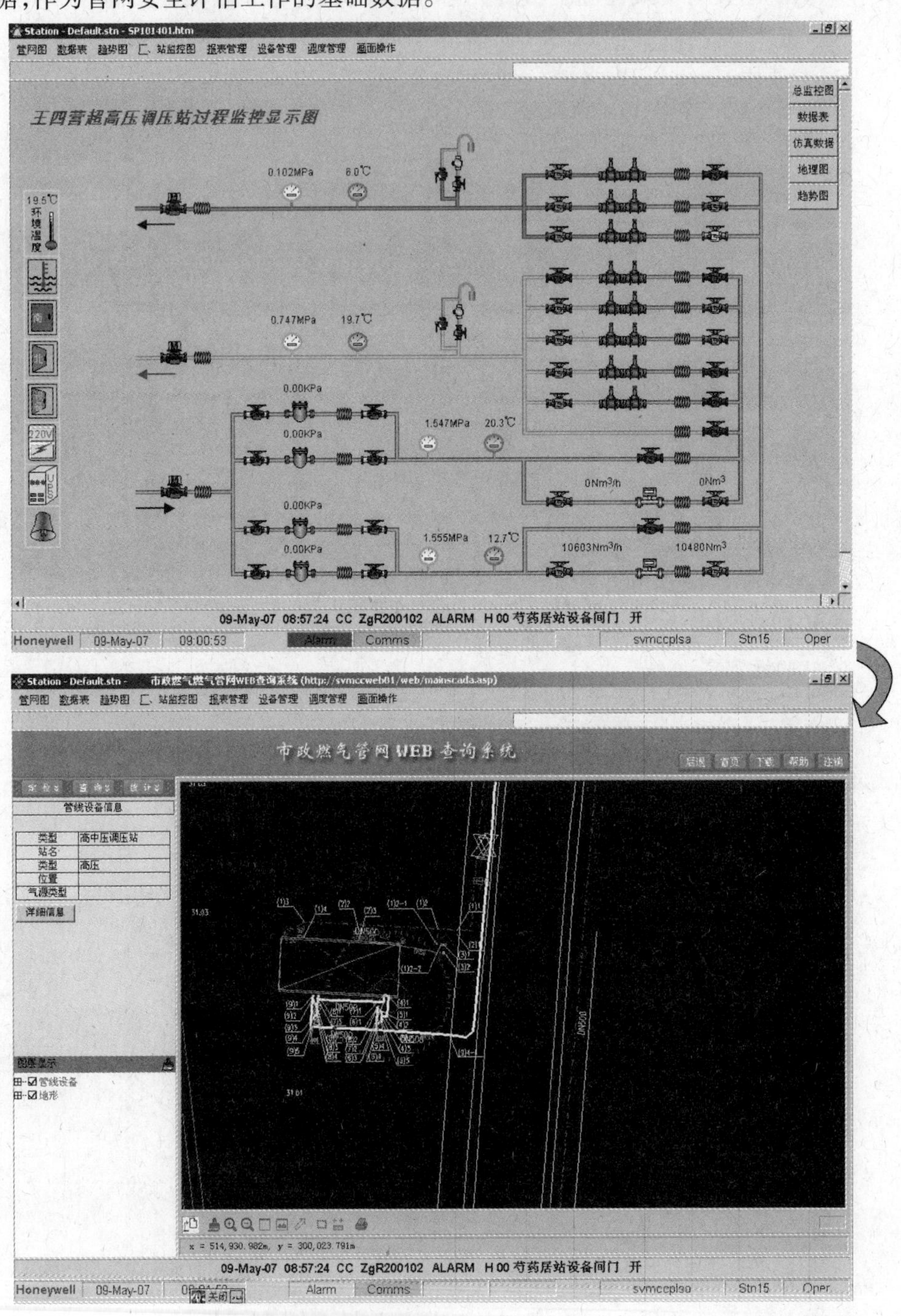

图 9.13　从监控系统直接进入 GIS 系统进行站点地理定位

学习鉴定

问答题

(1)什么是地理信息系统？该系统有哪些基本功能？

(2)地理信息系统按其功能和内容可分为哪两种类型？区别是什么？

(3)空间数据的四种基本模式是什么？

(4)专业市政燃气管网地理工程系统主要应满足哪些方面的应用需求？具体目标有哪些？

(5)从系统总体框架和系统功能设计上来看，专业市政燃气管网地理工程系统是由哪些子系统组成的？

第 10 章　SCADA 系统的应用扩展

核心知识

- 燃气调度安全抢险指挥体系
- 远程计量数据采集系统
- 视频监控安防系统

学习目标

- 掌握燃气调度安全抢险指挥体系应具备的能力
- 熟悉远程计量数据采集系统的基本功能

随着计算机、网络、通信的发展和燃气应用范围的扩大，近些年SCADA监控系统的应用范围和领域也在不断扩大，SCADA系统可以与其他系统联接，并为其他系统提供原始数据或直接读取其他系统数据，本章简单介绍几种这方面应用的实例，供大家参考。

10.1 燃气调度安全抢险指挥系统

10.1.1　概述

燃气调度管理是燃气企业安全、稳定、运行的关键。构建生产调度系统可以提高调度信息管理的技术水平，丰富调度信息应用的范畴，实现信息的合理流动和科学管理，实现资源共享，优化管理模式，大幅度提高调度生产管理的工作效率和工作质量。

燃气调度主要分为常态管理的日常生产调度和非常态管理的应急抢修。为了更加有效地完成日常工作，提高企业竞争优势和管理水平，需要有一套高效有力的支援系统予以支持，并建立和健全指挥统一、功能齐全、反应灵敏、运转高效的应急机制。为了统一抢险过程，尽量缩小应急反应时间，必须建立一体化的燃气调度安全抢险指挥体系，明确燃气调度管理职责（图10.1），使各类事故按照统一流程进行处理，加强应急抢险的快速反应能力。

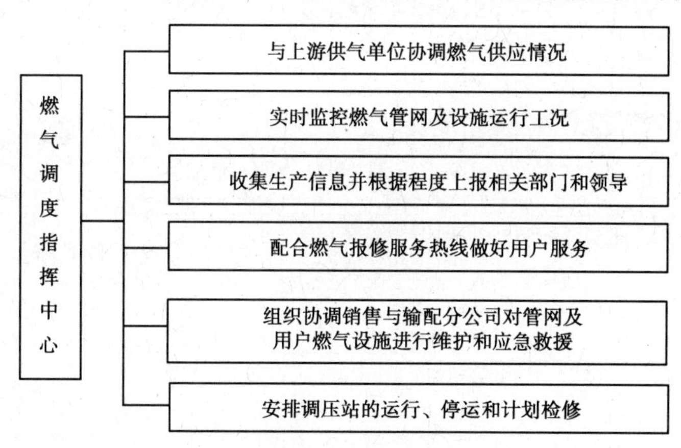

图10.1　燃气调度管理的职责

燃气调度安全抢险指挥体系应具备以下几个方面的能力：

①预警能力：采取预防为主的方针，在事故发生之前，能够及时发现隐患，把事故消灭在萌芽状态。

②快速反应能力：当警情发生时，能够迅速判断警情，快速形成方案，并快速到达现场组织抢修处理。

③应变能力：能够根据现场或突发情况采取相应对策，确保现场和指挥中心能够进行更

有效的沟通。

④总结评审能力:能够对已经发生并进行处理的事故进行分类、归档和分析,进行经验总结,以及系统的自我提高和完善。

⑤应急演练能力:能够用实战模拟方式对应急抢险相关人员进行培训和考核,提高其实战和应变的能力;通过加强应急处置能力培训,加快形成统一高效的应急救援专业体系。

⑥灾难处置和系统热备能力:一旦遇到短期内不可恢复的灾害,造成系统局部或全面瘫痪,可启动系统热备切换,备用系统可继续运行,同时具有可替代系统的手工操作流程,以防随时可能发生的各种险情。

⑦与其他系统的数据交换能力:与各级政府部门之间的数据交换以及与集团内部相关部门或个人的数据发布或数据反馈,如有关抢险预案、处置方案、各种数据等。

10.1.2 基本功能

为了实现上述功能,安全指挥体系应该具备几个最基本的机能:预测预警机制、畅通的警情报告通道、应急决策与处置机制、信息发布机制、调查评估机制和应急演练机制。这些机能虽各自完成应急抢修过程中的某一部分工作,但它们之间是相互衔接、紧密关联的。

就燃气集团调度中心而言,应建立一系列的应急信息管理系统(图10.2),充分利用这些应急管理信息系统,使其相互关联,贯穿于应急抢修的整个过程当中,并在其中发挥各自的作用。

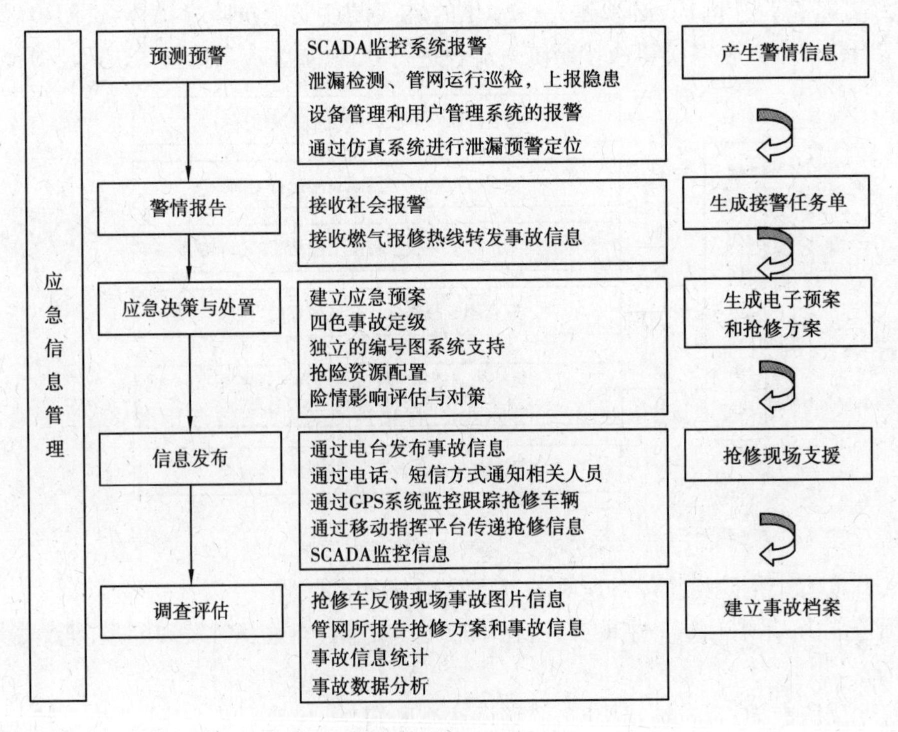

图10.2　应急信息管理系统流程图

1）预测预警机制

预测预警是防灾减灾的关键环节之一，是应急处置、快速反应的基础。安全抢险指挥系统应该能够预先判断可能出现事故的管线和设备，将事故消灭在萌芽状态。预警的方式有多种。

①值班制度：燃气调度指挥中心实行24小时值班制度，通过燃气管网SCADA监控系统随时监测分析所有监控站点运行状态，并收集报警信息。燃气门站、球罐站、CNG加气站、液化气换气站、液化气罐瓶场实行24小时值班制度，值班人员通过巡检及本站监控系统随时监控分析本站运行状态，并收集报警信息。

②巡线制度：燃气输气管道实行巡线制度，管线运行工按规定进行管线维护、保养工作，通过运行管理系统，每个管网运行人员定期查看辖区内的管网设备，及时上报可能存在隐患的管线设备。

③设备管理：在设备管理系统中，登记每个管线设备的建设时间和使用年限，当管线设备达到使用年限时将产生的报警信息；应重视产生报警信息的管线设备，督促运行人员重点巡查已经达到使用寿命的管线设备。

④仿真预测：在仿真预测系统中，提供了泄漏定位算法，当管网系统某处管线或设备出现泄漏时，会对周围管线和调压站产生影响。反映在数据上即与泄漏点相邻监测点的监测数据会发生变化，当仿真预测系统检测到这种异常变化时，利用模型的泄漏定位算法，可以确定管线泄漏的相对位置，第一时间发布管线泄漏预警信息，实时监测管网的安全性和完整性。

⑤户内管理：户内管理实行报修与巡检工作相结合，巡检中发现事件或事故，应立即依照管理办法处理，并逐级上报；在用户管理系统中，保存有用户的设备（表、灶、锅炉等）和立管的安装、维修信息，当这些设备达到使用年限时，也会产生报警信息。

通过预警获得的信息应及时通知相关人员进行巡查、处理，形成最后的预警处理报告，建立预警处理档案。如果确实发现管网存在问题，应建立警情报告，及时进行应急抢修。

2）警情报告机制

畅通的警情报告通道，能快速将警情信息上报或传达到调度指挥中心，以便警情信息能够及时处理。警情有4个主要来源，分别来自预警系统、燃气报修热线、社会报警和上级转发（图10.3）。在接到报警信息后，调度值班人员要填写警情受理单，根据报警内容及描述确定警情级别，报告相关领导，从而采取相应的行动。

在警情报告环节中，来自燃气报修服务热线的报警信息可自动转发到调度指挥中心的移动应急指挥平台，社会报警和预警系统的警情信息可以在移动应急指挥平台中直接建立任务表单。

3）应急决策与处置机制

为了对突发的事件或事故快速响应，必须预先制订应急事故处置机制，能够根据具体事故类型,依据已有的应急预案快速生成抢修方案。

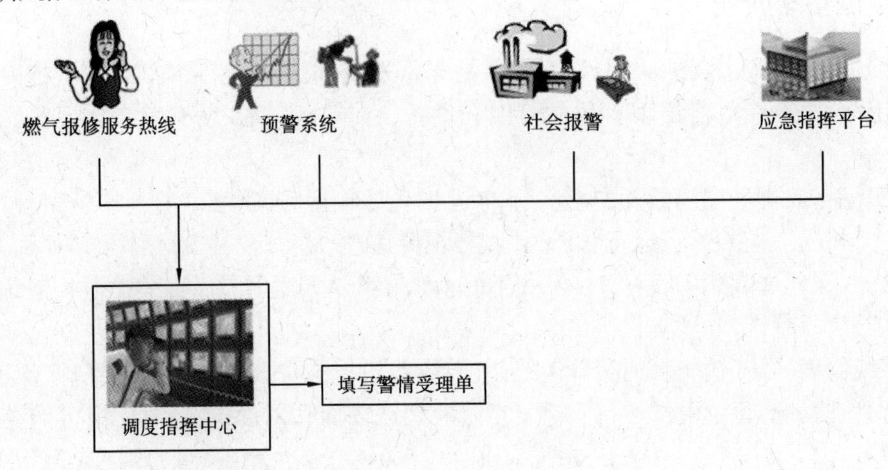

图 10.3　警情报告机制

(1)建立重大事件区域保驾电子预案

通过编号图系统进行拓扑分析,统计与之有关的阀门和调压站,隔离出周边相关管网图,根据编号图系统和图档系统,进一步得到范围内受影响的用户数和引入口数量以及范围内的重点用户数量。可以提供的内容包括:

- 区域管线、燃气设施概况;
- 用户数和引入口数量;
- 重点用户情况;
- 发生事故或时间的危险源、危险目标的标注与分析;
- 所属管理单位和行政区域;
- 按需要提供监控数据;
- 附加背景图片。

据此,应急指挥人员可以补充完善如组织机构及职责、通信保障、联系方式、气源保障、响应过程的安全控制和环境保护方面等更加详细的内容。

(2)突发事故处理

对于突发事故,根据移动指挥平台快速定位事故地点,通知(事故点)所属管理单位,查找事故地点附近的车辆,通知并将抢修任务单发送到指定车辆,从移动指挥平台自动切换到地理信息系统和编号图系统,进行管网事故分析,确定关阀方案,圈定受影响的范围和受影响的用户,确定引入口数量以及事故范围内是否有重点用户等。

突发事故处理流程与应急预案基本相同,但由于快速处理正在发生的警情,因此需要系统能够快速提供与事故相关的有用信息,并能够将这些信息快速通知到相关的单位和人员。如果预先建立了应急预案,将大大加快突发事故处理的效率。

(3)建立事故分级制度

根据北京市燃气系统的构成情况,按照突发事件所在供应系统的压力等级、事件影响的用户性质及数量、事件发生所在地区的性质、对社会造成的危害程度等方面的因素,将北京市城市燃气突发事件或事故的等级分为以下四级:一级事件(特大燃气突发事件)、二级事件(重大燃气灾害性突发事件)、三级事件(一般燃气突发事件)、四级事件(普通燃气突发事件)。

另外,当北京市在重大会议、活动、节日期间,或遇有上级政府领导关注并到场及新闻媒体高度关注时,各级突发事件或事故的响应可指定升级。

(4)应急信息传递、发布机制

建立应急指挥中心与相关单位、事故现场、应急抢修车辆、应急人员便捷畅通的信息联络和发布通道,是保障应急抢修顺利进行的重要保障,同时可以有效减少和控制次生灾害的发生。应急信息发布(图10.4)的内容包括:通过电台发布事故信息,通过电话、短信方式通知相关人员,通过GPS系统监控跟踪抢修车辆,通过移动指挥平台传递抢修信息,向抢修现场发布周围管线及站点SCADA监控信息等。

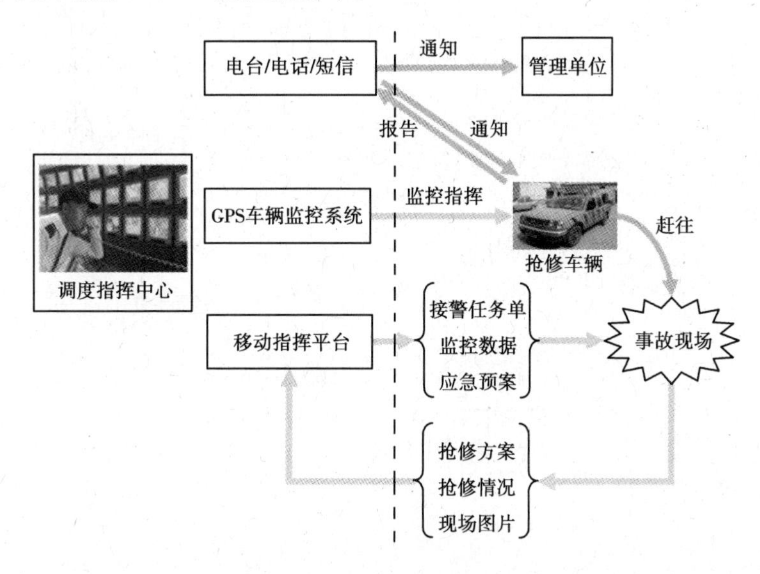

图10.4 应急信息传递、发布

①当指挥调度中心接到警情报告时,填写事故任务单,判断事故等级,通过电台、电话、短信等方式第一时间通知相关人员警情的具体情况,要求其快速到达现场。同时,在抢险过程中,指挥中心还担负中心与抢险现场通讯联络的任务。

②通过GPS车辆导航和监控指挥系统快速定位事故的准确位置,确定能够最快到达事故现场的抢险车辆,将事故位置和任务单发送给该抢险车以及相关的其他车辆。抢险车辆通过车载的卫星导航系统快速到达事故现场,控制险情并进一步确认险情,如果有事故预案,就向抢险车发送电子预案。

③通过编号图系统和地理信息系统,指挥中心和现场车辆能够快速确定控制该事故的关阀方案以及进行事故抢修影响到的用户数量和用户地点,及时准确发布停气通知。另外,可以查询事故管线设备的基本属性,提早准备抢险抢修所需的抢修设备和物资。

④在抢修过程中,可以从SCADA系统中获取相关站点实时监测的压力状况数据,能够从现场传递抢修的图片,方便调度中心查看现场抢修情况。

⑤在生成抢修方案时,需要根据安全生产管理系统确定具体抢修施工工序,各工序的施

工步骤、注意事项、需要具备的基本条件和人员职责。

⑥能够在现场和指挥中心间通过无线网络传送文件、图形等信息。

⑦可以将已经建立的应急保驾电子预案通过移动指挥平台直接发送到相关车辆上,同时,把相关站点的实时 SCADA 监控数据定时发送到相关车辆上,使抢修现场可以得到与抢修相关的所有相应数据。

⑧在抢修过程中,要随时保持电台和电话通信的畅通。

(5)调查评估

在总结评审阶段,要根据抢修结果形成抢险报告,整理整个抢险过程的相关文件归档到事故档案库中,并且从中提取有用的公用信息供其他系统使用,进行事故总结和事故汇总。管理单位进行事故调查和事故分析,同时汇总到系统当中。

需要汇总的资料(图 10.5)包括接警任务单、报告单、抢修方案图、现场图片、现场视频内容、事件调查和评估报告、抢修过程日志等。同时,利用已经建立的事故档案资料,可以进行事故信息统计、事故数据分析等。

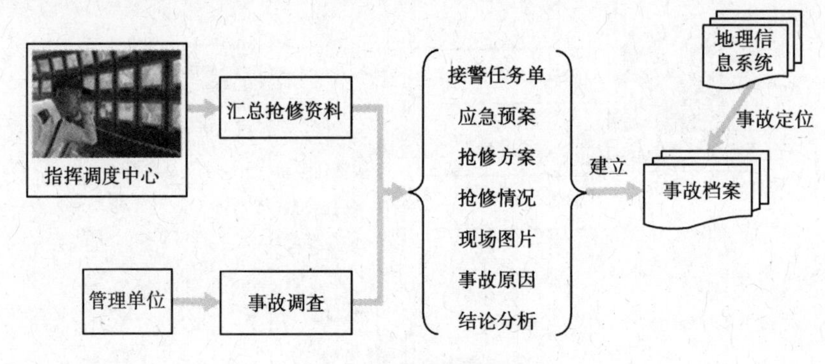

图 10.5　抢修资料汇总

10.1.3　实现方式

作为燃气集团调度指挥中心的一个重要职能,应急抢险指挥系统的规模和应用范围在逐渐扩大,因此有必要建立相对独立的应急抢修指挥网络。整个系统由集团调度指挥中心、分公司调度室指挥中心、抢修现场、远程单机用户 4 部分组成,如图 10.6 所示。

集团调度指挥中心作为整个系统的主控制中心,负责完成所有相关数据的搜集和整理工作,设有数据服务器、应用服务器和负责采集现场数据的数据采集服务器。数据采集服务器同时负责与燃气报修热线以及其他系统交换数据。

利用 GIS 服务器获得地理信息系统数据更新编号图信息。集团调度中心与抢修现场的联络采用移动 GPRS 网络的 APN 方式接入,可以确保系统的安全性。

集团调度中心的工程师站负责系统的管理和维护,安全保障方案和应急抢修预案的创建和维护,编号图系统的维护;而操作员站则利用本系统数据,进行合理有效的调度和指挥。

抢修现场负责完成现场的抢修任务,制订抢修方案,利用数码相机拍摄现场图片,并把现场信息借助 GPRS 网络以 APN 方式安全地发送回指挥中心。

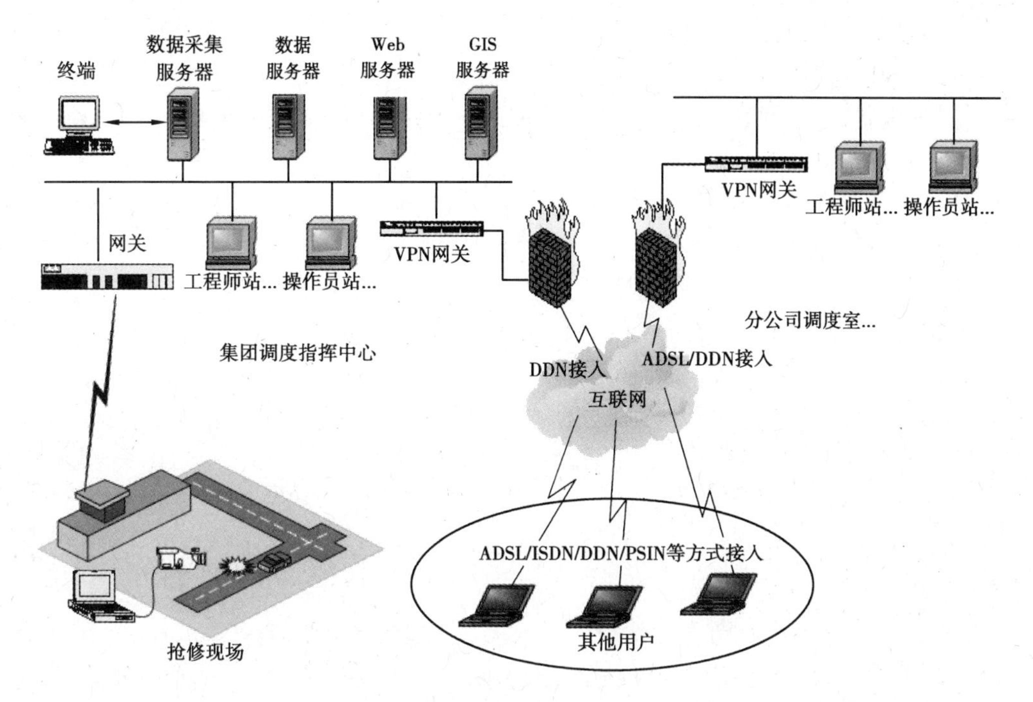

图10.6 应急抢修指挥网络系统结构图

分公司调度室可以通过VPN方式或专线接入指挥调度中心,以保证系统的安全性。在分公司调度室同时设有工程师站和操作员站,可以根据权限设置相应的系统功能。

远程用户通过VPN方式联入指挥调度中心,使用授权的相应功能(为了保障系统的安全,建议只赋予查询、查看的权限)。

为保证系统的安全性和可靠性,整个系统网络及设备必须专线专用,与其他系统的连接点必须通过防火墙并严格限制数据的流向和访问。

10.2 远程计量数据采集系统

10.2.1 概述

SCADA系统是针对燃气生产调度需求而设计的系统,虽然对计量数据有一些监测,但其主要功能是监测燃气管网的运行状态。随着燃气大用户和趸售用户的增加,其用气量所占比例较大,对计量数据和计量设备的管理提出了更高的要求,而远程计量数据采集系统,可以对燃气大客户的用气数据(包括温度、压力、标准瞬时流量、标准累计流量)进行远程采集,并对采集数据进行统计分析,同时对用户资料及燃气表使用情况进行管理,以实现对燃气大客户用气情况全面、及时的控制和管理。

该系统为燃气集团掌握燃气大用户的用气情况提供了技术手段:企业可随时了解燃气流量计/燃气设备的运行状况,通过对这些数据的分析,便于及时发现可能发生的隐患,对提高计量设备管理水平、减少供销差率都具有重要的意义。

• 随时了解单个用户的用气参数,包括燃气压力、热负荷、瞬时流量、累积流量等,不仅掌握该用户的用气特点,合理分配燃气资源,而且可以随时掌握用户的用气量,避免欠费;

• 通过对所有大用户用气情况进行及时准确的分析,为整个燃气网合理分析供、调配提供基础数据;

• 提高公司对大客户的服务质量。

10.2.2 基本功能

远程计量数据采集系统要完成的主要功能:

• 系统服务的部门包括燃气集团生产、调度、收费、计量部门,系统的性能和功能应该满足各个部门的要求,并设置终端;

• 实现对大用户计量数据及计量设备运行状态的远程实时监视;

• 采集的数据项包括温度、压力、标况累计流量、标况瞬时流量、小时累计用量、仪表的状态及报警信息等;

• 可以对燃气大用户的气量进行分析、比对,找出用气规律,并进行供销差分析;

• 系统能够根据结算日期进行气量结算,并提供结算数据;

• 形成完整的计量数据历史数据库;

• 提供动态流程图显示;

• 提供相关参数的实时和历史曲线显示;

• 自动形成工作报表;

• 可导出历史数据到其他数据库;

• 具有本地历史数据的存储能力,并可方便地导出;

• 可导入 CSV 格式的数据到历史数据库;

• 可网络发布数据;

• 提供 OPC 接口,与 SCADA 监控系统实现数据共享。

10.3 视频监控、安防系统

10.3.1　概述

视频监控、安防系统通常包括视频监控系统、红外报警安防系统，该系统是对燃气管网重要站点进行监控的重要手段。

视频监控、安防系统的设备主要由前端图像和报警信号采集设备、数据通信传输设备、中心显示和控制设备组成，每一部分设备的质量都将直接影响整个系统的性能。该系统通过前端摄像机、红外及门禁报警采集现场图像和报警信号，将各监控点的实时图像及报警信息传输到主、备调度中心及本地站控系统的视频工作站，在控制设备上实时监视、控制现场的图像，以及时了解现场情况，为管理提供决策依据。

该系统的建设对燃气厂站的安全保卫及正常运行起到重要的作用，是燃气厂站运行的重要组成部分。

10.3.2　视频监控系统

视频监控系统用于站控系统现场安全防范的监视工作，设置监视点，采用固定、自动或手动调整监视范围、角度。

对于有人值守的厂站，通常都配有硬盘录像机，可进行本地录像和显示，并可把信号实时地上传到调度中心，方便厂站值守人员及调度中心人员监视厂站情况；对于无人值守的厂站，通常配备了视频编码器或硬盘录像机，将视频信号转化成以太网信号通过有线或无线方式传送到调度中心，调度人员在中心实时监控现场工作状况。

摄像系统安装位置为各站构筑物周围或危险区，以监测设备间人员进出和设备生产运行情况。处于危险区的摄像系统必须采用隔爆型视频设备，以保障厂站的生产安全；非危险区的摄像系统，可根据实际要求选用普通型设备。

1）前端图像采集设备

（1）摄像机

摄像机能提供实时动态的现场变化信息，可分为以下几种：

①室内/外全方位型摄像机：设置在室内/外重要及视角范围最大地点，监控站内及周遍情况。全方位球型摄像机包含高清晰彩色/黑白摄像机（部分彩色摄像机可带有低照度条件下彩色转黑白功能）、光学变焦自动光圈镜头、全方位云台、解码器、防护罩、支架等设备。

②室内/外全方位防爆型摄像机：防爆型摄像机除具有上述摄像机的功能外，还具有防

爆功能,以保证厂站内生产运行的安全。

③室内/外固定式摄像机(防爆型摄像机):设置在室内/外重要地点,通常用于监控站内人员车辆进出。全方位球型摄像机包含高清晰彩色/黑白摄像机(部分彩色摄像机可带有低照度条件下彩色转黑白功能)、手动变焦自动光圈镜头、防护罩、支架等设备。

(2)视频编码器或数字硬盘录像机

视频编码器或数字硬盘录像机是视频监控系统的核心部分,两者在视频监控系统中经常被使用。

视频编码器是视频信号转化成以太网信号的设备。

数字硬盘录像机不仅能本地存储视频数据,还可以完成视频编码器把视频信号转化成以太网信号的功能,另外数字硬盘录像机还可以控制前端云台、摄像机镜头的角度、距离、焦距等,其数据通讯流程如下:

①视频信号通过同轴线缆接入视频编码器或数字硬盘录像机,它们通过以太网连接到本地工作站及调度中心视频工作站,视频工作站通过视频服务器操作软件调用硬盘录像机图像及实施控制。

②数字硬盘录像机将视频信号进行数字化压缩后存储于内部硬盘,并可通过以太网上传到调度中心。

2)传输设备

摄像机与嵌入式数字硬盘录像机的视频信号传输采用视频同轴电缆连接,硬盘录像机到本地视频工作站通过局域网连接,各站到调度中心通过 VPN 连接传输。

3)中心控制室设备

视频工作站通过视频服务器操作软件调用硬盘录像机图像及实施控制。

4)系统功能

- 系统具有良好的开放性,软硬件易于扩容,嵌入式数字硬盘录像机的数量不受限制;
- 系统具备将站点的图像和报警数据上传至监控中心的功能;
- 站点的环境数据报警时,监控中心自动切换出响应的站点;
- 各站点可以接受监控中心控制命令,实现对站点内图像调用及任意摄像机的云台、镜头进行控制;
- 可以对指定的图像进行录像和报警录像,录像的视频通道数受系统配置的限制;
- 系统能回放所接入任一摄像机已记录的历史图像以及保存的报警录像,回放的检索方式灵活、多样,有时间检索方式、摄像机检索方式等;
- 视频监控工作站具有分层切换、显示功能,画面显示由总貌到设备细节按显示的详细程度分为多个级别,级间切换自然直观,系统具有友好的人机界面,各种功能操作或切换均能以便捷的方式实现。

10.3.3　红外报警安防系统

燃气现场常用的红外报警器包括两种类型：主动红外对射报警器（也叫红外对射器），被动红外报警器。在燃气现场使用较多的是主动红外对射报警器。

（1）主动红外对射报警器

主动红外对射报警器全名为光束遮断式感应器（Photoelectric Beam Detector），其侦测原理是利用红外线经 LED 红外光发射二极体，再经光学镜面做聚焦处理使光线传至很远距离，由受光器接收，当光线被遮断时就会发出警报。

红外线是一种不可见光，而且会扩散，投射出去会形成圆锥体光束。红外光不间歇一秒发 1 000 光束，所以是脉动式红外光束。当有人横跨过探测器监控防护区时，遮断不可见的红外线光束而引发警报。该设备常用于室外围墙报警，它总是成对使用：一个发射，一个接收。发射机发出一束或多束人眼无法看到的红外光，形成警戒线，有物体通过，光线被遮挡，接收机信号发生变化，放大处理后报警。

目前，常见的主动红外探测器有两光束、三光束、四光束，距离从 30 m 到 300 m 不等，也有部分厂家生产远距离多光束的“光墙”，主要应用于厂矿企业和一些特殊的场所等。

（2）被动红外报警器

被动红外报警器是靠探测人体发射的红外线来进行工作的。探测器收集外界的红外辐射进而聚集到红外传感器上。红外传感器通常采用热释电元件，这种元件在接收了红外辐射温度发出变化时就会向外释放电荷，检测处理后产生报警。

红外报警器探测信号接入报警主机，然后由报警主机将信号传输给对应厂站 PLC/RTU 的 DI 模块上，PLC/RTU 实时检测红外报警器的状态，当产生报警信号时，自动记录并上传至中心。此外，红外报警器输出报警信号到视频监控系统硬盘刻录机的报警输入端，实现联动，当产生周界报警时，摄像机将自动调整到相应的位置，自动摄录下当时的画面并保存在硬盘录像机中，以备分析报警产生原因。

10.4 气热电联调系统

10.4.1　概述

能源是城市生存和发展的必要条件，是城市功能正常运转的基本保证。供热、燃气、电力是城市能源体系的主要组成部分，而三者的协同又是城市能源发展和运行管理工作的重点和难点。

供热、燃气、电力在加强协作、联合调度方面主要存在以下问题：

(1)三方在日常运行调度上基本没有沟通与协调机制

目前热、气、电的运行调度分别属于热力集团、燃气集团和电网公司三个独立单位，三方在日常运行调度上基本没有沟通与协调机制。随着城市能源系统的发展，热、电、气三方现有的沟通方式越来越不能满足运行管理的需要，三方亟需建立快捷、常态的沟通协调机制。

(2)三方的专业配合亟待加强

热、电、气三方各自都是比较复杂的能源系统，除燃气有一定量的储存能力外，供热、电力都具有不可储存的特性，每一方都有静态、动态平衡的需求。

供热受燃气供应量的限制，也受电厂发电量的限制；供燃气需要在供热、发电需求确定后，才能准确计算出燃气需求量；同样，电力也需要在热负荷需求和燃气供应量确定后才能进行运行调度。

供热、供气、供电三方的配合是跨系统、跨专业的，严重关系到城市能源保障，需要三方中的每一方充分发挥自身优势，同时紧密配合其他两方。

(3)三方的应急保障体系需进一步完善

在日常运行过程中，热、电、气三方内部均制订了完备的应急预案，在应急处理上积累了丰富的经验。但随着燃气热电联产热源的投入运行，三方的联系越来越密切，热网、气网、电网的突发事件处理，有时候仅靠一方系统内部的调度难以实现，更多的是需要建立完善的综合应急保障体系，依靠三方的互相配合，形成合力，共同解决突发事件。

同时，三方还需共同建立应急处理平台，在处理突发事件时及时掌握三方基础数据，为应急决策服务。

为解决目前在热力、电力、天然气调度与能源利用方面管理孤立、计划盲目、缺乏协调统一调度的现状，需要建立城市气热电联调系统。通过热、电、气运行实时数据，为城市热、电、气的安全、高效、平稳、环保利用提供科学依据。

10.4.2 基本功能

①可以以多种方式查看热力、天然气、电力三方的实时数据值：

- 各电厂机组电、热负荷、气流量、压力等数据的实时接收显示；
- 各尖峰热源厂热负荷等数据的实时接收显示；
- 各主要门站或调压站气流量、压力等数据的实时接收显示。

②提供实时数据和能力数据的比照。

③能力预警：对实时值将要超出能力边界的情况进行预警并记录。

④提供显示消息的管理，便于各集团信息交换和公示。

⑤预案：提供气温突变、机组非停、天然气供需关系紧张等情况的预案。

⑥计划信息：根据各自生产业务的状况，提供计划数据管理功能，包括各集团的年、月、周等计划，各公司可以查询其他集团的计划工作信息。

10.4.3 实现方式

系统采用B/S体系结构，通过Web发布的方式提供系统人机交互操作。系统的服务器端完成集中存储数据以及模型分析、运算等功能，客户端用户只要有 Web 浏览器就能根据系统权限访问使用本系统。

10.5 与异地监控系统的连接

10.5.1　概述

近年来，一些大的城市燃气企业陆续与其他城市的燃气企业合作，共同参与其他省市燃气的发展建设，为此需要实现不同城市间 SCADA 监控系统的数据对接，以便随时掌握各合作燃气公司的燃气管网的运行状况，实现数据共享。

10.5.2　实现方式

(1)数据的交换

数据的交换可以采用标准的 OPC 通讯协议实现。

OPC 是 OLE for Process Control 的简称，是一个工业标准，用于过程控制对象链接与嵌入。基于微软的 OLE(现在的 Active X)、COM（部件对象模型）和 DCOM（分布式部件对象模型）技术。OPC 包括一整套接口、属性和方法的标准集，用于过程控制和制造业自动化系统。

(2)远程通讯方式

远程通讯方式可以使用虚拟专用网络(Virtual Private Network，VPN)实现异地局域网连接。

虚拟专用网络可以理解为虚拟出来的企业内部专线。它可以通过特殊的、加密的通讯协议在连接在 Internet 上的位于不同地方的两个或多个企业内部网之间建立一条专有的通讯线路，但是它并不需要真的去铺设光缆之类的物理线路。

学习鉴定

1. 填空题

(1)安全指挥体系应该具备________、________、________、________、________和应急演练机制等机能。

(2)视频监控安防系统通常包括________、________。

(3)视频监控、安防系统的设备主要由前端图像和________、________、中心显示和控制设备组成。

2. 问答题

(1)远程计量数据采集系统的主要功能是什么?

(2)燃气调度安全抢险指挥体系应具备哪几个方面的能力?

参考答案

第1章　概述

问答题

(1)什么是SCADA系统?

答:SCADA是英文Supervisory Control And Data Acquisition的简称,即数据采集与监控系统。SCADA系统基本原理,是以电子计算机为中心系统,对远程厂站、遥远厂站运行设备进行测量和控制。

(2)SCADA系统在结构上分为几部分?每部分的功能是什么?

答:SCADA系统在结构上一般可分为四大部分,各有不同功能。从下而上包括:

①仪表传感器(Sensor and Transmitter),是安装于远程站测量的设备,作用转化物理变量至模拟或开关量,有些可提供智能通信接口,以信号线连接下一级终端机。

②数据采集/控制终端站(RTU/ PLC),是安装于远程站的设备,收集所有现场仪表传感器的信号,经处理以某种通信协议形式传送至SCADA系统中心站。

③SCADA通信系统,一般由电信运营商提供租借服务,也包括自建通信系统,是连接远程厂站与SCADA系统中心站的通信媒介,连接方式可以采用有线如光纤,或无线如电台、GPRS/CDMA。

④SCADA系统中心站,由硬件服务器及SCADA软件组成,主要接收、储存各厂站仪表的数据,经适当处理后,以图形界面、报表形式显示现场仪表状态,再作适当处理和分析,更可对现场相关设备进行遥调或遥控功能。

(3)简述SCADA系统在燃气调度中的应用。

答:SCADA系统肩负着监控管网安全运行的使命,其作用可归纳为以下两个方面:

①确保燃气管网安全可靠运行。SCADA系统是燃气供应者实现管网安全可靠运行的工具。SCADA系统通过科学的规划,在管网重要的位置上安装监测设备,对管网压力、流量、温度、阀门状态等工况进行实时监测,确保所有管网工况在预设范围下正常运行,如遇有超出预设范围或紧急情况,SCADA系统可实时预警、报警,根据不同的报警采取适当的措施,调派工程人员到现场处理事故,更可以利用SCADA系统遥控功能,遥调或遥控相关设施,以阻止危险情况恶化、蔓延,确保管网正常运行、可靠供气。

②燃气供求管理、危机处理、管网规划分析和扩展。SCADA 系统另一个重要功能，是对所采集的数据进行系统的存储分析，根据监测数据进行管网负荷预测，实现燃气供求平衡管理和调度；利用管网仿真模型，可发现燃气泄漏事故，在上游供气中断情况下可计算剩余气量及维持供应的时间，以及受影响用户的数量及程度，启动相应的应急预案。除此以外，还可为管网工程建设提供参考依据，包括管网新建、改造等工程。所以，SCADA 系统功能不限于数据采集与监测控制，结合用户和市场需求做出相应的设计和开发，在燃气应用和管理上可以无限延伸、扩展。

第 2 章 SCADA 监控系统

1.填空题

(1)燃气调度 SCADA 系统通常是由＿上位机系统＿、＿监控网络＿、＿下位机系统＿组成的分布式网络化监控系统。

(2)SCADA 系统可以对现场的运行设备进行监视和控制，以实现＿数据采集＿、＿设备控制＿、＿监测计量＿、＿参数调节＿以及＿各类信号报警＿等各项功能。

(3)SCADA 系统实现管网在调度控制中心的统一调度下协调优化运行，并采用＿调度中心控制级＿、＿站场控制级＿和＿就地控制级＿的三级控制方式。

2.问答题

(1)燃气调度 SCADA 系统的总体功能主要包括哪些方面？

答：调度监控操作、遥测、遥控、管网应用过程处理、生产管理、系统维护与扩充。

(2)请简述燃气调度 SCADA 系统各部分的组成情况？

答：SCADA 系统中的调度监控中心(中心站)主要包括：计算机及网络系统、监控软件系统、大屏幕显示系统(根据实际需求选配)。监控终端站系统主要由 PLC/RTU 控制器系统、本地监控网络系统、计算机及网络系统(针对有人值守站场)、视频及安防监控系统(根据实际需求选配)组成。监控网络系统则主要通过相应的网络设备实现在系统所用的通信网络平台上对系统监控数据及应用的承载。

第 3 章 SCADA 系统中心站

1.填空题

(1)中心站是 SCADA 系统的核心，承担着＿数据采集与集中＿、＿监控信息交换＿、＿组态管理＿等功能，应具有良好的实时性、灵活性和可扩展性。

(2)系统常用的体系结构有＿C/S 结构＿、＿B/S 结构＿、＿C/S 与 B/S 混合结构＿。

(3)系统常用的网络结构包括＿星形结构＿、＿双网结构＿。

2.问答题

(1)请简述并列举至少 10 项中心站系统的主要功能。

答：调度监控中心系统实时采集现场监控站的运行参数，实现对管网和工艺设备的运行情况进行自动、连续的监视管理和数据统计，为管网平衡、安全运行提供必要的辅助决策信息。

其主要功能参见 39 页。

(2)请列举至少5项系统监控组态软件的特点。

答:系统组态软件主要特点如下:

- 简单灵活的可视化操作界面;
- 实时多任务特性;
- 强大的网络功能;
- 高效的通信能力;
- 接口的开放特性;
- 多样化的报警功能;
- 良好的可维护性;
- 丰富的设备对象图库和控件;
- 丰富生动的画面。

(3)请列举至少5项系统的主要硬件,并简述其作用。

答:系统的主要硬件设备如下:

- 实时数据服务器:负责处理系统实时数据流,通过通信处理机接收实时监测数据,下发控制指令,将实时数据放入实时数据库中,并为网络中的工作站提供实时数据服务。
- 历史数据服务器:负责对系统数据的集中存储、管理,是调度中心为网络中的其他服务器和工作站提供数据的核心服务器。
- 数据发布服务器:负责对系统监控数据的网络发布。
- 通信前置机:负责对监控通信网络的数据集中和通信管理。
- 操作员工作站:通过局域网访问实时数据服务器和历史数据服务器,运行操作员软件为生产调度监控人员提供人机界面。
- 工程师工作站:是系统工程师的操作平台,工程师可通过它们对中心站系统进行维护和修改;同时还可以对系统进行再开发,实现工程组态等功能。
- 视频工作站:通过对监控网络上传输的视频信息的编码、解码,实现对管网现场的视频图像实时监控。
- 培训工作站:用于对各类操作使用人员的培训。
- 调度大屏幕:对各类人机界面进行大屏幕显示,提高系统的视觉效果和生产调度监控人员的工作效率与应急反应速度。
- 网络打印机:完成各类报警信息、生产报表、监控数据图形和曲线等的打印输出功能。
- GPS授时服务器:通过全球定位卫星系统获取精准时间,并实现全系统各站点的时钟同步。
- 网络交换机:充当中心站系统局域网内数据交换的核心设备。
- 网络防火墙:设置在中心站系统网络与外网接口处,增强系统网络安全。
- 监控网络接入路由器:充当SCADA系统监控网络与中心站系统的网关,实现对中心站接入。
- UPS电源:在电网停电时,为系统供电,实现系统的不间断运行。
- 防雷设备:防止系统被雷电损坏,包括电源避雷器、通信端口避雷器等。

第4章 SCADA 系统监控对象

1.选择题

(1)以下选项中不能作为仪表组成部分的是:(D)

A. 输入部分　　B.输出部分　　C. 中间变换部分　　D.中间计算部分

(2)以下关于仪表灵敏度的描述不正确的是:(B)

A.灵敏度反映仪表对所测量参数变化的灵敏程度

B.仪表的灵敏度越高越好

C.仪表灵敏度 K 有可能为一常数

D.灵敏度越高仪表越容易受到外界的干扰

(3)以下关于压力测量描述正确的是:(C)

A.压力测量属于燃气监测中的开关量监测

B.对计量系统而言,相对压力的测量是为燃气体积量进行压力部分的修正

C.压力测量可分为相对压力的测量和绝对压力的测量

D.绝对压力是指管线中燃气压力与实时大气的压力差

(4)以下关于流量计量正确的说法是:(B)

A.贸易计量更关心的是燃气的标况瞬时流量

B.贸易结算通常按照燃气的标况累计量进行

C.贸易结算通常按照燃气的工况累计量进行

D.天然气流量计量可分为贸易计量,过程计量和热量计量

(5)以下不属于燃气监测中的开关量的是:(C)

A.阀门开关状态　　B.供电电源失电报警

C.压力　　D.门禁

(6)以下关于温度测量的描述正确的是:(A)

A.温度测量可分为接触式测量和非接触式测量两大类

B.接触式测量直观可靠,无明显缺点

C.非接触式测量方法误差较小

D.双金属温度计具有结构简单、使用方便、测量精度高等特点

(7)以下不属于压力表示单位的是:(D)

A.兆帕　　B.巴(bar)　　C.标准大气压　　D.磅/英寸

(8)以下部件不属于 IC 卡表组成部分的是:(D)

A.传感器电路　　B.微功耗单片机　　C.电压测试电路　　D.阀门控制电路

(9)天然气流量计量方式不包括:(C)

A.体积测量　　B.质量测量　　C.压力测量　　D.能量测量

2.问答题

(1)请简述差压变送器的结构。

答:差压变送器通常采用电容式压力变送器,电容式变送器是利用电容转换技术测量压

力的，它由测量和转换两部分组成。测量部分包括电容膜盒，高、地压室和法兰组件等，转换部分由震荡电路、解调电路、调零电路、放大电路等组成。

(2)请简述超声流量计的工作原理及特点。

答：气体超声流量计是安装在流动气体管道上，并采用超声原理测量气体流量的流量计。它既能产生超声信号，在受到流动气体影响后还可接收超声信号，且所检测到的结果能用于气体流量测量。与其他流量计相比，具有测量范围宽、准确度高、测量管径大、重复性好、能双向计量、适用于脉动流计量、无压力损失、安装使用费用低等特点。

(3)请简述流量计算机的特点。

答：可计算如体积流量、质量流量和能量流量；

- 计算可遵循国际标准如 AGA 3(API12530),ISO 5167,AGA 5,AGA 8 等；
- 可配不同测量原理的流量计；
- 计算精度高，此外可接收色谱分析仪的实时组分参数，从而计算出实时的工况压缩因子，进一步提高计算精度；
- 一台流量计算机可管理多台流量计；
- 参数完整，实时性好；
- 存储量大；
- 安全性好；
- 留有电脑接口，配置方便，截取数据方便。

(4)现场仪表安装应注意的问题是什么？

答：仪器仪表的安装是否正确，将直接关系到未来的使用和产品寿命，除了需要遵从厂家特定仪表安装要求外，安装过程还应严格按照国家标准进行。燃气行业的仪表安装更有着其特殊性，时时处处都要有防爆意识，建立良好的职业习惯，每一个环节都遵循防爆安装标准，只能高于这一标准，但决不能低于这个标准。寒冷地区的仪表安装还应考虑仪表的保温，以保证仪表的正常运行，降低仪表的损坏风险。

(5)SCADA 系统终端站在调试前及调试过程中应注意的问题是什么？

答：①调试场地是否整洁。

②调试现场供电是否保证，严禁现场配电走线混乱的情况，紧急情况下应能够迅速地切断调试总电源。

③以下调试工具、设备是否准备齐全。

④测试各硬件单元的内部接线是否符合设计图纸，这里主要是进行导通测试。

⑤设备的连接：将各硬件单元通信电缆按设计要求连接；将信号发生装置与各硬件单元相应的模块连接；将通信系统设备仿照现场通信环境接到被测硬件单元中；将各测试单元电源线与规定电源连接(注意用电安全)；连接其他需要连接的电线、电缆。

⑥检查内部各电源输入输出正负极、火零线未出现短路等不正常现象；检查外接信号线路有无正负极接反、信号供电正极与接地短路现象。

⑦系统上电：将各个测试单元的总开关逐一打开；将各个测试单元的其他分系统开关逐一打开；上电过程中注意电源指示灯状态、异味、设备冒烟、PLC 模块 ERR 灯(Alarm 灯)等不

正常现象,遇到问题马上断电检查。

⑧配置通信系统模块参数。

⑨写入进行测试的终端站程序。

⑩监控系统测试。

⑪老化测试。

第5章 数据采集/控制终端站

1.填空题

(1)PLC/RTU 通信模块采用的通信模式常见的有两种:<u>主从轮巡</u>模式和<u>从站主动上报</u>模式。

(2)PLC/RTU I/O 模块有4种:<u>模拟量输入(AI)</u>、<u>模拟量输出(AO)</u>、<u>开关量输入(DI)</u>、<u>开关量输出</u>。

(3)根据国际电工委员会制定的工业控制编程语言标准(IEC 61131-3),PLC/RTU 的编程语言包括以下五种:<u>梯形图语言(LD)</u>、<u>指令表语言(IL)</u>、<u>功能模块图语言(FBD)</u>、<u>顺序功能流程图语言(SFC)</u>、<u>结构化文本语言(ST)</u>。

(4)站点本地监控系统分<u>操作员站</u>、<u>本地 PLC/RTU</u>两级。

(5)电力的高、低压是以其额定电压的大、小来区分的,1 kV 及以上电压等级为<u>高压</u>和<u>中压</u>,1 kV 以下的电压等级为<u>低压</u>。

(6)低压配电裸硬母线涂漆,涂漆的颜色规定为 A 相(U 相)着<u>黄</u>色,B 相(V 相)着<u>绿</u>色,C 相(W 相)着<u>红</u>色。

(7)燃气现场常用后备电源有如下 3 种方式,即<u>电力系统独立双路供电方式</u>、<u>自备发电机组</u>、<u>静态变换式 UPS 后备电源</u>。

(8)雷击一般分为<u>直接</u>雷击和<u>感应</u>雷击。

(9)燃气行业 SCADA 系统的电涌防护基本措施有如下 3 种,即:<u>屏蔽</u>、<u>等电位接地处理</u>、<u>安装电涌保护器</u>。

(10)模拟量按信号类型分,可以分为<u>电流</u>型和<u>电压</u>型两种。

(11)典型的 RS-232 信号在正负电平之间摆动,在发送数据时,发送端驱动器输出正电平在<u>+5 ~ +15 V</u>,负电平在<u>-5 ~ -15 V</u>。当无数据传输时,线上为<u>TTL</u>电平。RS-232信号最大传输距离为<u>15</u> m,其最基本的三条引线是<u>TX(发送数据)</u>、<u>RX(接收数据)</u>、<u>GND(信号地)</u>。

(12)RS-485 与 RS-422 的不同之处在于 RS-422 为<u>全双工</u>结构,即可以在接收数据的同时发送数据,而 RS-485 为<u>半双工</u>结构,在同一时刻只能接收或发送数据。

2. 问答题

(1)CPU 冗余系统和 CPU 表决系统的工作运行模式是什么?请简述。

答:冗余系统的 CPU 的配置中会在一套 PLC/RTU 中出现两个 CPU 模块,两块同时运行时采用一主一从方式,其中一块故障另一块完好时,完好的 CPU 根据配置和程序的设定变为主 CPU;表决式系统在一套 PLC/RTU 中有 3 个 CPU 模块,在表决式系统的 3 块 CPU 出现分歧时,采取2:1的方式,执行多数CPU的决定。

(2)请简述低压配电装置的主要功能及组成。

答:低压配电装置的主要功能是在正常运行状态下接受和分配电能,故障时迅速切除故障电路。它在电力系统中起着联系电力网(电源侧)和用户(负荷侧)的作用,是实现电能传递的过渡性环节。低压配电装置由各种低压开关电器、控制电器、保护电器、指示仪表以及载流导体等组成。

(3)请简述后备式与在线式UPS的区别。

答:UPS从工作原理上可分为后备式(OFF LINE)和在线式(ON LINE)两种。从原理上看,在线式UPS同后备式UPS的主要区别在于,后备式UPS在有市电时仅对市电进行稳压,逆变器不工作,处于等待状态,当市电异常时,后备式UPS会迅速切换到逆变状态,将电池电能逆变成为交流电对负载继续供电,因此后备式UPS在由市电转逆工作时会有一段转换时间,一般小于10 ms,而在线式UPS开机后逆变器始终处于工作状态,因此在市电异常转电池放电时没有中断时间,即0中断。

第6章　SCADA通信系统

1. 填空题

(1)燃气管网SCADA系统监控网络由__本地监控网络__和__远程监控网络__组成。

(2)系统远程监控常用的方式包括:__专用网络平台__和__公用网络平台__。

(3)VPN的中文名称是__虚拟专用网__,移动通信运营商提供的相关业务模式有:__APN__模式和__VPDN__模式。

2. 问答题

(1)请列举燃气调度SCADA系统专用网络常用的通信方式。

答:电台通信与光纤通信。

(2)请说明系统常用的3G通信有哪些主流标准,分别由哪家公司负责运营。

答:国际电信联盟(ITU)目前确定的全球三大3G主流标准是:WCDMA、CDMA2000和TD-SCDMA,在我国分别由中国联通、中国电信和中国移动负责运营。

第7章　SCADA系统与管理信息系统

1. 填空题

(1)信息按信息流向可分为__输入信息__、__中间信息__和__输出信息__。

(2)信息处理一般经过真伪鉴别、排错校验、__分类整理__与加工分析4个环节。

(3)管理信息系统具有__数据处理__、__预测__、__计划控制__、__决策优化__等功能。

2. 问答题

简述管理信息系统与SCADA系统之间的关系。

答:SCADA系统是管理信息系统的实时数据来源,便于后者随时为管理者提供所关注的生产活动和设备运行信息。管理信息系统将SCADA系统实时数据加工处理成各种信息资料以供决策。

第 8 章　SCADA 系统与仿真系统

1. 填空题

(1)管网仿真,又可称为<u>　管网建模　</u>、<u>　管网模拟　</u>等,是指通过真实系统的模型进行实际系统的分析和处理。

(2)根据建模数据分类,仿真模型可以分为<u>　静态(稳态)仿真模型　</u>、<u>　动态(瞬态)仿真模型　</u>、<u>　动态(瞬态)在线仿真模型　</u>。

(3)预测是对尚未发生或目前还不明确的事物进行<u>　预先的估计和推测　</u>。

2. 问答题

(1)列举并简单描述管网仿真系统的主要功能(至少 3 项)。

答:①气源及组分跟踪分析

对于多气源供应系统,即有多个城市接收站或门站的城市管网系统,可以分析管网中不同气源的供气分布及混气情况,可进行供气区域彩色化分析及混气百分比分析,准确了解掌握气源供应范围;同时对于来自不同上游气田具有不同气质和组分的气源进行跟踪分析,以此可实现对管网中某些敏感和重要站的气质变化的跟踪和预测。

②管网压力分布分析

对于具有多级压力级制的复杂城市管网,可对管线压力分布情况进行分析,包括用颜色对各级压力管网进行彩色化,对管网各级压力最高点及最低点进行定位统计分析等。

③管网储气能力分析

根据 SCADA 系统提供的管网测点实时数据和 GIS 系统提供的管网拓扑结构和相关数据,计算管网中天然气的动态实时储气量,包括对管线、储气库及储罐站储气能力进行分析;即在供需不平衡时,对负荷—压力变化引起的管网储气及调峰能力进行分析。

④管网存活时间分析

管网存活时间分析属于管网事故状态下的分析,根据管网储气能力计算的结果,模拟在部分气源或全部气源中止供气的情况下,管网特征点的压力参数 24 小时或 168 小时等时间段内的变化趋势,从而推算出在满足管网特征点压力不低于最小合同交付压力的条件下,管网存气可以维持正常供气的时间。

⑤管网泄漏定位分析

管网泄漏定位主要利用水力计算模型实现对管网完整性的监测,指根据管网特征点压力及流量测量数据的变化,分析并定位管网中可能发生泄漏的管段位置,为燃气泄露事故提供预警。

⑥管网趋势分析

管网趋势分析主要是对管网未来可能的运行工况进行前景预测,一般指利用现有运行工况或根据需要假设某些特定条件,对管网 24 小时或更长时间后的可能工况进行动态分析。

⑦管网调度运行培训

管网调度运行培训是指通过燃气管网模型模拟真实系统的运行、事故和严寒时等特定条件下的工况,对管网输配调度人员进行操作培训,通过模拟操作可提高配气人员的反应能力,以便在出现风险时能沉着处理问题,在短期内提供过去需要长期经验积累才能获得的知识。

(2)列举并简单描述负荷预测系统的主要功能(至少3项)。

答:①为制订气量计划,执行"照付不议"提供科学依据;

②为管网及配套储气设施设计优化提供基础;

③为燃气输配管网调度管理现代化提供技术手段;

④为工程技术研究分析提供依据。

第9章　SCADA系统与地理信息系统

1.问答题

(1)什么是地理信息系统?有哪些基本功能?

答:地理信息系统(GIS: Geographical Information System)是集计算机科学、地理学、测量学、遥感学、环境科学、空间科学、信息科学、管理科学等学科为一体的新兴边缘学科;是以地理空间数据库为基础,采用地理模型分析方法适时提供多种空间的和动态的地理信息,为地理研究和地理决策服务的计算机信息系统。

基本功能包括:

①数据采集与编辑:就是保证各图层实体的地物要素按照顺序转化为数学坐标及对应的地理要素特征编码,输入到计算机中。

②数据存储与管理:GIS数据库是将一定区域内的地理要素特征以一定的组织方式存储在一起的相关数据的集合。

③数据处理和变换:包括空间数据的投影转换、纠正、比例尺缩放、误差的处理和改正、数据拼接、提取、数据压缩、格式转换等内容。

④空间分析和统计:包括拓扑叠加、缓冲区分析、地形分析(坡度、坡向、土石方、通视分析等)、空间集合分析等。

⑤产品制作与显示:包括基本的4D产品(数字线划图DLG、数字高程模型DEM、数字正射影像地图DOM、数字栅格地图DRG)、复合产品、专题地图等。

⑥二次开发和编程:GIS技术要满足不同的应用需求,必须具备二次开发环境,包括提供专门的开发语言,或将功能制作成控件OCX供用户的通用开发语言(VB、VC++、Delphi等)调用。

(2)地理信息系统按其功能和内容分,有哪两种类型?区别是什么?

答:地理信息系统按其功能和内容,可分为工具型(平台)GIS和应用型GIS。

工具型GIS,即GIS工具软件包,如ArcGIS、MapInfo等,具有空间数据输入、存储、处理、分析和输出等基本功能。

应用型GIS,是指在工具型GIS的基础上,经二次开发,建成满足专门用户解决一类或多类实际问题的地理信息系统,包括专题地理信息系统和区域综合地理信息系统。

应用型GIS的主要特点是它具有特定的用户和应用目的,具有为满足用户专门需求而开发的地理空间实体数据库和应用模型,继承了工具型GIS开发平台提供的大部分功能,以及具有专门开发的用户应用界面等。本书中所谈到的GIS工程均指应用型GIS工程。

(3)空间数据的4种基本模式是什么?

答:①数字线划地图(DLG:Digital Line Graphic);

②数字高程模型(DEM:Digital Elevation Model);

③数字正射影像图(DOM:Digital Orthophoto Map);

④数字栅格地图(DRG:Digital Raster Graphic)。

(4)专业市政燃气管网地理工程系统主要应满足哪些方面的应用需求?具体目标有哪些?

答:从总体上讲,专业市政燃气管网地理工程系统主要应满足以下5个方面的应用需求:

①采用C/S结构的GIS系统;

②提高管网数据处理的科学化、自动化、信息化和高效率的管网数据管理水平;

③迅速准确地提供现有管网的设计燃气能力、实际燃气能力、预留燃气能力,为扩建改建燃气工程提供科学、准确的决策资料;

④为城市管网规划、设计、建设和管理工作提供高质量的基本管网资料;

⑤实现管网信息及用户信息的统一化管理、发布与共享。

具体的目标有:

①建立各种管网地理信息数据库;

②采用工业标准数据库管理系统,同时存储空间数据和属性数据,保证数据的安全性、一致性;

③实现管网主要业务自动化管理,实现管网数据的查询、统计、分析、辅助规划、应急处理等;

④快速输出符合标准或符合用户要求的各种地图;

⑤为燃气公司其他信息系统提供标准的、权威的、多种比例尺的燃气管网基础地理平台;

⑥实现燃气管网地理信息的实时更新等。

(5)从系统总体框架和系统功能设计上来看,专业市政燃气管网地理工程系统是由哪些子系统组成的?

答:从系统总体框架和系统功能设计上来看,专业市政燃气管网地理工程系统主要由以下子系统组成:

①数据管理子系统;

②管网分析子系统;

③用户信息管理子系统;

④管网设施管理子系统;

⑤安全监控管理子系统;

⑥抢修辅助决策子系统;

⑦Web信息发布子系统;

⑧系统维护管理子系统;

⑨与其他专业系统接口管理等。

第10章　SCADA系统的应用扩展

1.填空题

(1)安全指挥体系应该具备__预测预警机制__、__畅通的警情报告通道__、__应急决策与处置机制__、__信息发布机制__、__调查评估机制__和应急演练机制等机能。

(2)视频监控安防系统通常包括__视频监控系统断开__、__红外报警安防系统__。

(3)视频监控、安防系统的设备主要由前端图像和__报警信号采集设备__、__数据通信传输设备__、中心显示和控制设备组成。

2.问答题

(1)远程计量数据采集系统的主要功能是什么?

答:可以对燃气大客户的用气数据(包括温度、压力、标准瞬时流量、标准累计流量)进行远程采集,并对采集数据进行统计分析,同时对用户资料及燃气表使用情况进行管理,以实现对燃气大客户用气情况全面、及时的控制和管理。

(2)燃气调度安全抢险指挥体系应具备哪几个方面的能力?

答:应具备以下几个方面的能力:

①具有预警能力,采取预防为主的方针,在事故发生之前,能够及时发现隐患,把事故消灭在萌芽状态;

②具有快速反应能力,当警情发生时,能够迅速判断警情,快速形成方案,并快速到达现场组织抢修处理;

③具有应变能力,能够根据现场或突发情况采取相应对策,确保现场和指挥中心能够进行更有效的沟通;

④具有总结评审能力,能够对已经发生并进行处理的事故进行分类、归档和分析,进行经验总结,并进行系统的自我提高和完善;

⑤具有应急演练能力,能够用实战模拟方式对应急抢险相关人员进行培训和考核,提高其实战和应变的能力;

⑥具有灾难处置和系统热备能力;

⑦与其他系统的数据交换能力,考虑与各级政府部门之间的数据交换以及与集团内部相关部门或个人的数据发布或数据反馈。

参考文献

[1] 陈京民,等.管理信息系统[M].北京:清华大学出版社,北京交通大学出版社,2006.
[2] 陆忠.天然气输送与城镇燃气[M].东营:中国石油大学出版社,2008.
[3] 车立新.燃气管网管理信息系统的应用[J].煤气与热力,2005,25(12):57-60.
[4] 李功新.基于 GIS 的电网生产管理系统建设与应用[M].北京:科学出版社,2008.
[5] 张书亮,等.设备设施管理地理信息系统[M].北京:科学出版社,2006.
[6] 施明,方顺银.GIS 系统在燃气管网中的应用[J].上海煤气,2007(3):35-37.
[7] 王华忠.监控与数据采集(SCADA)系统及其应用[M].北京:电子工业出版社,2010.
[8] 严铭卿,廉乐明,等.天然气输配工程[M].北京:中国建筑工业出版社,2006.
[9] 李猷嘉.燃气输配系统的设计与实践[M].北京:中国建筑工业出版社,2007.
[10] 李华,胡奇英.预测与决策[M].西安:西安电子科技大学出版社,2005.
[11] 易丹辉.统计预测方法与应用[M].北京:中国统计出版社,2001.
[12] 阳宪惠.现场总线技术及其应用[M].2 版.北京:清华大学出版社,2008.
[13] 吴松林,蔡红专,冯彦炜.传感器与监测技术基础[M].北京:北京理工大学出版社,2009.
[14] 付敬奇.执行器及其应用[M].北京:机械工业出版社,2009.
[15] 雷震甲.网络工程师教程[M].北京:清华大学出版社,2004.
[16] 黄传河.网络规划设计师教程[M].北京:清华大学出版社,2009.
[17] Andrew S. Tanenbaum.计算机网络[M].4 版.北京:清华大学出版社,2004.
[18] 张智江,朱士钧,严斌峰,等.3G 业务技术及应用[M].北京:清华大学出版社,2007.
[19] 国家质量技术监督局计量司.通用计量术语及定义解释[M].北京:中国计量出版社,2001.
[20] 梁春裕.计量管理[M].北京:中国计量出版社,1997.
[21] 国家质量技术监督局计量司.测量不确定度评定与表示指南[M].北京:中国计量出版社,2001.
[22] 肖素琴.油品计量员读本[M].北京:中国石化出版社,2001.

[23] 翟秀贞. 差压型流量计[M]. 北京:中国计量出版社,1995.
[24] 苏彦勋,等. 流量计量与测试[M]. 北京:中国计量出版社,1992.
[25] 天然气流量计量编写组. 天然气流量计量[M]. 北京:石油工业出版社,2001.
[26] 张永红. 天然气流量计量[M]. 北京:石油工业出版社,2001.
[27] 中国石油天然气总公司劳资局. 输气工[M]. 北京:石油工业出版社,1995.
[28] 蔡武昌,等. 流量测量方法和仪表的选用[M]. 北京:化学工业管理出版社,2001.
[29] 王立吉. 计量专业工程师手册[M]. 北京:企业管理出版社,1998.
[30] 国家技术监督局武汉培训中心组. 计量技术与管理[M]. 北京:中国计量出版社, 1993.
[31] 天然气分析测量技术及其标准化编写组. 天然气分析测试技术及其标准化 [M]. 北京:石油工业出版社,2000.
[32] 朱柄兴. 变送器选用与维护[M]. 北京:化学工业出版社,2001.
[33] 吴九辅. 仪表控制系统[M]. 北京:石油工业出版社,2000.
[34] R. W. 米勒. 流量测量工程手册[M]. 孙廷祚,译. 北京:机械工业出版社,1990.
[35] 唐远洋,等. 天然气计量[M]. 北京:石油工业出版社,2003.